中等职业教育改革发展示范学校建设项目课程改革系列教材

中等职业教育计算机应用专业（物联网方向）系列教材

# 走进智能家居


主　编　高立静

副主编　李　宁　唐　云　黄志涛

参　编　于双红　鞠　娜　裴　杰　赵　悦　孙　琳

主　审　张美英

机械工业出版社

本书是根据中等职业学校物联网专业课程的设置要求编写的。全书内容由七个单元组成：认知物联网与智能家居、涉足物联网与智能家居行业市场、调研智能家居行业人才需求、探究物联网的主要支撑技术、智能家居核心技术及工程规范案例、智能家居技术支持及远程服务以及智能家居主流生产商及其技术介绍。

本书可作为各类职业学校物联网技术应用专业的教材，也可作为各类物联网、智能家居企业的培训教材，还可供有意了解物联网和智能家居的读者自学使用。

本书配有电子课件，选用本书作为教材的教师可以从机械工业出版社教育服务网（www.cmpedu.com）免费注册下载或联系编辑（010-88379194）咨询。

**图书在版编目（CIP）数据**

走进智能家居 / 高立静主编. —北京：机械工业出版社，2015.12（2022.7 重印）
中等职业教育改革发展示范学校建设项目课程改革系列教材
中等职业教育计算机应用专业（物联网方向）系列教材
ISBN 978-7-111-51969-0

Ⅰ. ①走… Ⅱ. ①高… Ⅲ. ①互联网络—应用—家庭生活—中等专业学校—教材 Ⅳ. ①TS976-39

中国版本图书馆 CIP 数据核字（2015）第 254726 号

机械工业出版社（北京市百万庄大街 22 号 邮政编码 100037）
策划编辑：梁 伟 责任编辑：李绍坤 吴晋瑜
封面设计：鞠 杨 责任校对：李 丹
责任印制：常天培

固安县铭成印刷有限公司印刷

2022 年 7 月第 1 版第 6 次印刷
184mm×260mm · 14.5 印张 · 358 千字
标准书号：ISBN 978-7-111-51969-0
定价：44.00 元

电话服务 网络服务
客服电话：010-88361066 机 工 官 网：www.cmpbook.com
010-88379833 机 工 官 博：weibo.com/cmp1952
010-68326294 金 书 网：www.golden-book.com
封底无防伪标均为盗版 机工教育服务网：www.cmpedu.com

# 前　言

物联网是信息社会的第三次浪潮，作为新兴战略产业，正在成为继互联网后的新一代信息技术的创新产业。而作为家庭版的物联网，智能家居更是未来发展的一大趋势。通过本书的学习，读者可以了解物联网与智能家居行业的知识、技能。本书采用案例活动的形式编写，着力锻炼读者的学习能力和动手能力，旨在为社会培养具有物联网技术能力、应用创新能力、跨专业的复合型的技术操作人才，如物联网、智能家居行业的技术研发、系统设计、产品营销等人才，并使其顺利就业于应用、服务、生产等领域。

本书是计算机应用专业（物联网方向）建设成果之一，是与上海企想信息技术有限公司深度合作、联合开发的具有专业特色的操作式手册型系列化实训教材及教学资源。本书根据中等职业学校物联网专业课程的设置要求编写，共有七个单元：在单元1中，通过感知物联网、体验智能家居，掌握物联网、智能家居的概念和功能特点，帮助读者了解物联网、智能家居的发展历程和应用领域；在单元2中，通过涉足物联网与智能家居行业市场，帮助读者了解物联网、智能家居行业的发展现状及趋势；在单元3中，通过调研智能家居行业市场，帮助读者了解智能家居行业人才需求、专业技能和素质要求；在单元4和单元5中，通过学习典型应用案例，探究物联网和智能家居核心技术、工程施工规范；在单元6中，通过学习智能家居技术支持及远程服务，帮助读者了解云平台、云计算和云安全等相关知识；在单元7中，通过介绍智能家居主流生产商及其技术，帮助读者了解其业务发展状况、市场竞争优势及典型应用案例。

本书安排106学时，具体学时分配建议参考下表。

| 内　容 | 理论学时 | 实践学时 | 探究学时 |
| --- | --- | --- | --- |
| 单元1 | 12 | 4 | 2 |
| 单元2 | 6 | 2 | 2 |
| 单元3 | 12 | 4 | 2 |
| 单元4 | 10 | 4 | 4 |
| 单元5 | 12 | 4 | 4 |
| 单元6 | 6 | 2 | 2 |
| 单元7 | 6 | 2 | 4 |

本书由高立静任主编，李宁、唐云、黄志涛任副主编，参加编写的还有于双红、鞠娜、裴杰、赵悦和孙琳，全书由张美英主审。其中，高立静编写单元1并负责统稿工作，于双红编写单元2，唐云编写单元3，鞠娜编写单元4，李宁编写单元5，裴杰编写单元6案例1及案例2的活动1，赵悦编写单元6案例2的活动2、活动3及案例3，孙琳编写单元7；上海企想信息技术有限公司的東遵国和辽宁北淞系统集成工程有限公司的黄志涛为教材编写提供技术支持及岗位标准。

本书在编写过程中得到了本溪市机电工程学校领导的重视和支持。参加编写的人员均为学校教学一线的教学骨干，在大家的共同努力下，协作完成了本书的编写工作，在此对学校领导的支持及教师的付出表示衷心的感谢。同时对东北物联网职教联盟核心成员的支持及合作单位的配合表示感谢。

由于编者水平有限，书中难免存在不足之处，恳请广大读者批评指正！

编　者

# 目　　录

# 单元 1　认知物联网与智能家居

"云计算"和"物联网"已经不再是"云"山"雾（物）"罩的概念，而是让人们能够日渐感受到的活生生的现实。物联网技术应用"平安城市"遍及全国：上海、深圳的"智能公交"应用很方便；联想语音控制的"智能电视"听得到；苹果（指纹识别）和三星（S 健康）等智能手机的物联网功能摸得着；北方"小区无线抄表"看得见；海尔等企业的智能家居产品能体验……

智能家居系统家居设备物联化的体现，通过物联网技术应用，按拟人化要求来实现家居产品的自动化、智能化。智能家居不仅具有传统家居的各项功能，还由原来的被动静止结构转变为具有能动智慧的工具，可为人们提供全方位的信息交换功能，帮助家庭与外界保持信息交流畅通，优化人们的生活方式，帮助人们有效安排时间，增强家庭生活的安全性。

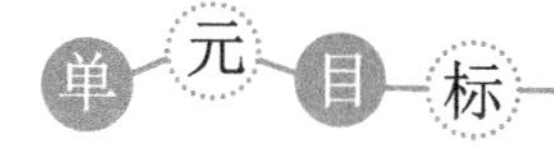

- 掌握物联网和智能家居的基本概念
- 熟悉物联网和智能家居的发展历程
- 了解物联网的总体架构、特点与关键技术
- 熟悉智能家居的功能及特点
- 熟悉物联网和智能家居的应用领域
- 提高人际交流、与人沟通的能力，培养主动参与意识
- 培养自主探究、主动学习、独立完成任务的能力
- 践行职业道德，培养岗位意识
- 树立团队精神，增强集体荣誉感和责任意识

## 案例 1　带您进入"全联接"新世界——感知物联网

"全联接"技术源于电信设备商华为。华为轮值 CEO 徐直军在其所撰写的一篇文章中提及"全球仍然有 44 亿人（超过全球人口总数的 60%）还没有接入互联网"时，提出了"全联接"这一概念。对于尚未联网的很多人而言，接入互联网将是他们改变生活的起点。通过与全世界的连接，他们能够获得更多的知识、更好的教育、更广阔的发展机遇。随着长期演

进（Long Term Evolution，LTE）、云计算、物联网等信息通信技术的逐步兴起和应用，信息技术与通信技术相互融合，并已成为最前沿的概念和领域，连接正在变成世界的常态。

有关数据显示，到 2025 年全球将有 80 亿智能手机用户，并将有 1000 亿终端通过网络相互连接。届时，人与人、人与物、物与物将实现全面互联，可全面自由地沟通分享与交流思想，构建成更美好的“全联接”世界。

## 案例呈现

### 活动 1　什么是物联网

在物联网时代，通过在各种各样的日常用品中嵌入短距离收发器，人类在信息与通信世界里将获得一个新的沟通维度，即从任何时间、任何地点的人与人之间的沟通连接扩展到物与物之间的沟通连接（见图 1-1）。

图 1-1　物联网示意图

## 大家说

1）什么是物联网？

2）你还知道生活中哪些方面体现了物联网技术应用？

## 知识链接

1．物联网概念的提出

“物联网”这一概念比较正式的提出是 2005 年 11 月 17 日，在突尼斯举行的“信息社会世界峰会（World Summit on the Information Society，WSIS）”上，国际电信联盟发布了《ITU 互联网报告 2005：物联网》。该报告指出：“无所不在的‘物联网’通信时代即将来临，世界上的所有物体从轮胎到牙刷、从房屋到公路设施等都可以通过互联网进行数据交换。射频识别技术（Radio Frequency Identification，RFID）、传感器技术、纳米技术、智能嵌入技术等将得到更加广泛的应用。”

2．物联网的基本定义

物联网（The Internet of Things）可理解为“物物相联的互联网”，其概念是在“互联网概念”的基础上，将其用户端延伸和扩展到任何物品与物品之间，进行信息交换和通信的一种网络概念。其定义是：通过射频识别（RFID）、红外感应器、全球定位系统、激光扫描器等信息传感设备，按约定的协议，把任何物品与互联网相连接，进行信息交换和通信，以实现智能化识别、定位、跟踪、监控和管理的一种网络。

总的来说，“物联网”是指各类传感器和现有的“互联网”相互连接的一种新技术。其实质是利用射频识别（RFID）等技术，通过计算机互联网实现物品（商品）的自动识别和信息的互联与共享。

物联网是一个新兴领域，人们对它的认知还在不断充实与完善。不同行业、不同部门从不同的技术视角出发，对物联网都有一些特定的描述，即使在不同的场合也会有不同的表达方式，各自从不同的侧面反映了物联网的一些特征。

试通过网络搜索或查阅相关资料，完成表 1-1 的填写。

**表 1-1　物联网概念的相关论述**

| 定　义 | 论　述 |
| --- | --- |
| 最初定义 | |
| 欧盟定义 | |
| ITU 定义 | |
| 中国定义 | |
| 英文百科定义 | |

**活动 2　物联网成长记**

物联网的发展主要经历了四个发展阶段（见图 1-2）。

第一阶段：RFID 率先应用于物流、零售和生产领域。

第二阶段：实现物体的互联。

第三阶段：物联网实现半智能化。

第四阶段：物联网全面实现智能化。

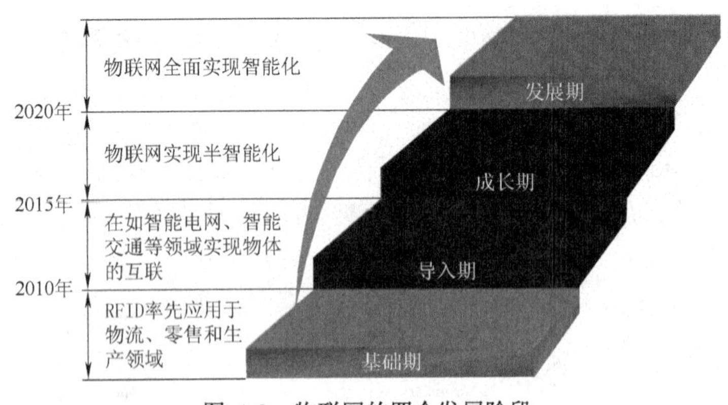


图 1-2　物联网的四个发展阶段

通过网络搜索或查阅相关资料，了解在不同发展时期物联网的实践或相关议题，并完成表 1-2 的填写。

表 1-2　物联网的实践或相关议题

| 时　间 | 物联网的实践或相关议题 |
| --- | --- |
| 1990 年 | |
| 1991 年 | |
| 1995 年 | |
| 1999 年 | |
| …… | |
| 2014 年 | |
| 2015 年 | |
| 2016 年 | |

### 活动 3　物联网不是奢侈品

物联网进入人们的视线之初，媒体多以上海浦东国际机场物联网安防系统（见图 1-3）作为应用范例。该安防系统周界总长 27.1km，共安装节点设备 8000 多个，不仅可以通过传感器节点探测出入侵者所在的区域，还能探测到侵入者的动作姿态，再通过对这些信息的判别，给出不同的警告方式。该安防系统采用物联网传感安全防护设备总额高达 9000 万元人民币，如果全国 200 多个民用机场都加装以上设备那么将需要上百亿元，物联网真是奢侈品吗？

怎样让物联网深入人心，从奢侈品变成日用品？显而易见，降低物联网成本是关键。物联网得以推广，低成本是很重要的推动力。只有低成本，物联网才具备复制的价值。

图 1-3　上海浦东国际机场物联网安防系统现场安装效果实景

物联网是信息技术发展的前沿，是多领域高新技术的结合，其实施对一个国家具有基础性、战略性、规模性以及广泛的产业拉动性等意义，物联网的各类应用一旦推广，将引发工业生产与社会生活的深刻变革。因此，了解物联网应从其体系结构入手，从国家信息化发展的宏观战略框架中，考虑其地位、作用、功能与运行环境等，这样才能了解其对国民经济各行业、公众社会生活各方面、科学技术各领域的贡献。物联网体系结构如图 1-4 所示。

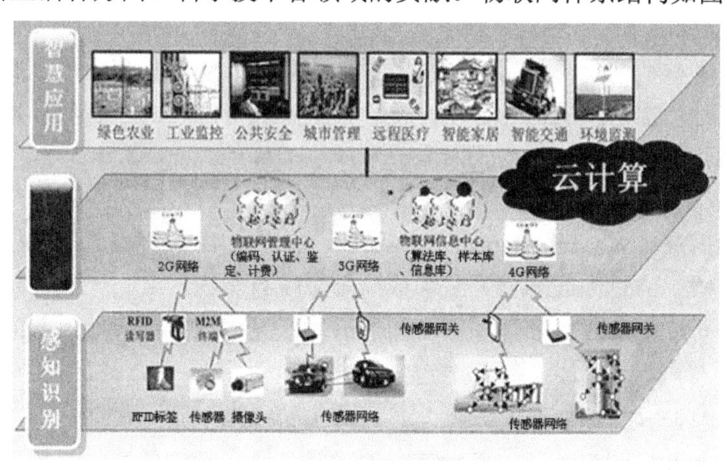


图 1-4　物联网体系结构

图 1-4 从逻辑层面上说明了物联网体系结构，即其逻辑上可分成感知层、传输层和应用层，而中间的传输层最成熟。它可以借用互联网、移动通信网、广电网等现有的基础设施，但是感知层和应用层则相对单薄。那么如何从感知层和应用层着手降低成本呢？

感知层的主要功能是实现对物体的感知、识别、监测或采集数据以及反应与控制等。为了实现物联网，感知层需要达到的程度是仿生，即利用多种传感手段的结合，把人的肢体器官能感知的范围延伸，并增加灵敏度。“千里眼、顺风耳”在物联网中的理解大致如此，甚至这些感知设备还能感受到生物所不能感知到的事物。因为感知层是由遍布在建筑、车辆、地表、街道等处的各类传感器、二维条形码、射频识别（Radio Frequency Identification，RFID）

标签和射频识别标签误读器、摄像头、全球定位系统（Global Positioning System，GPS）、以及各种嵌入式终端组成的传感器网络，所以各类传感器要配合使用，并将算法进行优化，才能提高前端感知设备的性价比。除了感知终端外，还要攻克无线传感网等关键技术，才能批量化复制物联网示范项目。

至于应用层方面，打造统一的通用平台、规避重复建设，便可进一步诠释“低成本”的含义。

影响全球物联网发展的关键技术有射频识别技术、传感器与无线传感器网络技术、数据的挖掘与融合技术等。

1．射频识别（RFID）技术

射频识别（Radio Frequency Identification，RFID）技术是一种无接触的自动识别技术，其基本原理是利用射频信号及其空间耦合和传输特性，实现对静止或移动物体的自动识别，用于对采集点的信息进行“标准化”标识。该技术具有可同时实现对多个物品的无接触自动识别，全天候、识别穿透能力强、无接触磨损等诸多特点，其与互联网、通信技术相结合，可实现全球范围内物品的跟踪与信息的共享，在物联网“识别”信息和近程通信的层面中，起着至关重要的作用。

2．传感器技术

传感器是一种检测装置，能感受到被测量的信息，并能将检测感受到的信息按一定规律变成电信号或其他所需形式的信息输出。传感器主要负责物联网信息的采集，它是实现自动检测和自动控制的首要环节，是物联网服务和应用的基础。

3．无线传感器网络技术

无线传感器网络（Wireless Sensor Networks，WSN）由部署在监测区域内大量的廉价微型传感器节点组成，通过无线通信方式形成一个多跳自组织网络。无线传感器网络是一种全新的信息获取平台，能够实时监测和采集网络分布区域内的各种检测对象的信息，并将这些信息发送到网关节点。

4．数据的挖掘与融合技术

从物联网的感知层到应用层，各种信息的种类和数量都成倍增加，需要分析的数据量也成级数增加，同时还涉及各种异构网络或多个系统之间数据的融合问题，如何从海量的数据中及时挖掘出隐藏信息和有效数据，是数据处理所面临的巨大挑战，因此怎样合理、有效地整合、挖掘和智能处理海量的数据是物联网的难题。

结合 P2P、云计算等分布式计算技术，是解决以上难题的一个途径。云计算为物联网提供了一种新的高效的计算模式，可通过网络按需提供动态伸缩的廉价计算，其具有相对可靠并且安全的数据中心，同时兼有互联网服务的便利、廉价和大型机的能力，可以轻松实现不同设备间的数据与应用共享，使用户无须担心信息泄露、黑客入侵等棘手问题。云计算是信息化发展进程中的一个里程碑，它强调信息资源的聚集、优化和动态分配，节约信息化成本并大大提高了数据中心的效率。

将你所了解的物联网各关键技术在生产、生活中的应用填写在表 1-3 中。

表 1-3　物联网各关键技术在生产、生活中的应用

| 关键技术 | 应用领域 |
|---|---|
| RFID 技术 | |
| 传感器技术 | |
| 无线传感网络技术 | |
| 数据挖掘与融合技术 | |

**活动 4　涉猎物联网、洞察“全联接”**

物联网产业炒作概念的时代已经过去，现在正处于蓬勃发展的阶段。在大数据和云计算时代，随着“万物互联”概念的提出，已经有越来越多的企业开始关注物联网产业的发展。曾经离百姓很遥远的技术，正逐渐“平民化”。

1. 人与人的连接：在线教育

传统的课堂教学模式已不能满足当前对高等教育的巨大需求，更不能满足未来经济发展目标的需求。随着中南部非洲国家网络、光缆覆盖的提升和替代性电力能源的发展，物联网技术应用在教育领域的潜力会得到极大的释放。在线课程（包括开放教育资源）打破了时间和空间的限制，使学生能够自由支配学习时间和地点，大大拓宽了学习渠道，同时大大降低了教育成本。我们有理由相信，最成功的大学将会是为全世界提供教育的大学。在线教育：101 远程教育网如图 1-5 所示。

图 1-5　在线教育：101远程教育网

2. 人与物的连接：IT 技术投资

怎样达到人与物的连接？身临其境显然是最高境界。4K（3840×2160）像素的超高清分辨率技术的赛事、演出直播可以让人们在家里或任何地方享受到亲临现场的效果，如图 1-6 所示。然而，这一切必须建立在高带宽的基础上，即网络至少要为每个家庭提供 80~100Mbit/s 的宽带连接才能让人们身临其境。

图 1-6　世界杯直播

未来的数字物流需要更多、更大、更快的管道，以支撑起不断壮大的大数据流量，只有加大以云计算、虚拟化等技术为代表的 IT 技术的投资，以之为基础重构传统的 CT 和 IT 网络，全面提升其效率，结构性降低总所有成本（Total Cost of Ownership，TCO），才能使得未来网络能够应对数字“洪水”的挑战。

3. 物与物的连接：车联网

车联网，又可以称之为 Connected Car，全名为“汽车移动物联网技术”，就是将汽车也变为互联网的一个终端，通过车辆数据收集——汽车网络互联——云中心控制调度，实现客户、汽车厂方、第三方公司、交通部门等多方面的利益共赢，使汽车出行更加安全、高效与智能。车联网示意图如图 1-7 所示。

图 1-7　车联网示意图

1．4K 技术

4K 是一种新兴的数字电影及数字内容的解析度标准，即 3840 像素×2160 像素超高清分辨率，标准化的 4K（3840 水平像素），能够达到高清分辨率的 4 倍，再配以鲜艳的色彩、超真实的音效，能给观众带来更好的观影享受。

2．车联网相关技术

车联网所需要的技术主要包括以下四项：

（1）全球定位系统（GPS）

现在的车载和手机导航都是基于全球定位系统（Global Positioning System，GPS）技术。在车联网中，它负责为汽车提供准确定位。

（2）WCDMA/LTE 移动通信技术

3G/4G 等安全、高速的移动通信技术为汽车这一快速交通工具接入互联网提供了可能，同时，也可以为移动运营商带来巨大的利益。早在 GPRS 时代，通用汽车公司就曾尝试过构建车联网，但当时过低的网速导致了服务质量的下降。

（3）智能车载系统

智能车载系统在车联网中主要负责人机交互与信息处理。目前各大车厂的车载系统主要基于黑莓的 QNX 平台，并不能实现智能手机般的功能和用户体验。车载系统最重要的是稳定与安全而非智能，或许它只需要能够通过数据线、蓝牙或者 NFC 与智能手机连接即可，智能手机可以完成所有智能车载系统需要完成的任务，比如本田的 Display Audio 智能屏互联系统（让中控屏幕实现部分手机 App 的功能，如导航）以及 MirrorLink 技术（通过汽车中控台来操作手机）。

（4）电子控制单元（ECU，即行车计算机）与车载诊断系统（OBD）

电子控制单元（Electronic Control Unit，ECU）和车载诊断系统（On-Board Diagnostic，OBD）在车联网中负责监控和诊断车辆的运行状态。配合智能车载系统可以实现对车辆的不完全控制，如智能泊车（自动识别车位驶入或驶出）、自适应巡航（行驶中自动与前车保持相对固定的距离）、主动式碰撞预防系统（侦测到即将发生碰撞时自动施加制动力）等。

1）目前国内有哪些比较知名的在线教育平台？各自有什么特色？

2）请列举几个国内比较有代表性的车联网应用实例，完成表 1-4 的填写。

**表 1-4　国内车联网应用实例**

| 典型应用实例 | 主要服务内容 |
| --- | --- |
| | |
| | |

（续）

| 典型应用实例 | 主要服务内容 |
|---|---|
| | |
| | |
| | |
| | |

3）在智能手机上下载并安装“嘀嘀打车”应用程序，并在生活中实际应用该软件进行智能叫车，体验“嘀嘀打车”的使用方法，总结网络智能叫车系统的特点。

## 温馨提示

“嘀嘀打车”手机应用程序分为司机客户端和乘客客户端两个版本，适用于支持安卓系统和 iOS 系统的智能手机。

## 拓展提升

1．职场模拟

某物联公司技术人员小王接待了一名想了解物联网相关知识的客户，在小王简单介绍后客户满意离开。如果你是小王，你觉得怎样介绍会让客户更满意？请结合前面所学内容做简短陈述。

2．畅想无限

“让人与人、人与物、物与物全面互联，促进全面自由地沟通分享与思想交流，构建更美好的‘全联接’世界。”这是华为战略市场总裁徐文伟构想中未来的美好“全联接”世界。那么你认为“全联接”世界应该是怎样的？请发挥你的想象，尽情畅想！

## 考核评价

根据下列考核评价标准，结合前面所学内容，对本阶段学习做出客观评价，简单总结学习的收获及存在的问题，完成表 1-5 的填写。

**表 1-5　案例 1 的考核评价**

| 考核内容 | 评价标准 | 评　价 |
|---|---|---|
| 必备知识 | ● 掌握物联网的概念<br>● 了解物联网的体系结构、特点和关键技术<br>● 了解物联网技术的发展历程、应用领域 | |
| 师生互动 | ● “大家来说”积极参与、主动发言<br>● “大家来做”认真思考、积极讨论，独立完成表格的填写<br>● “拓展提升”结合实际置身职场、主动参与角色模拟、换位思考发挥想象 | |

（续）

| 考核内容 | 评价标准 | 评　价 |
| --- | --- | --- |
| 职业素养 | ● 具备良好的职业道德<br>● 具有计算机操作能力<br>● 具有阅读或查找相关文献资料、自我拓展学习本专业新技术、获取新知识及独立学习的能力<br>● 具有独立完成任务、解决问题的能力<br>● 具有较强的表达能力、沟通能力、组织实施能力<br>● 具备人际交流能力、公共关系处理能力和团队协作精神<br>● 具有集体荣誉感和社会责任意识 | |

## 案例 2　跟我走进“未来之家”——体验智能家居

### 案例描述

汤姆·汉克斯和梅格·瑞安主演的浪漫爱情片《西雅图夜未眠》，让很多人记住了这个位于美国西海岸风情万种的城市——西雅图，然而在西雅图，并非只有浪漫唯美的爱情，还有着充满想象力的未来住宅——微软的“未来之家”。

在“未来之家”，你看不到计算机的存在，而计算机却是无处不在——在桌面、墙壁、植物甚至装饰画上。你可以用手操控计算机，也可以用声音进行人机对话。未来之家想传达的理念是：在未来的世界，人们可以与计算机以更加自然的方式对话，计算机可以让人们随时获知信息，帮助人们更好地做出决定，各种终端和显示设备可以与人们生活的环境无缝结合……

### 案例呈现

#### 活动 1　什么是智能家居

回顾计算机的发展历史，有什么理由认为“未来之家”不可能成为现实呢？

看起来普普通通的磨砂玻璃门，却是一个安全性极高的门禁系统——采用了掌纹识别技术。借助全手掌识别技术，要比单个指纹识别更加可靠。此外，这套门禁系统还融合了 ID 卡识别以及声音识别等技术，并且配置有来访者语音留言系统和安全系统，足以让主人居家高枕无忧。这些在几年前看来近乎神奇的功能，如今已不再是遥不可及的梦想，也不是常人无法企及的富豪生活，而只是智能家居产品给人们带来的众多便利与安全中的一部分。“未来之家”的入口如图 1-8 所示。

作为物联网行业的基础，智能家居无线网络已经逐渐深入每一个家庭，成为未来网络技术发展的一个趋势。智能家居改变了人们传统的生活方式，通过随时随地、无处不在的信息互动，弱化了时间和空间的概念，将人、家庭与社会网络融为一体，使人、物、环境都成为网络中的一环，实现了无边界沟通，为用户提供无处不在的智能服务，由此可见，“未来之家”已并不遥远。

图 1-8 “未来之家”的入口

大家说

1）什么是智能家居？

2）智能家居与传统家居的区别有哪些？

知识链接

1．智能家居的概念

智能家居（SmartHome）就是以住宅为平台，利用先进的计算机技术、网络通信技术以及综合布线技术，将与家居生活有关的各种设备有机地结合在一起，兼备建筑、网络通信、信息家电、设备自动化，集系统、结构、服务、管理为一体的高效、舒适、安全、便利、环保的居住环境，提供全方位的信息交换功能，帮助家庭与外部保持信息交流畅通，优化人们的生活方式。

2．智能家居控制系统

智能家居控制系统（Smart Home Control Systems，SCS）是以智能家居系统为平台，以家居电器及家电设备为主要控制对象，利用综合布线技术、网络通信技术、安全防范技术、自动控制技术、音视频技术将家居生活有关的设施进行高效集成，构建高效的住宅设施与家庭日程事务的控制管理系统，提升家居智能、安全、便利、舒适，并实现环保控制系统平台。智能家居控制系统是智能家居的核心，是智能家居控制功能实现的基础。智能家居系统的工作原理如图 1-9 所示。智能家居系统控制结构图如图 1-10 所示。

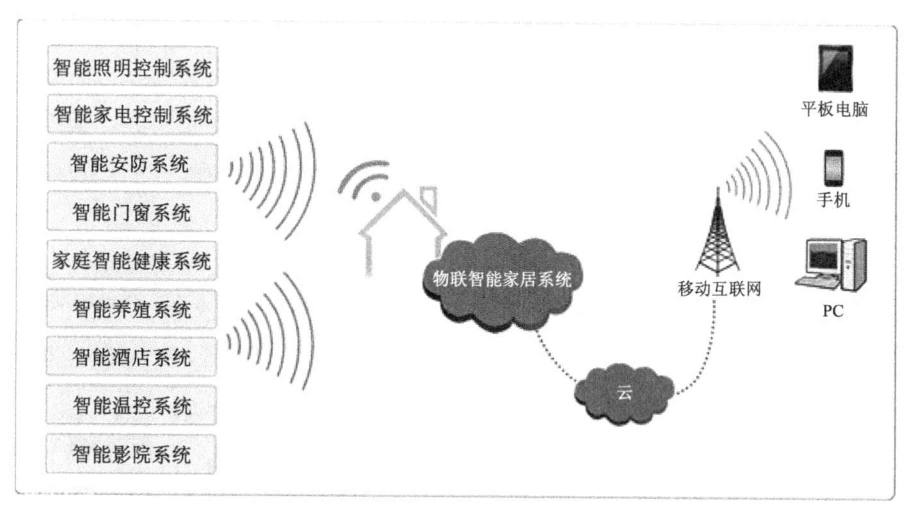


图 1-9　智能家居系统的工作原理

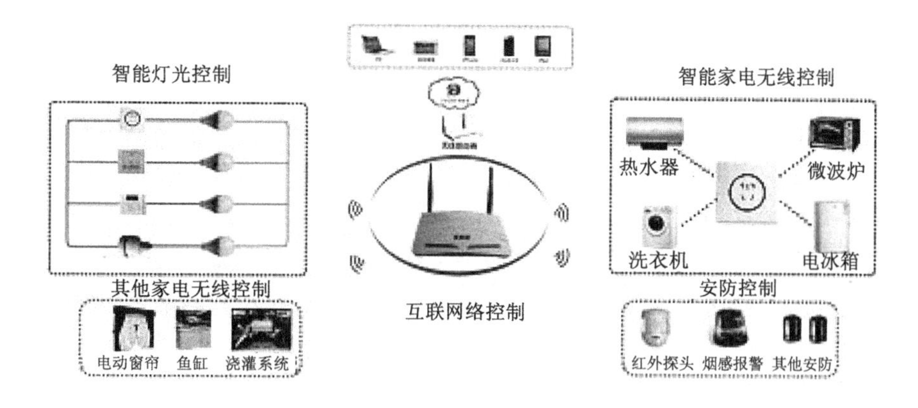


图 1-10　智能家居系统控制结构图

### 大家做

1）实践：通过智能手机下载并安装南京物联“智能家居系统”控制终端，体验智能家居。

2）体验：“中国移动通信物联业务——宜居通”（见图 1-11），感受物联网技术在智能家居中的应用。

图 1-11　中国移动通信物联业务——宜居通

#### 活动 2　智能家居成长记

如今仅仅舒适安全的普通家居已经不能满足人们的期望，人们期望的是一个具有能动智慧的家庭环境。于是，智能家居应运而生。智能家居最初主要以灯光遥控控制、电器远程控制和电动窗帘控制为主，随着行业的发展，智能控制的功能越来越多，控制的对象不断扩展，控制的联动场景要求更高，其不断延伸到家庭安防报警、背景音乐、可视对讲、门禁指纹控制等领域，可以说智能家居几乎可以涵盖所有传统的弱电行业，市场前景诱人，因此和其产业相关的各路品牌不约而同地加大力度争夺智能家居业务，竞争日趋激烈。国内智能家居市场发展如图 1-12 所示。

| 2008 | 2009 | 2010 | 2011 | 2012 | 2013 | 2014 | 2015 |
|---|---|---|---|---|---|---|---|
| 苹果公司推出iPhone3G，智能手机的发展开启了新的时代 | 中国物联网领域的研究和应用开始快速发展，fitbit发布首款可穿戴产品。 | IBM正式推出“智慧城市”愿景。TCL研制出国内第一台基于Android操作系统的智能互联网电视。 | 谷歌发布Android@Home项目，提出将家里的每一个设备连接到Android APP | 海尔发起成立中国智能家居产业联盟 | 极路由首次在国内推出智能路由器产品。 | 苹果、三星推出智能家居平台，京东搭建JD+平台；海尔成立U+平台，小米推出智能家庭套装及智能摄像头 | 联想、美的、阿里巴巴、小米乐视等纷纷布局智能家居生态圈 |

图 1-12　国内智能家居市场发展史

作为一个新生产业，智能家居处于一个引入期与成长期的临界点，市场消费观念还未形成，但随着智能家居市场推广普及的进一步落实，消费者的使用习惯会逐渐形成，智能家居市场的消费潜力也必然是巨大的，发展产业前景光明。正因如此，国内优秀的智能家居生产企业愈加重视对行业市场的研究，特别是对企业发展环境和客户需求趋势变化的深入研究。一大批国内优秀的智能家居品牌迅速崛起，逐渐成为智能家居产业的翘楚。智能家居在中国的发展阶段如下。

（1）萌芽期（1994—1999 年）

在这一时期内，整个智能家居行业还处于概念熟悉、产品认知的阶段，还没有出现专业的智能家居生产厂商，只是在深圳有一两家从事美国 X-10 智能家居代理销售的公司从事进口零售业务，其产品的主要销售对象是居住在中国的欧美用户。

（2）开创期（2000—2005 年）

通过媒体宣传，“智能家居”这个概念已经被相当一部分居民接受。小区开发商在住宅的设计阶段开始考虑智能化功能的设施，少数高档住宅小区已经配套了比较完善的智能家庭网络。在房地产的销售广告中，已经开始将“智能化”作为其一个“亮点”来宣传。一些对科技发展动向和市场趋势敏感的科研机构和有实力的公司，已经看到这个市场的广阔前景，意识到这是一个难得的机遇，开始为研究和开发相关系统和产品做了先期的部署和规划。有些机构和公司开始引进一些国外的系统和产品，并将其应用在一些豪华的公寓和住宅中。

在此期间，一部分高、中档的住宅小区在控制和管理上实现了一般意义上的智能化——宽带网进入了一般居民的住宅和小区，为智能家庭网络功能的完善奠定了基础。国内一些公司的网络产品逐渐进入市场，我国关于智能家庭网络系统的各种标准陆续出台，根据这些标准陆续研发出来的各种智能家电/设备也逐步进入市场。新建的住宅和小区大部分将配备一定的智能化设施和设备，我国自行研制的系统已经较为成熟。国内先后成立了五十多家智能家居研发生产企业，主要集中在深圳、上海、天津、北京、杭州、厦门等地。智能家居的市场营销、技术培训体系逐渐完善起来。

（3）徘徊期（2006—2010 年）

智能家居企业在上一阶段有了一定的成长，但其中也存在一些问题。粗放型成长和不良竞争，给智能家居行业带来了负面影响。行业用户、媒体开始质疑智能家居的实际效果，对其的宣传也变得谨慎，市场销售也出现增长减缓甚至销售额下降的现象。2005 至 2007 年，大约有 20 多家智能家居生产企业退出了这一市场，各地代理商结业转行的也不在少数。许多坚持下来的智能家居企业在此期间也经历了缩减规模的痛苦。与此同时，国外的智能家居品牌也开始进军中国市场，国内部分经受住考验的企业也逐渐找到了自己的发展方向。

（4）融合演变期（2011—2020 年）

在这个时期，智能家庭网络系统和产品开始走入普通居民的家居中，整个市场将是以我国自行研究和开发的系统和产品为主；国外的产品将在高档系统产品占有一席之地。智能家居将进入一个相对快速的发展阶段，相关协议与技术标准开始主动互通和融合，行业并购现象开始出现甚至成为主流。由于住宅家庭成为各行业争夺的焦点市场，智能家居作为一个承接平台将成为各方力量首先争夺的目标。不管谁能最终胜出，这个阶段国内将诞生多家年销售额上百亿元的智能家居企业。不管如何发展，这些进步都将为智能家居、物联网行业的发展打下坚实的基础。

1）生活中哪些领域应用了智能家居？

2）智能家居中的设备智能控制方式有哪些？

3）智能家居的发展经历了哪几个阶段？

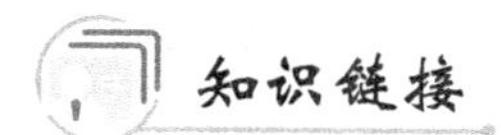


1．智能家居的起源

智能家居概念的起源甚早，但一直未有具体的建筑案例出现。直到 1984 年，美国联合科技公司将建筑设备信息化、整合化概念应用于美国康涅狄格州（Conneticut）哈特佛市（Hartford）的“都市办公大楼（City Place Building）”时，才出现了首栋 “智能型建筑”，真正拉开了全世界争相建造智能家居的序幕。

最著名的智能家居当属美国微软公司总裁比尔•盖茨的湖畔豪宅。这个豪宅完全按照智能住宅的概念建造，不仅具备高速上网的专线，所有门窗、灯具、电器都能够通过计算机控制，而且有一个高性能的服务器作为管理整个系统的后台，如图 1-13 所示。

图 1-13 比尔•盖茨的湖畔豪宅一角

2．智能家居的兴起

随着技术的进步和人们对居住环境品质要求的提高，现在的智能家居已经开始逐渐集成了安全防范与报警、电气自动化控制、网络接入等功能，旨在让使用者能更加安全、惬意地置身其中。

围绕共同的目标，一些传统的 IT 厂商提出了“以计算机为核心来建立智能家居”的方案，随着参与厂商的增多，价格的门槛想必会随着参与厂商的增多而降低。如果再与房地产行业联手打造智能化小区，则无疑可以降低个体成本而增加整体收益。如此诱人的市场自然吸引了诸多家电巨头、IT 企业以及传统电气大亨，可以预见，智能家居在中国即将迎来春天，也许在不远的明天，当好友们谈起房子的时候，时髦的对答话题不再是怎样装修更有气派，而是谈谁家的智能家居系统更先进了。

3．智能家居渐成热点

智能家居对大众来说已经不再陌生，它开始一步一步走进越来越多的家庭，并逐渐成为人们买房、装修中的热点……许多高档楼盘、别墅豪宅都多多少少分不同等级地安装了智能系统。

一套完整的智能系统包括保安、电话、烹饪、影音、空调、灯光等几大子系统，住户可以根据自己的需要和喜好设置系统——所有这一切只要通过一个 PAD 或一部手机或一台计算机就可在任何地方、任何时间轻松操控。当然，安装整套系统的价格不菲，住户可视自身条件和需求进行安装，譬如安装一套智能开关。安装一套智能开关系统，就是把家中的普通开关换成智能开关，不需要布线，耗时短，节能节电，即可解决家中所有灯光氛围的掌控、窗帘的自动升降、电视、影音设备的开启关闭、空调的控制、房屋监控等。

**温馨提示**

国外智能家居品牌：罗格朗、霍尼韦尔、施耐德、Control 4 等。

国内智能家居品牌：天津瑞朗、青岛爱尔豪斯、青岛海尔、上海索博等。

1）通过网络搜索并欣赏最著名的智能家居——比尔•盖茨的湖畔豪宅。

2）根据所学内容总结智能家居产业在各个时期的发展状况，并完成表1-6的填写。

表1-6　智能家居的发展

| 阶　　段 | 时　　间 | 发展状况 |
| --- | --- | --- |
| 萌芽期 | | |
| 开创期 | | |
| 徘徊期 | | |
| 融合演变期 | | |

3）通过查阅书籍或百度搜索，了解国内外主要智能家居品牌。

**活动3　“把家放在你掌心”**

智能家居最基本的目标是为人们提供一个舒适、安全、方便和高效的生活环境。对智能家居产品来说，最重要的是以实用为核心，摒弃那些华而不实、只能充作摆设的功能，突出产品的实用性、易用性和人性化。一套成功的智能家居系统，不仅取决于智能化的多少、系统的先进性或集成度，更取决于系统的设计和配置是否经济合理并且能否成功运行，系统的使用、管理和维护是否方便，系统或产品的技术是否成熟适用，也就是说，以最少的投入、最简便的实现途径来换取最大的功效，真正实现“把家放在掌心”的智能、便捷、高质量生活，如图1-14所示。

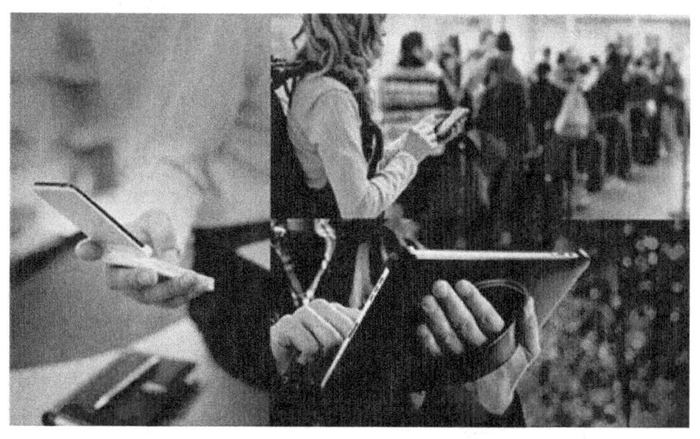

图1-14　“把家放在掌心”

知识链接

1．智能家居的功能

智能家居功能示意图如图1-15所示。

图 1-15　智能家居功能示意图

通过多种智能控制方式实现对全宅灯光的遥控开关、调光、全开全关及“会客、影院”等多种一键式灯光场景效果的实现，从而达到智能照明的节能、环保、舒适、方便，如图 1-16~图 1-18 所示。

智能开关

夜深了，准备回卧室休息了……

无须摸黑回房，回到卧室一键关闭客厅所有照明

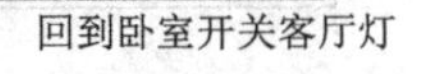


图 1-16　智能照明 触摸控制

图 1-17　智能照明 手机控制

图 1-18　手机管理 全宅控制

布防状态下，家中一旦出现非法入侵或者煤气泄漏等异常情况，系统立即响应；无论身在何处，随时通过智能手机联接安装在家中的网络摄像机，查看住宅关键位置的情况；孩子平安到家，开门的同时，系统发送短信到家长的手机上，如图 1-19 所示。

图 1-19　安防报警 视频监控

一旦门口机出现呼叫情况，智能终端和数字分机同时显示发起呼叫的门口机视频情况；任一数字分机接通后，可实现可视对讲功能；不同数字分机均可以主动监控任一别墅门口机的视频图像；智能终端以及各个数字分机之间可以互相呼叫，实现非可视对讲功能；智能终端、智能手机、PAD 可以作为对讲终端使用，以实现移动对讲功能，如图 1-20 所示。

2．智能家居的特点

（1）智能控制　实用便利

智能家居控制的所有设备可以通过手机、平板电脑、触摸屏等人机接口进行操作，轻松实现对家用电器的定时控制、无线遥控、集中控制、电话远程控制、场景控制、计算机控制等多种智能控制，非常方便。

图 1-20　智能安防 可视对讲

（2）安装简单　维护方便

智能家居分为总线式布线、无线通信或混合式三种安装方式。其中无线通信智能家居的安装、调试、维护、更换最为简单。无线智能家居系统的所有配套产品均采用无线通信模式，安装、添加产品时，不需要布实体线，即在不影响现有装修的基础上也可轻松升级为智能家居。具体方法为：在一些插座等处安装相应的模块，系统即可与现有的电气设备（如灯具、电话和家电等）连接起来，进而实现智能控制。

（3）运行安全　管理可靠

智能家居的配套产品可以采用弱电技术，使产品处于低电压、低电流的工作状态，即使各智能化子系统 24h 运转，也可以保障产品的寿命、安全性。智能家居系统采用通信应答、定时自检、环境监控、程序备份等相结合的方式，实现系统运行的可执行、可评估、可报警功能，保障系统的可靠性。

1）总结智能家居的功能和特点。

2）给“我的未来之家”设计一套智能家居实施方案，完成表 1-7 的填写。

表 1-7　“我的未来之家”

| 家居设备 | 功能实现 |
| --- | --- |
| 灯　光 | |
| 安　防 | |
| 窗　帘 | |
| 家　电 | |
| 可视对讲 | |
| 情景模式 | |

### 活动4　让家充满智慧

一套完整的智能家居系统包括智能灯光、智能家电、智能安防、智能影音等子系统，可为家居生活中的各种设备提供家电控制、照明控制、电话远程、室内外遥控、防盗报警、环境监测、红外转发以及可编程定时控制等多种功能和手段，使家居设备由原来的被动静止结构转变为具有能动智慧的工具，使住户无论在家还是在外，可随时随地通过手机、PAD及其他遥控设备对家居设备进行智能化管控，使住户的生活更加舒适、便利和安全。智能家居室内系统拓扑图如图1-21所示。

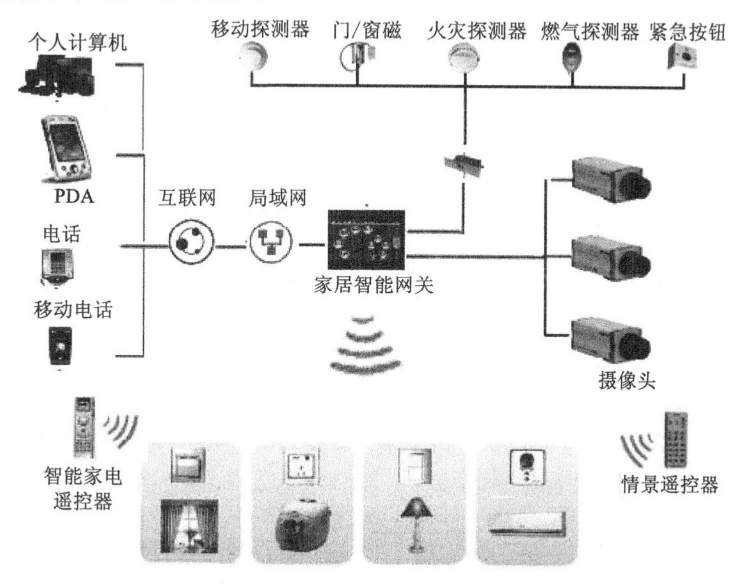


图 1-21　智能家居室内系统拓扑图

所谓的家庭智能化就是通过家居智能管理系统的设施来实现家庭安全、舒适、信息交互与通信的能力。不同的群体对智能家居具有不同的理解，不同的家庭对智能家居的功能有不同的需求。智能家居系统往往是根据一个家庭的具体情况和实际需要进行有针对性设计的，每个家庭往往都不完全一样。下面就以某独栋别墅为例，简单介绍智能家居系统方案的设计。

1．项目描述

业主王某新购置一套独栋别墅，坐落于市区的核心地段。别墅为三层设计，一层有客厅、厨房和餐厅，二层、三层的房间主要是卧室、书房、卫生间和浴室等。业主欲在自己的别墅内安装一套智能家居系统。

2．业主需求

王某要求在别墅智能家居设计中需要实现以下功能：

- 周界防盗及监控功能。
- 全部房间的智能灯光控制。
- 主要生活区域的背景音乐功能。
- 一层客厅的电动窗帘控制。
- 烟感及燃气泄漏感应报警功能。
- 家用净水、中央除尘、中央空调集成功能。

## 大 家 做

根据王某的智能家居项目描述，为实现业主的需求，结合前面学过的内容，试分析该别墅都需要哪些系统设备，简要陈述它们的功能，完成表 1-8 的填写。

**表 1-8　别墅系统设备需求**

| 智能家居子系统 | 设　　备 | 功　　能 |
| --- | --- | --- |
| 周界防盗 | | |
| 安防监控 | | |
| 背景音乐 | | |
| 智能灯控 | | |
| 家用净水 | | |
| 中央除尘 | | |
| 中央空调 | | |

## 拓展提升

职场模拟：根据业主王某的别墅户型及安装需求，给出智能家居方案配置说明，并对配置要点及功能实现做简短描述。

## 考核评价

根据下列考核评价标准，结合前面所学内容，对本阶段的学习做出客观评价，简单总结学习的收获及存在的问题，完成表 1-9 的填写。

**表 1-9　案例 2 的考核评价**

| 考核内容 | 评价标准 | 评　　价 |
| --- | --- | --- |
| 必备知识 | ● 掌握智能家居的概念<br>● 熟悉智能家居的起源和发展<br>● 了解智能家居的功能及特点 | |
| 师生互动 | ●“大家说”积极参与、主动发言<br>●“大家做”认真思考、积极讨论，独立完成表格的填写<br>●“拓展提升”结合实际置身职场、主动参与角色模拟、换位思考发挥想象 | |
| 职业素养 | ● 具备良好的职业道德<br>● 具有计算机操作能力<br>● 具有阅读或查找相关文献资料、自我拓展学习本专业新技术、获取新知识及独立学习的能力<br>● 具有独立完成任务、解决问题的能力<br>● 具有较强的表达能力、沟通能力、组织实施能力<br>● 具备人际交流能力、公共关系处理能力和团队协作精神<br>● 具有集体荣誉感和社会责任意识 | |

# 案例 3　生活“无线”好——物联网与智能家居的应用领域

## 案例描述

物联网是在互联网基础上延伸和扩展的泛在网络，是传感识别、网络通信、数据存储和处理等新一代信息技术的高度集成和综合应用，是继计算机、互联网与移动通信网之后的又一次信息产业浪潮。作为我国经济发展一个新的增长点，物联网正在成为全球发达国家竞相布局的战略制高点，其发展迎来了前所未有的机遇。

## 案例呈现

### 活动 1　中国物联网的重点应用领域

1. “感知中国”提上日程

2009 年，前国务院总理温家宝同志提出要在无锡建设“感知中国”中心，我国就此开始了物联网技术的初探。现今，物联网基础技术——射频识别已经广泛应用于多个领域。北京市市政交通一卡通、世博会电子门票和“e 物流”等都是射频识别技术应用的成果。据统计，2009 年中国射频识别市场规模已达 85.1 亿元，同比增长 29.3%，居全球第三位。

国家发改委秘书长李朴民认为，国际金融危机在客观上推动全球进入了一个创新密集和新兴产业快速发展的时代。我国在确定了促进工业化与信息化融合的政策取向之后，把“感知中国”作为信息化社会建设的重要目标，把物联网产业纳入国家战略性新兴产业规划。

2. “智能物联”全面发展

2010 年，一台由海尔自主研发的物联网洗衣机通过鉴定，被认定为是世界上首台具有“智能物联”技术的洗衣机产品。在海尔的带动下，小天鹅、长虹、美的等家电巨头也相继展示了智能全套家电方案，竞相争夺物联网时代的家电领域话语权。能直接缴纳水电费、网上订购洗衣用品的物联网洗衣机，能远程遥控、自动调节舒适温度的物联网空调和能连接超市货品储备的物联网冰箱相继问世。

在 2010 年举行的中国北京国际科技产业博览会上，中国电信推出了“智能医疗”“智能文博”“智能交通”等物联网应用成果。而中国移动推出的校园管理系统化的“校讯通”、电子票务以及车管检测一体化的“车行无忧”、物流配载和仓储管理一站式服务的“移动巴枪”正在投入应用。在江苏南京，有数十户家庭已经开始享受“智能家居”的便利。

2011 年年底，工信部发布了《物联网“十二五”发展规划》，规划要求 2015 年初步完成物联网产业体系的构建，形成较完善的物联网产业链，在智能家居、智能电网、智能交通、智能物流、环境与安全检测、工业与自动化控制、医疗健康、精细农牧业、金融与服务业及国防军事这十个重点领域完成一批物联网示范工程。

经历了 2009 年和 2010 年的热炒之后，2012 年，物联网已从概念导入、试点示范，进入了以实际应用带动整体发展的新阶段。中国物联网市场持续稳步增长，增长率均保持在 30%

以上，同时物联网应用不断丰富，物联网应用市场亦将不断扩大。政府全面加大了对物联网等新一代信息技术的推动力度，尤其是在“智慧城市”发展的带动下，近几年来，中国物联网在安防、电力、交通、物流、医疗、环保等领域已经得到应用，且应用模式正日趋成熟。

**大家做**

1）根据所学内容，谈一谈物联网在各领域的应用主要体现在哪些方面。

2）通过网络搜索或查阅相关资料，了解“校讯通”“车行无忧”和“移动巴枪”的功能及特点。

**活动 2　智慧城市与智能家居的关系**

2009 年 1 月，IBM 公司提出了“智慧地球”的理念；2009 年 8 月，温家宝在中科院无锡高新微纳传感网工程技术研发中心考察时，提出了“感知中国”的理念；2010 年，IBM 正式提出了“智慧城市”的愿景，希望为世界和中国的城市发展贡献自己的力量；我国通过“十二五”计划，大力发展智慧城市的建设。2015 年，中国智慧城市建设最重要的一年。智慧城市建设相关规定以及智能安防等相关规定出台，众多智慧城市建设者参与其中，政府行政管理措施不断完善……这些因素促使智慧城市的发展上升到了新的高度。

城市智慧化已成为继工业化、电气化、信息化之后的“第四次浪潮”。智慧城市的热潮很大程度上是政府的推动，智慧城市的营造正成为全球城市之间竞争的基础条件之一，是证明一个城市信息化水平的“名片”、是保持城市竞争力的重要手段，如图 1-22。

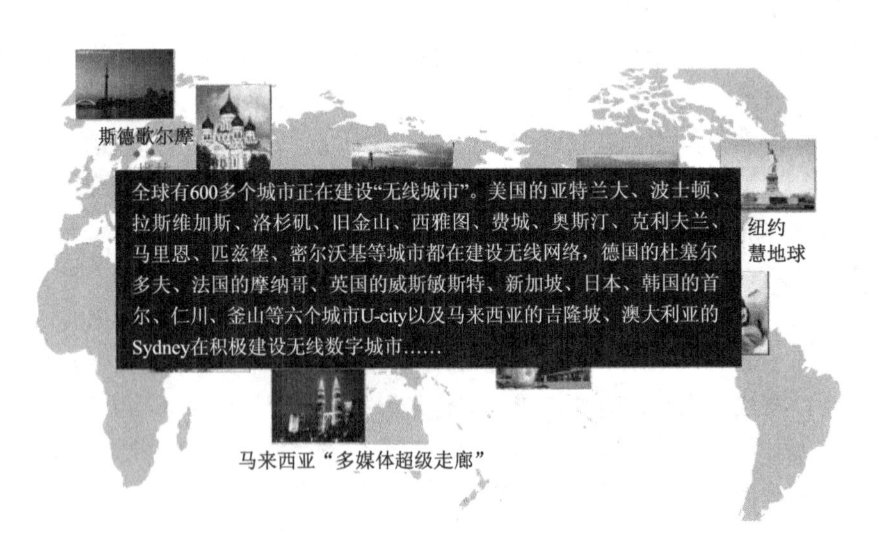


图 1-22　全球智慧化城市建设

智慧城市在广义上指城市信息化。智慧城市将人与人之间的通信扩展到了机器与机器之间的通信；通信网+互联网+物联网构成了智慧城市的基础通信网络，并在通信网上叠加城市信息化应用。智慧城市全景图如图 1-23 所示。

图 1-23　智慧城市全景图

## 知识链接

1．智能家居是智慧城市的典型应用

智慧城市是从城市中居住人的需求出发，结合信息化的手段来提高人们的幸福感，更大地促进信息的消费。家庭是每个城市的最小“细胞”，也是智慧城市的最小节点，只有每个家庭实现智能化，这个城市才称得上智慧。而智能家居作为住宅智能化的核心，既能够为家庭提供全方位的信息交换功能，又能帮助人们有效安排时间，让家庭与外部保持信息交流畅通，帮助增强家居生活的安全性，甚至为各种能源费用节约资金，优化人们的生活方式。如果每个家庭、每个居住区都拥有了智能家居，那么，居住在这个城市的人们就能够感受到智慧城市的魅力。可以说，智能家居是建设智慧城市的一个系统，也是建设智慧城市的必要步骤。住宅家居的智能化已成为社会发展的必然趋势，具有广阔的市场空间。我国“创建智慧城市”“节能减排”和“低碳经济的深入”这些举措，无疑对智能家居的发展将起到催化的作用。

2．智慧城市助力智能家居提速发展

“智慧”是赋予精神的一种境界，智慧城市则高于数字化城市、智能化城市，是让市民依托信息化基础建设的完善，充分享受城市信息化带来的智慧化城市生活。由于智慧城市的建设覆盖诸多领域，交通、医疗、安防、社区、电网等都是智慧城市建设中不可或缺的部分，其中智慧社区、智能家居又是与百姓密切相关的部分，作为最贴近百姓生活的智能家居，无疑会成为智慧城市建设的最大亮点，也是必经步骤。而智慧城市进入百姓家庭的最好服务路径就是透过智能社区以及智能家居的建设，从而不断提高民众的生活环境和品质。试想，如果每个家庭、每个社区都拥有了智能家居，这样居住在城市的人们才能真正感受到智慧城市所带来的便捷与魅力。因此，智慧城市的建设，必然离不开智能家居的应用，对于智能家居的发展将起到重要的推动作用。对于智能家居行业来讲，智慧城市的建设则是一个有利信号，应积极抓住机遇。

通过百度或查阅相关资料了解国内外智慧城市的建设和发展现状。

**活动 3　智能电网在智能家居中的应用项目**

21 世纪以来，随着世界经济的发展，能源需求量持续增长、环境保护问题日益严峻、调整和优化能源结构、应对全球气候变化和实现可持续发展成为人类社会普遍关注的焦点，更成为电力工业实现转型发展的核心动力。在此背景下，智能电网成为全球电力工业应对未来挑战的共同选择。智能电网是以物理电网为基础，将现代先进的传感测量技术、通信技术、信息技术、计算机技术和控制技术与物理电网高度集成而形成的新型电网。

新时代的用电已经不仅限于家庭照明电路与工业用电，而是包括电池、电动汽车、家庭电器等用电设备，而物联网技术的应用对于提升智能电网在发电、输电、变电、配电和用电五大环节的信息收集、信息智能处理、信息双向交流能力将起到重要作用。通过在电动车、电池、充电设备上安装传感器与 RFID 芯片，可以将这些设备纳入分布式网络中，实时感知电动汽车的状态、电池的安全情况，实现电动汽车与充电设施的综合监测与管理。家庭中的电器，大到电视、空调，小到热水壶、门禁装置，嵌入智能采集模块和通信模块后，也可纳入智能电网中，实现对家庭用电设备的统一管理，同时方便设备与设备之间的数据、状态共享。当智能电网的概念得到外延后，可以为智能用电双向交互服务、家居智能化、能效管理、分布式供电接入提供保障，实现用户与电网之间的交流互动。在未来，智能电网的建设将产生世界上最大、信息感知最全面的物联网，如图 1-24 所示。

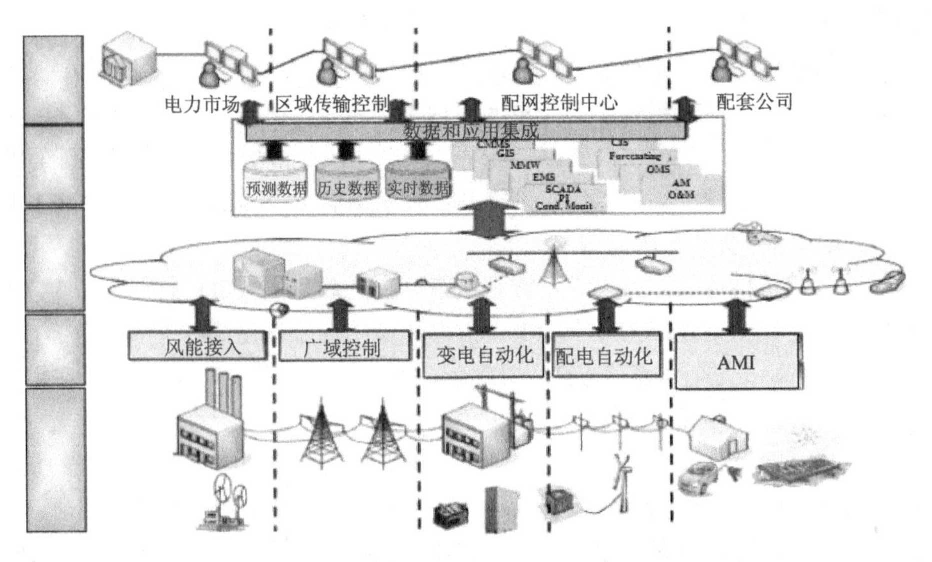


图 1-24　智能电网与物联网的深度融合

1．智能电网到底有多“聪明”

据了解，当某个区域发生电网故障时，若按照传统方式，电力部门先要派人员到现场，这一过程一般耗时 30min 左右；确定故障区域并隔离，这一过程至少要 15min。这种需要 45min 的传统处置方式，在智能电网时代将缩短至 5min 以内——调度人员在计算机上直接找到故障区域，简单操作鼠标即可实现对故障的隔离，将对用户的影响降至最低；当某地电网用电超负荷时，它还可以从负荷低的地方调运过来。更神奇的是，自家太阳能发的电，也可以连入电网，并可以转送给其他需要的用户。目前在市场上已经出现了太阳能空调等家电设备，这些产品均可自行发电解决用电问题，但在不使用空调时，即便太阳能辐射再好，发电设备也派不上用场。有了智能电网，只要阳光充足，就可以让发电设备运行，自家虽然不用电，但可以将发出的电力反向输入电网供其他用户使用，同时可以得到一笔电费收入。

目前在北京、杭州等城市的电力工业已经开始采用智能电网工作，为住户安装智能电表，实现智能用电全覆盖，使抄表电工从此告别上门走抄，而改由智能电表实时精准地记录每一户居民用电情况，电力局的工作人员只要在办公室即可对居民的用电量一目了然，避免了以往人工抄表可能出现的抄表不到位、错抄、漏抄等现象。当地居民也能及时清晰地了解一天 24h 中不同时段的用电比例，从而根据峰谷时段的不同电价合理用电、节约电能。此外，智能采集器还兼具预付费功能、欠费报警、故障自动反映等多项智能化功能。智能电网系统可以清晰地显示出系统中每一户人家的电是如何接入的，一旦出现用户用电报修的情况，也可以及时“告知”电力局的工作人员。这样，高峰期如果哪里用电负荷过大，电力部门能第一时间注意到，提前进行转供处理。

2．与智能电网相关的智能家庭功能

与智能电网相关的智能家庭功能主要包括智能用电、智能化监控管理等。智能用电通过电力线宽带通信或光纤通信技术，在家庭配置智能终端，实现用户与电网互动，以此降低电网运营成本，使居民用电更加节能并享受到电网带来的多种服务；智能化监控管理系统利用物联网将家电等各种家庭终端连接在一起，随时进行信息交换和远程控制。智能用电家庭服务平台：将无线通信技术延伸到水表、电表、气表等，进行数据抄收；通过智能插座实现空调、电饭煲等电器的用电数据采集和控制；通过智能电视机、计算机、手机等各种智能终端设备进行家庭能源管理；随时监控家中单个电器的用电、总体的用电情况和随时的费用清单，并通过数据分析，给用户提出合理的用电、节电建议；给居民提供了阶梯电价或分时电价等功能，可以随时根据用电政策启用这些功能。

智能电网不仅能够使用户的用电安全得到切实保障，还可使小区和家庭具备自动报警、视频监控、出入口管理、远程设防与撤防等诸多安防功能，大大提升家庭的安全性，同时会为小区和家庭安防品质及档次的提升带来很大的实惠。智能电网也是实现家居智能化的首要前提，我国国家电网公司提出了“智能电网 2020”发展战略，要大力发展和推广智能电网，让更多普通市民早日享受到“智能生活”。

1）根据所学，谈谈智能电网和传统电网的区别。

2）了解我国国家电网公司提出的“智能电网 2020”发展战略的内容。

3）通过百度搜索了解世界主要国家智能电网发展计划，并完成表 1-10 的填写。

表 1-10　世界主要国家智能电网发展计划

| 主要国家 | 发展计划 |
| --- | --- |
| 美国 | |
| 欧盟 | |
| 韩国 | |
| 日本 | |

### 活动 4　精细农业对智能家居的作用

基于物联网技术的精细农业是当今世界农业发展的新潮流。传统农业的模式已远不能适应农业可持续发展的需要，产品质量问题、资源严重不足且普遍浪费、环境污染、产品种类需求多样化等诸多问题使农业的发展陷入恶性循环，而精细农业以高新技术和科学管理换取对资源的最大节约，为现代农业的发展提供了一条光明之路。它是由信息技术支持的根据空间变异，定位、定时、定量地实施一整套现代化农事操作技术与管理的系统，其基本工作原理是根据作物生长的土壤性状，调节对作物的投入，即一方面查清田块内部的土壤性状与生产力空间变异，另一方面确定农作物的生产目标，进行定位的“系统诊断、优化配方、技术组装、科学管理”，提高生产力，以最少的或最节省的投入达到同等收入或更高的收入，并改善环境，高效地利用各类农业资源，取得经济效益和环境效益。

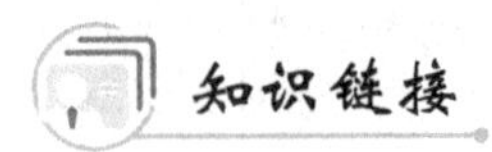


**无线传感网在精细农业中的作用**

对于精细农业的实现，其关键技术是无线传感网的应用，它将布置在一个特定区域内的诸多传感器以无线通信方式相互连接组成网络，形成精细农业管理信息系统的基础架构，用于监测环境的变化、对象定位、观察特定参量等，进而做出相应操作、传输数据以及其他辅助作业，实现农田信息的无线、实时传输。同时，可以给用户提供更多的决策信息和技术支持，用户可随时随地通过计算机和手机等终端进行查询、实现整个系统的远程管理，其网络拓扑图如图 1-25 所示。

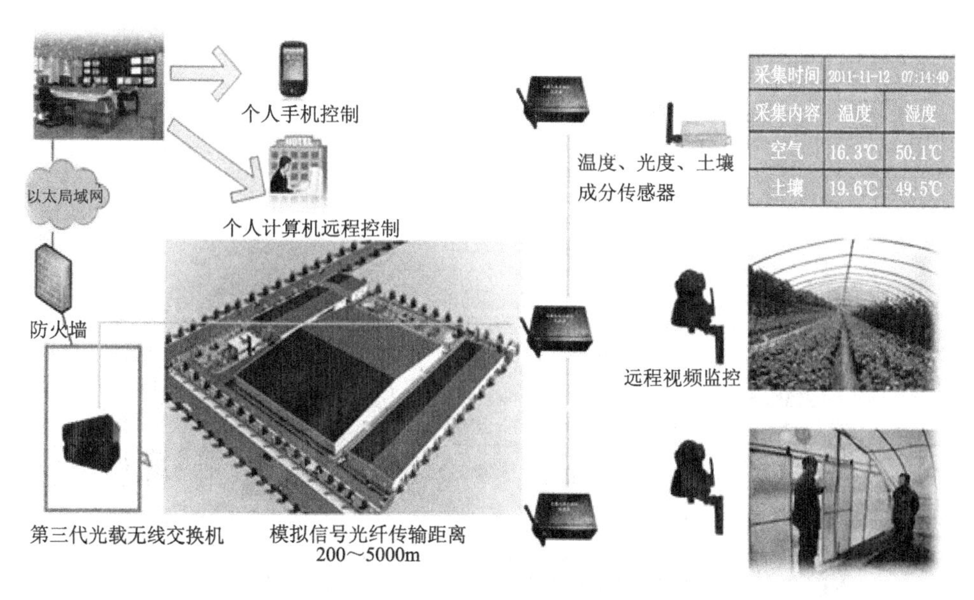


图 1-25　网络拓扑图

基于无线传感网的精细农业自控系统将精细农业从概念化转化为产业化，无线网络具有较高的传输带宽、抗干扰能力强、安全保密性好，而且功率谱密度低，主要通过温度传感器、土壤传感器、湿度传感器和温控仪、湿控仪、空气测试仪、自动喷灌系统相连接，通过 WI-FI 设备服务器与远端天线矩阵通信，再通过光载无线交换机将温度、湿度、土壤干燥度等数据实时地送到远程智能系统，再将数据通过手机或手持终端发送给农业人员、农业专家，进而为农业专家的远程指导、方案决策提供数据依据。精细农业自控系统结构如图 1-26 所示。

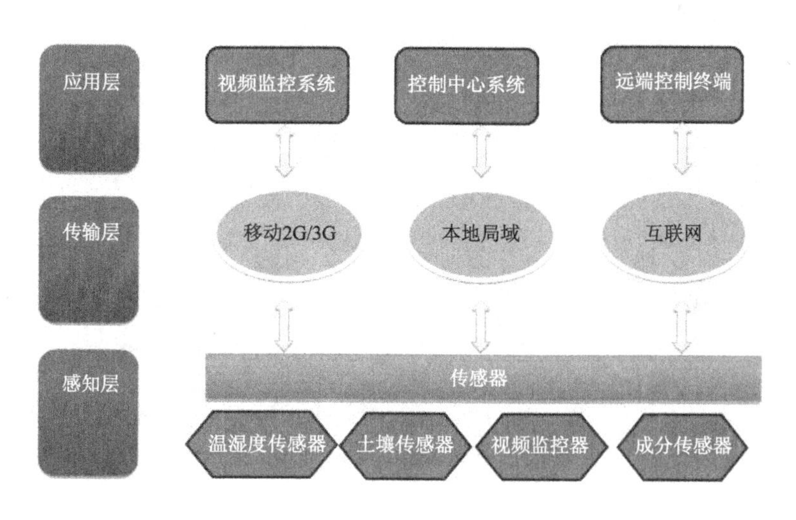


图 1-26　精细农业自控系统结构

视频画面与传感数据采集：通过摄像头、终端传感器，对设施农业现场实时画面、作物生长大棚、室外空气温度、湿度和土壤的温度、湿度的数据进行采集。采集方式：视频画面为连续采集，传感器数据为周期性自动采集。采集周期可根据用户要求设定，也可由用户临时通过终端修改周期时间，如图 1-27~图 1-29 所示。

图 1-27　视频画面与传感数据采集

| 棚号 | 采集时间 | 空气温度 | 空气湿度 | 土壤温度 | 土壤湿度 |
|---|---|---|---|---|---|
| 13#棚 | 2014-11-10　8:15 | 18.3℃ | 50.10% | 21.6℃ | 48.20% |
| 13#棚 | 2014-11-10　13:15 | 16.3℃ | 60.80% | 20.4℃ | 49.70% |
| 13#棚 | 2014-11-10　10:20 | 24.9℃ | 55.50% | 22.5℃ | 50.12% |

图 1-28　用户在个人终端上查看到的数据

图 1-29　用户在个人终端上查看到的现场实时画面

智能精细农业取代传统农业是农业发展的必然趋势，也更符合我国的国情。智能精细农业可以促进农业发展方式的转变，可以实现高效利用各类农业资源和改善环境这一可持续发展目标，不但可以最大限度提高农业现实生产力，而且是实现优质、高产、低耗和环保的可持续发展农业的有效途径。

### 温馨提示

在农业领域，无线传感网的发展主要分为两个方向：WI-FI遵循IEEE 802.11通信协议，ZigBee遵循IEEE 802.15.4通信协议。

### 大家说

1）为什么说智能精细农业取代传统农业是农业发展的必然趋势？

2）智能精细农业的关键技术是如何实施的？

### 大家做

通过百度搜索了解无线传感网在农业领域的应用。

**活动5　智能医疗对智能家居的辐射**

由于国内公共医疗管理系统的不完善，医疗成本高、渠道少、覆盖面小等问题困扰着大众民生，尤其以“效率较低的医疗体系、质量欠佳的医疗服务、看病难且贵的就医现状”为代表的医疗问题为社会关注的主要焦点。随着智慧城市建设的热潮和智能家居的发展，利用信息化技术解决医疗卫生服务的需求已经成为业界的共识，所以需要建立一套智能的医疗信息网络平台体系，使患者用较短的等待时间、支付基本的医疗费用，就可以享受安全、便利、优质的诊疗服务，从根本上解决“看病难、看病贵”等问题，真正做到“人人健康，健康人人”。在中国新医改的大背景下，智能医疗正伴随智能家居走进寻常百姓的生活，如图1-30所示。

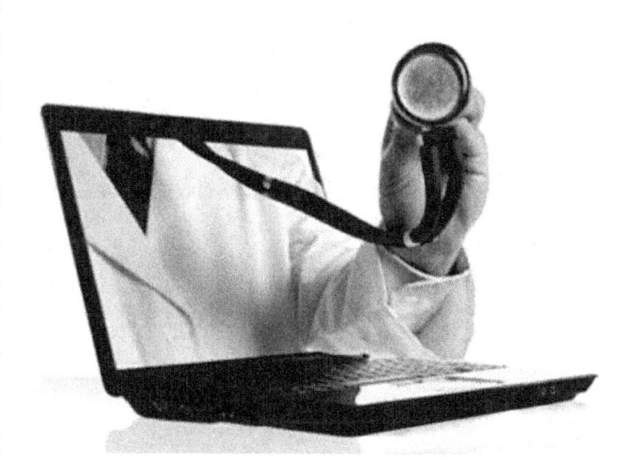

图1-30　智能医疗帮助解决老百姓“看病难”问题

### 知识链接

智能医疗与智能家居关系密切。对于普通大众，特别是行动不便的病人或老人，智能医疗有希望足不出户就可以解决一些简单的健康监测、挂号等问题。而随着科技的发展以及商业的投入，智能医疗给智能家居带来了新的可能性。智能医疗方面包括家居医疗和远程医疗两方面，其中家居医疗主要有可穿戴智能设备和基础设施传输系统，远程医疗主要包括远程诊断、远程监护和远程手术。

1．家居医疗

可穿戴智能设备可以嵌入鞋子、手表、服装、眼镜中。而可植入的无线可辨识设备可以用来保存健康记录，有助于在紧急情况下挽救病患的生命，尤其适用于有冠心病、中风、糖尿病、癌症、慢性阻塞性肺疾病的患者。而对于有智力障碍的患者，可以通过让其佩戴 RFID 手环同时配合门禁系统以记录其行踪。此外，家人可以将远程医疗服务系统和 RFID 手环、生理信号和 3G 无线通信技术结合，使患者在任何时间、任何地点都能和医院保持有效沟通，从而节省等待时间，提高紧急医疗服务的效率，为患者争取黄金救援时间。可穿戴智能设备如图 1-31 所示。

图 1-31　可穿戴智能设备

基础设施传输系统是利用现有家庭基础设施及其电气系统来协调和监测人的一些活动，如对于跌倒的监测，美国佛罗里达州立大学研制的 iFall 利用内置在手机里的三维加速器，通过基于阈值的跌倒检测算法来判断一个人是否跌倒。

2．远程医疗

远程医疗主要包括以检查诊断为目的的远程医疗诊断系统、以咨询会诊为目的的远程医疗系统、以教学培训为目的的远程医疗教育系统以及用于家庭病床的远程病床监护系统。其技术优势可以在一定程度上打破时间和距离对医疗的阻碍，拉近医生和病患的距离，能更好地服务病患。远程医疗技术已有 40 多年的历史，经历了电视监护、可视电话远程诊断等模式。目前在高速网络和医疗设备的基础上，可以实现数字、图像、语音的高质量综合传输，并能实现实时语音和高清图像交流。远程医疗的应用场景如图 1-32 所示。

智能医疗作为智能家居大系统中的重要组成部分，其最突出的特点就是用户平时能够通过仪器对身体各项指标进行不定期检测，从而得到相关的健康参数。相信随着智能家居的快速发展，在不久的未来，智能医疗将迎来更加广阔的发展前景。

图 1-32　远程医疗的应用场景

1）通过百度搜索了解国内外智能医疗的发展现状。

2）将你所了解的智能医疗功能及其在生活中的应用领域填写在表 1-11 中。

**表 1-11　智能医疗的功能及应用**

| 功　能 | 应用领域 |
| --- | --- |
| | |
| | |
| | |
| | |
| | |
| | |

### 活动 6　智慧教育与智能家居的关联

从计算机、互联网、多媒体等数字化技术逐步进入校园，到交互式电子白板、虚拟仿真实验等技术在“班班通”、数字化校园建设中的应用，各种数字技术丰富了教与学的过程。当前移动终端、物联网、云计算、大数据、移动通信等新一代信息技术的发展，刺激了研究者和教育实践者去拓展学习的概念和开展学习环境的设计，推动着学习环境的研究与实践从数字化走向智能化。在社会信息化大背景下，为了推动教育信息化进程，解决当前教育发展难题，落实教育信息化创新发展，智慧教育将成为教育信息化新方向。

作为“智慧地球”思想在教育领域的延伸，智慧教育将引领教育信息化创新发展，带动教育教学创新发展，最终指向创新型人才的培养。智慧教育图示如图 1-33 所示。

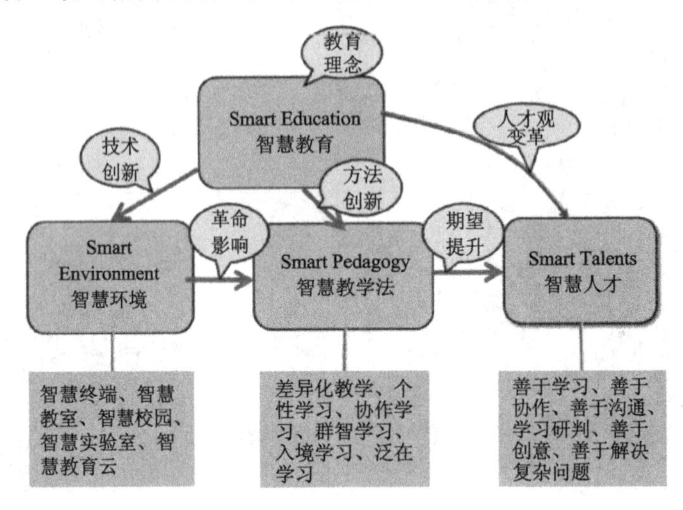


图 1-33 智慧教育图示

实现智慧教育的前提是应用新思维和新技术重构传统的教育信息系统，形成教育大平台与大数据。国家教育信息化规划中提出来的“三通两平台”中的“两平台”建设、基于云计算理念的智慧校园建设、大规模开放在线课程教学实践，都是在教育信息化建设的不同层次上为建设教育领域的大数据迈出的具有历史意义的一步，让教学模式由传统课堂进一步转向理想课堂。国家教育资源公共服务平台如图 1-34 所示。

图 1-34 国家教育资源公共服务平台

抛开厚重的课本，学生拿着 iPad 就能上课；教师教学中遇到疑难问题，轻点鼠标就能在线向千里以外的专家请教;偏远地区的师生一样可以用上名校名师的课件,改善教育公平……这些都是“国家教育云”工程给课堂教学带来的巨大转变。教师不再利用课堂时间讲授知识,而是提前发布上课内容,学生通过学习平台先进行自学自测。课堂的宝贵时间用于师生共同讨论解决面临的问题,从而使学生获得对知识更深层次的理解。基于电子书包的课内外创新学习如图 1-35 所示。

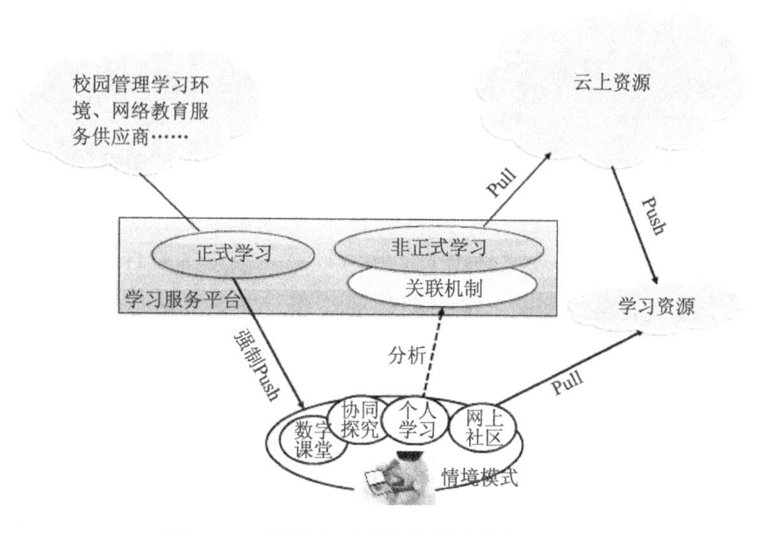


图 1-35　基于电子书包的课内外创新学习

目前,基于云计算、无线传感技术、物联网和海量信息处理等新技术的教育系统让教育信息化进入了全新发展的阶段。在这样一个教育云时代,数字校园不再孤立,很多教师、学生、家长都能随时随地共享优质的教育资源。利用云计算对传统的教育信息系统、校园网络系统进行整合与优化,能够聚合更大范围的教育资源,建立可流动、可获取、可应用的大规模非结构化教育数据,形成教育大数据。

教育信息化是国家信息化的重要组成部分,对于转变教育思想和观念、深化教育改革、提高教育质量和效益、培养创新人才具有深远意义,而智慧教育是实现教育跨越式发展的必然选择。

## 大家说

1)什么是智慧教育?智慧教育的优势是什么?

2)智慧教育都有哪些学习空间和智慧终端?

## 大家做

结合“三通两平台建设”,根据所学或通过网络搜索,总结传统教育模式与智慧教育模式的各自特点,并完成表格 1-12 的填写。

表 1-12 传统教育模式与智慧教育模式的特点

| 教育模式 | “三通”建设 | “两平台”建设 |
| --- | --- | --- |
| 传统教育 | | |
| 智慧教育 | | |

## 拓展提升

1. 学习实践

登录“国家教育资源公共服务平台”并注册自己的账号，利用该平台自主学习。

2. 畅想无限

“智慧城市”概念是 IBM 公司提出的“智慧地球”理念的延伸，是继无线城市、数字城市之后信息化城市发展的高级形态。随着科技的进步，未来的城市会拥有哪些“智慧”？请尽情畅想。

## 考核评价

根据下列考核评价标准，结合前面所学内容，对本阶段学习做出客观评价，简单总结学习的收获及存在的问题，完成表 1-13 的填写。

表 1-13 案例 3 的考核评价

| 考核内容 | 评价标准 | 评 价 |
| --- | --- | --- |
| 必备知识 | ● 了解中国物联网的重点应用领域<br>● 掌握智慧城市与智能家居的关系<br>● 熟悉智能电网在智能家居中的应用<br>● 了解精细农业对智能家居的作用<br>● 了解智能医疗与智能家居的联系<br>● 了解智慧教育的优势，学会运用智慧教育平台 | |
| 师生互动 | ● “大家来说”积极参与、主动发言<br>● “大家来做”认真思考、积极讨论，独立完成表格的填写<br>● “拓展提升”结合实际、主动参与、换位思考发挥想象 | |
| 职业素养 | ● 具备良好的职业道德<br>● 具有计算机操作能力<br>● 具有阅读或查找相关文献资料、自我拓展学习本专业新技术、获取新知识及独立学习的能力<br>● 具有独立完成任务、解决问题的能力<br>● 具有较强的表达能力、沟通能力及组织实施能力<br>● 具备人际交流能力、公共关系处理能力和团队协作精神<br>● 具有集体荣誉感和社会责任意识 | |

## 单元小结

本单元着重介绍了物联网与智能家居的基本概念、功能及物联网的总体架构、特点与关键技术。读者应通过感受物联网和体验智能家居，了解物联网与智能家居的发展历程和主要应用领域。

掌握基本概念和功能是了解物联网和智能家居发展的基础，也是本单元学习的重点内容。了解总体架构、特点与关键技术是熟悉物联网与智能家居应用的前提，也是本单元学习的难点内容。

# 单元 2　涉足物联网与智能家居行业市场

智能家居行业每天都在发生变化，每天都真实、潜移默化地影响着一些人的生活方式，这也是智能家居市场已经步入快速成长期的标志。越来越多的人开始享受智能科技生活所带来的便捷，同样有越来越多的相关产业链企业不断涉足智能家居行业，有更多的创业人士与企业加入智能家居销售大军，当然还有更多生产各种技术产品的智能家居厂家加入这一行业。

智能家居给物联网应用带来新的机会，智能家居行业是一种新兴行业，也是高新技术产业，所以，物联网智能家居市场发展潜力巨大。智能家居行业将成为下一轮经济增长的新增长点。目前我国家电物联网技术发展尚处于初级阶段，但是其发展趋势有目共睹。GKB 数码屋新推出单户型智能家居，长城（Great Wall）发布了自主研发的智能家居产品，知名电工品牌 TCL-Legrand 名为“奥特”的智能家居也已面市。家电企业、计算机技术、家居制造业纷纷加入这场智能市场的大战，不止于此，国内外的各大通信商也将物联网提上了日程，智能家居市场迎来了新一轮爆发，市场竞争将更为激烈。

- 掌握智能家居行业市场的基本状况
- 熟悉我国物联网发展情况
- 熟悉智能家居的功能及特点
- 熟悉智能家居产业的发展
- 提高合作交流、沟通协调的能力，培养团队意识
- 培养自主探究、主动学习、独立完成任务的能力
- 践行职业道德，培养岗位意识
- 树立爱岗敬业精神，增强责任意识

## 案例 1　“全联接”的世界——物联网行业发展现状及趋势

过去，思考与表达产生人的信息。今天，大数据、万物互联产生事与物的信息。人与人、人与物、物与物通过网络交流信息。在万物互联的世界，在信息高速流动的今天，“全联接”

事实上已经成为人类最基本的需求。而“物联网”被称为是下一个万亿美元级的信息技术产业，将大规模普及，因此，各国齐头并进，相继推出区域战略规划，并纷纷研究相关技术，制定技术标准。从国内来看，物联网产业正在逐步成为各地战略性新兴产业发展的重要领域。2009 年 8 月和 12 月，前国务院总理温家宝分别在无锡和北京发表重要讲话，重点强调要大力发展传感网技术，努力突破物联网核心技术，建立“感知中国”中心。在 2010 年的《政府工作报告》中，温总理再次指出：将“加快物联网的研发应用”明确纳入重点产业振兴计划。这代表着中国传感网、物联网的“感知中国”已成为国家的信息产业发展战略。

## 案例呈现

### 活动 1　物联网的发展

物联网在国外被誉为“危机时代的救世主”。在当前经济危机尚未完全消退的时期，许多发达国家将发展物联网视为新的经济增长点。

美国于 2008 年 11 月公布了“智慧地球”战略。“智慧地球”提出“把感应器嵌入和装备到电网、铁路、桥梁、隧道、公路、建筑、供水系统、大坝、油气管道等各种物体中，并且被普遍连接，形成所谓的物联网，并通过超级计算机和云计算将物联网整合起来，实现人类社会与物理系统的整合”。目前，美国已在多个领域应用物联网，例如得克萨斯州的电网公司建立了智慧的数字电网。这种数字电网可以在发生故障时自动感知和汇报故障位置，并且自动路由，10s 之内就恢复供电。该电网还可以接入风能、太阳能等新能源，大大有利于新能源产业的成长。相配套的智能电表可以让用户通过手机控制家电，享受便捷的服务。

欧盟围绕物联网技术和应用做了不少创新性工作。在 2009 年 11 月的全球物联网会议上，欧盟专家介绍了《欧盟物联网行动计划》，意在引领世界物联网发展。在欧盟较为活跃的是各大运营商和设备制造商，他们推动了机器与机器（M2M）的技术和服务的发展。目前，欧盟已推出的物联网应用有：在药品中开始使用专用序列码；能源领域的公共性公司已开始部署智能电子材料系统；在物流、制造、零售等行业领域，智能目标推动了信息交换，提高了生产周期的效率。

日本和韩国均于 2004 年推出了基于物联网的国家信息化战略，分别被称为 u-Japan 和 u-Korea，该战略希望借助新生一代的信息科技革命实现无所不在的便利社会。目前，物联网在日本已渗透到人们的衣食住行中：松下公司推出的家电网络系统可供主人通过手机下载菜谱，通过冰箱的内设镜头查看存储的食品，以确定需要买什么菜，甚至可以通过网络让电饭煲自动下米做饭；日本还提倡数字化住宅，通过有线通信网、卫星电视台的数字电视网和移动通信网，人们不管在屋里、屋外或是在车里，都可以自由自在地接受信息服务。2009 年 10 月，韩国通过了物联网基础设施构建基本规划，将物联网市场确定为新增增长动力，据估算，至 2013 年物联网产业规模将达 50 万亿韩元。全球物联网市场应用现状如图 2-1 所示。

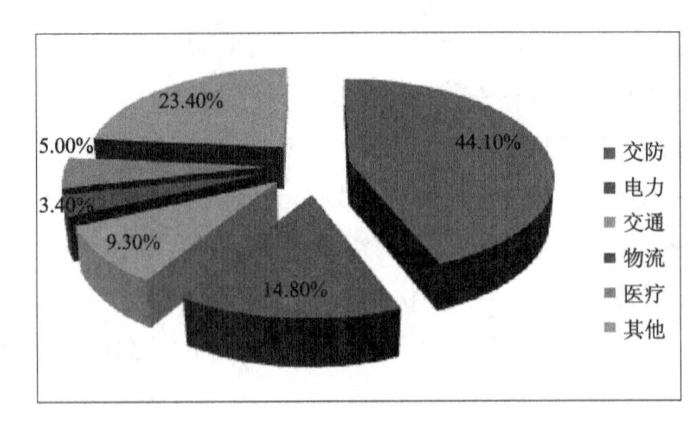


图 2-1　全球物联网市场应用现状

## 大家说

请通过网络搜索了解全球物联网的应用现状。

## 知识链接

**“全联接”的由来**

“全联接”源于电信设备商华为技术。该公司在华为轮值 CEO 徐直军所撰的一篇文章中，提及“全球仍然有 44 亿人（超过全球人口总数的 60%）还没有接入互联网”时，提出了这一概念。

华为表示，“对于尚未联网的很多人而言，接入互联网将是他们改变生活的起点。通过与全世界的连接，他们能够获得更多的知识、更好的教育以及更多的发展机遇。”“全联接”式的生活如图 2-2 所示。

图 2-2　“全联接”式的生活

### 活动 2 我国物联网的现状

中国在物联网发展方面起步较早，技术和标准发展与国际基本同步。国家自然科学基金以及“863”“973”等都对物联网产业给予了较多的支持，《国家中长期科技发展规划纲要（2006-2020）》在重大专项、优先主题、前沿技术三个层面均列入传感网的内容，正在实施的国家科技重大专项也将无线传感网作为主要方向之一，对若干关键技术领域与重要应用领域给予支持。国内先后有近百单位开展了传感研究和应用，建立起了中科院上海微系统所、电子十三所、北京大学等研发和生产基地，并取得了一定的成果。

自 2009 年 8 月前国务院总理温家宝提出“感知中国”（见图 2-3）以来，物联网被正式列为国家五大新兴战略性产业之一，写入“政府工作报告”，物联网在中国受到了全社会极大的关注。

图 2-3 “感知”中国

在应用发展方面，物联网已在中国公共安全、民航、交通、环境监测、智能电网、农业等行业得到初步规模性应用，部分产品已打入国际市场，如智能交通中的磁敏传感节点已布设在美国旧金山的公路上；中高速图传传感网设备销往欧洲，并已安装于警用直升机；周界防入侵系统水平处于国际领先地位。智能家居、智能医疗等面向个人用户的应用已初步展开，如中科院与中移动集团已率先开展紧密合作，围绕物联网与 3G 的 TD 蜂窝系统两网融合的三步走路线，积极推动物物互联的新业务，寻求 3G 业务的全新突破。

总体看来，中国物联网研究没有盲目跟从国外，而是面向国家重大战略和应用需求，开展物联网基础标准体系、关键技术、应用开发、系统集成和测试评估技术等方面的研究，形成了以应用为牵引的特色发展路线和基本齐全的物联网产业体系，部分领域已形成一定市场规模，在技术、标准、产业及应用与服务等方面，接近国际水平，使中国在该领域占领价值链高端成为可能。

通过网络搜索或查阅相关资料，了解在我国的物联网产业体系，并完成表 2-1 的填写。

**表 2-1　物联网产业发展现状**

| 物联网产业名称 | 发展现状 |
| --- | --- |
| 传感器产业 | |
| RFID 产业 | |
| 仪器仪表与测量控制产业 | |
| 物联网应用基础设施服务业 | |
| 物联网相关软件开发与集成服务业 | |
| 物联网应用服务业 | |

知识链接

1. 我国物联网产业体系的特点

2015 年，我国初步形成物联网产业体系。目前，我国在物联网技术研发、标准研制、产业培育、行业应用等方面已初步具备一定基础，但在关键核心技术方面有待突破，产业基础薄弱、网络信息安全存在潜在隐患等问题仍较突出。在未来，我国要实现物联网在经济社会重要领域的规模示范应用，突破一批核心技术，初步形成物联网产业体系，安全保障能力明显提高。我国物联网产业体系结构如图 2-4 所示。

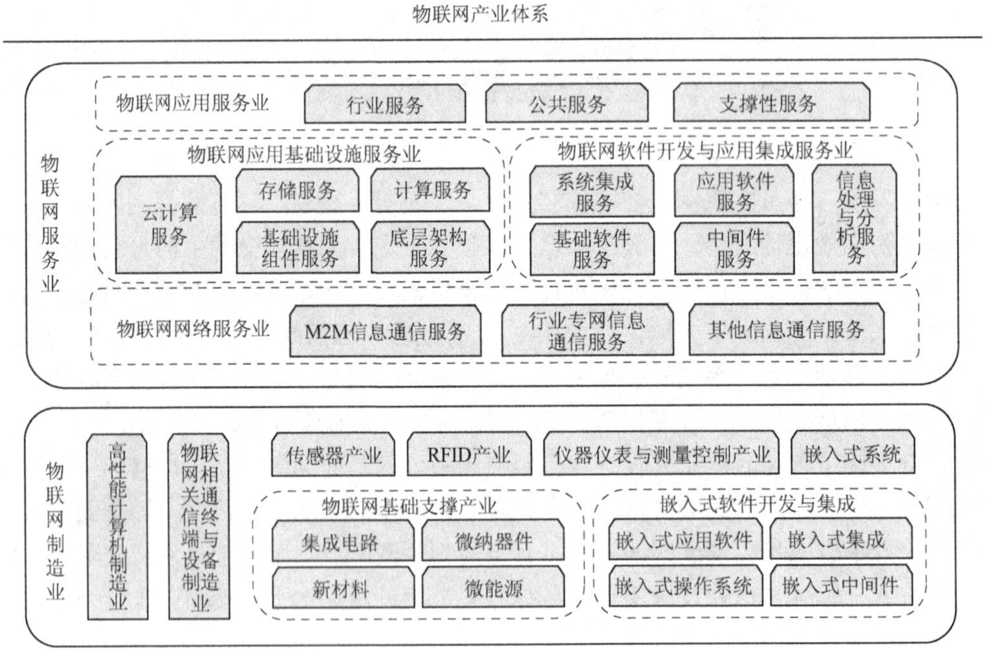

物联网产业体系

物联网服务业
物联网应用服务业
行业服务
公共服务
支撑性服务
物联网应用基础设施服务业
云计算服务
存储服务
计算服务
基础设施组件服务
底层架构服务
物联网软件开发与应用集成服务业
系统集成服务
应用软件服务
信息处理与分析服务
基础软件服务
中间件服务
物联网网络服务业
M2M信息通信服务
行业专网信息通信服务
其他信息通信服务

物联网制造业
高性能计算机制造业
物联网相关通信终端与设备制造业
传感器产业
RFID产业
仪器仪表与测量控制产业
嵌入式系统
物联网基础支撑产业
集成电路
微纳器件
新材料
微能源
嵌入式软件开发与集成
嵌入式应用软件
嵌入式集成
嵌入式操作系统
嵌入式中间件

图 2-4　我国物联网产业体系结构

2. 当前物联网产业的现状

我国已建立了基本健全的物联网产业体系，包括以感知端设备和网络设备为代表的物联网制造业，以网络服务、软件与集成服务、应用服务为代表的物联网服务业。从整体来看，我国在M2M服务、中高频RFID、二维码等产业环节具有一定优势，但在基础芯片设计、高端传感器制造、智能信息处理等产业环节依然薄弱。从全球来看，物联网大数据处理和公共平台服务处于起步阶段，物联网相关的终端制造和应用服务仍在成长培育中。

**活动3　物联网在我国的发展趋势**

1．描绘万亿元蓝图

物联网是新一代信息技术的高度集成和综合运用，是国家战略性新兴产业的重要内容。以2009年国家传感网无锡创新示范区设立为标志，我国物联网发展和应用已进入实质性推进阶段。

2012年，中国物联网产业市场规模达到3650亿元，比上年增长38.6%。2015年，通过突破一批物联网核心技术带动典型应用，我国初步形成物联网产业体系。据预测，到2017年，我国物联网产业市场规模有望突破万亿元，迈上新的台阶。

2．技术和应用“两手抓”

在技术研发上，加强协同，组织重大技术攻关，着力突破核心芯片、软件、元器件、仪器仪表等领域的关键共性技术，加快基础共性标准、关键技术标准和重点应用标准的研究制定，形成完善的物联网技术标准支撑体系。

在应用推广上，着重于生产制造、节能减排、安全生产、物流配送等领域，抓好一批效果突出、带动性强、关联度高的典型应用示范工程，推动物联网技术集成应用。此外，将大数据技术用于物联网，不仅收集传感性的数据，还要对物联网进行一定模式的过滤，因此大数据在个性化医疗应用、智能交通、社会管理等领域拥有更广阔的发展空间。

3．“落脚”智慧城市

物联网是张巨大的网，我国各地政府都在积极投入物联网大潮中。智慧城市是物联网最好的“落脚点”。只有定位于市民的主体地位，才能充分发挥市场推动作用，找到好的商务模式、赢利模式，才能让智慧城市成为真正的宜居城市，成为物联网的载体。

物联网的前景如何？薪资约为多少？

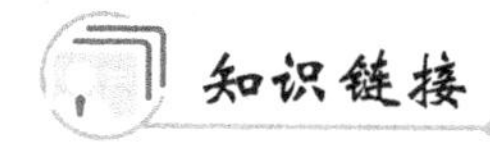


**物联网发展存在的问题**

（1）概念混淆

由于应用广泛，物联网产业价值潜力惊人，但也令一些地方对物联网过分神化——“很多地方从村委会主任到省长都对物联网感兴趣，但是对于究竟什么是物联网，实际有相当一部分人并不能明确，甚至有的人把物联网和物流搞混。”

（2）缺乏统一规划

当前我国物联网发展尚缺乏统一规划。尽管各地政府部门都在试点，但是在全国范围内尚未进行统筹规划，部门之间、地区之间、行业之间的分割情况较为普遍，产业缺乏顶层设计，资源共享不足。

**活动4　物联网关联技术**

物联网关联技术就是物联网多种技术同时应用在一件事物上而引起的联合效应。如使用物联网把传感器装备到发电系统及电网、轨道交通、道路桥梁、隧道、建筑物、供水系统、水坝、堤防、家用电器等各种真实物体上，透过各种网络技术如 RFID、传感器、二维条形码等，通过互联网连接起来，进而运行特定的程序，达到远程控制或者实现物与物的直接通信。因此，物联网不仅能实现人与物体的沟通和“对话”，也可以达到物体与物体互相间的沟通和“对话”。

物联网发展的战略机遇推动了我国在不同技术领域的全面提升。我国在传感器、RFID、网络和通信、智能计算、信息处理等领域的技术研究能力不断提升，技术创新能力也取得了一定的突破。

物联网产业链可以细分为感知、处理和信息传送三个环节，每个环节的关键技术分别为传感器技术、智能信息处理技术和网络传输技术。传感器技术通过多种传感器、RFID、二维码、GPS 定位、地理信息识别系统和多媒体信息等多媒体采集技术，实现对外部世界的感知和识别；智能信息处理技术通过应用中间件提供跨行业、跨系统的信息协同及共享和互通功能，包括数据存储、并行计算、数据挖掘、平台服务和信息呈现等网络传输技术。通过广泛的互联功能，实现对信息的高可靠性、高安全性传送，包括各种有线和无线传输技术、交换技术、组网技术和网关技术等。

1．传感器技术

传感器技术是物联网的触觉所在，也是物联网之所以万物互联的根本因素。我国企业基本掌握了低端传感器研发的技术，但高端传感器和新型传感器的部分核心技术仍然未掌握。我国仅有组件式传感器的通用标准，新型传感器标准基本为空白。

2．通信技术

目前主流是通过无线 ZigBee、WI-FI、蓝牙、SUB 1G、RFID、GPS、3G、4G 等实现物与物之间的通信，定义每一个物品的 MAC 地址，用来标识与采集信息。目前近距离无线通信技术基本采用 IEEE 802.15.4、WLAN 等国外提出的技术，芯片以国外产品为主，国内正在面向应用的无线传感器组网技术方面寻求突破。在 2G/3G 无线接入增强、IP 承载和网络传送技术上，我国技术研发水平与国外基本相当，我国主导了 3GPP RAN（无线接入）优化项目立项，并争取关键技术突破。

3．嵌入式系统技术

嵌入式系统是一种“完全嵌入受控器件内部，为特定应用而设计的专用计算机系统”，该项技术是物联网的核心大脑。物联网是嵌入式应用的机会与未来之一，城市建设离不开物联网技术，如图 2-5 和图 2-6 所示。

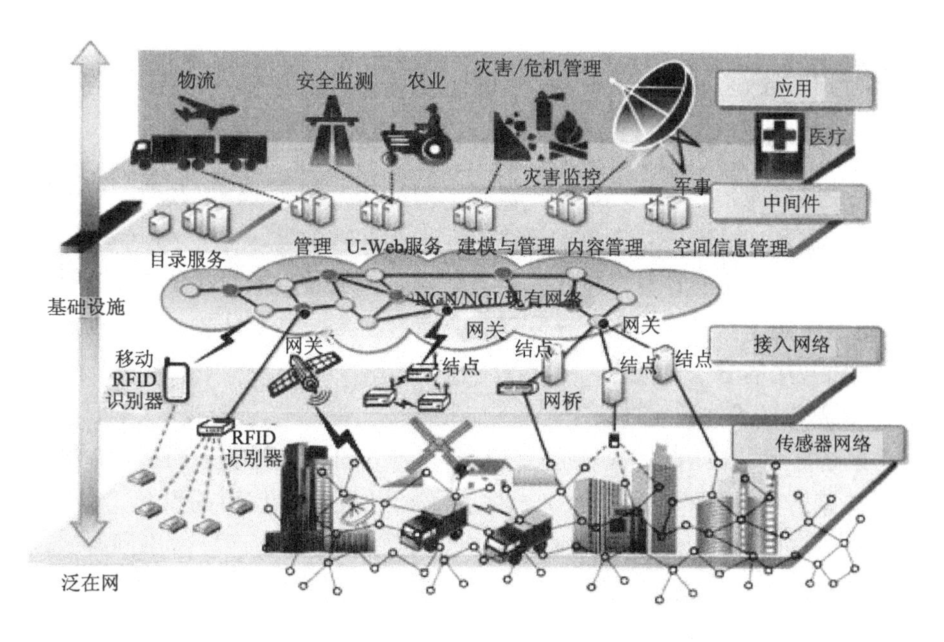


图 2-5　物联网是嵌入式应用的机会与未来之一

图 2-6　城市建设离不开物联网技术

## 大家说

1）列举现实生活中物联网关联技术的应用实例。

2）通过网络搜索或查阅相关资料，了解英特尔中国研究院将主攻嵌入式方向的原因。

## 知识链接

1．嵌入式系统的定义

嵌入式系统是以应用为中心，以计算机技术为基础，软件硬件可裁剪，适应应用系统对功能、可靠性、成本、体积、功耗要求严格的专用计算机系统。

嵌入式系统是将先进的计算机技术、半导体技术和电子技术和各个行业的具体应用相结合的产物，这就决定了它必然是一个技术密集、资金密集、高度分散、不断创新的知识集成系统，是计算机应用的另一种形态。

2．嵌入式系统技术的应用前景

嵌入式系统技术的应用已影响到人们生活的方方面面，几乎无处不在，移动电话、家用电器、汽车等无不有它的踪影。嵌入式系统技术将使日常使用的设备“具有智能”，使它们具备学习与记忆的能力，能够按照使用者的喜好及所处的环境做出回答，其目的就是要把一切变得更简单、更方便、更普遍、更适用。嵌入式系统技术的应用前景如图 2-7 所示。

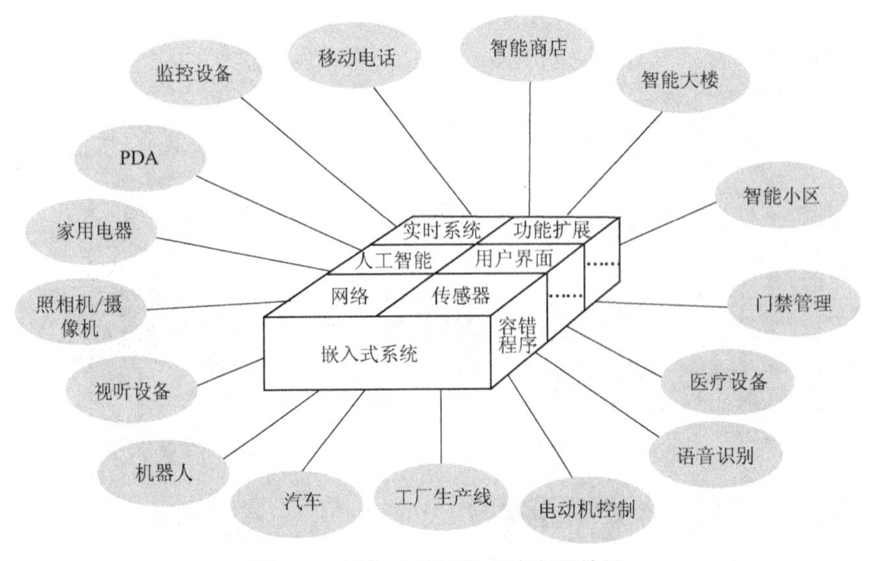


图 2-7　嵌入式系统技术的应用前景

## 拓展提升

1．职场模拟

物联网作为信息技术的深度拓展应用，已应用到各领域，请同学们以基于物联网技术的“校园安全管理系统实例”进行研究，并以设计者的身份说明物联网技术对构建数字校园的重大意义。

2．畅想无限

物联网技术使得人们的生活更便利、更科技、更享受，试畅想，通过物联网关联技术的广泛应用，未来的生活能有什么样的变化?

## 考核评价

根据下列考核评价标准，结合前面所学内容，对本阶段学习做出客观评价，简单总结学习的收获及存在的问题，完成表2-2的填写。

表2-2 案例1的考核评价

| 考核内容 | 评价标准 | 评 价 |
|---|---|---|
| 必备知识 | ● 了解全球物联网的发展现状<br>● 了解我国物联网技术的发展前景<br>● 掌握我国物联网关联技术 | |
| 师生互动 | ● “大家说”积极参与、畅所欲言<br>● “大家做”认真思考、讨论，独立完成表格的填写<br>● “拓展提升”结合实际置身职场、主动参与角色模拟、换位思考发挥想象 | |
| 职业素养 | ● 具备良好的职业道德和心理素质<br>● 具有阅读或查找相关文献资料等信息处理和自我学习的能力<br>● 具有独立完成任务、解决问题的能力<br>● 具备职场沟通能力<br>● 具备团队协作能力<br>● 具有热爱家乡，报效社会的奉献精神 | |

# 案例2 “未来之家”的实现——智能家居行业发展面面观

## 案例描述

智能家居的概念最早是由国外引入的，但这个行业却是国人自己建立并培养起来的。从厂家的角度来看，智能家居行业从出现至今发展迅猛，而且因为智能家居的概念涉及范围非常广，所以凡是那些生产的产品与智能家居有关的厂家都可以纳入这个行业中来，比如安防厂家可能就有几千家，再如电动窗帘、门禁、音响系统等，这些厂家加起来也有上万家，这给智能家居行业发展打下了良好的基础。

从经销的角度来看，对于一个行业来说，经销商是将智能家居概念以及产品传递给终端用户的一个重要桥梁。经销商在选择智能家居这个行业时必须要选择符合自身利益的厂家和产品，正是由于这种选择，使得智能家居行业出现竞争，因此也就促进了行业的发展。

从装饰公司的角度来看，装饰公司也是一个连接用户、销售产品的桥梁。每个地方的装饰公司少则几百家，多则上千家，其竞争程度不言而喻，装饰公司要生存、图发展，无外乎从两个方面下功夫：一是从软件上不断提高设计水平和服务质量；二是从硬件上不断寻求新的材料、新的亮点，以吸引业主，增强自身的竞争力。智能家居作为一种新型电子产品，能够给人们的生活带来舒适、便利、安全，它既弥补了传统装修的不足，又符合现代人对家居生活的追求，因此在装修时引入智能家居能够更好地满足业主的需求。

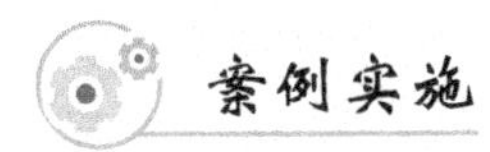


### 活动 1　国外智能家居发展现状

自世界上第 1 幢智能建筑于 1984 年在美国出现后，美国、加拿大、欧洲、澳大利亚和东南亚等经济比较发达的国家和地区先后提出了各种智能家居的方案。智能家居在美国、德国、新加坡、日本等国都有广泛的应用。在智能家居系统研发方面，美国及一些欧洲国家一直处于领先地位。近年来，以美国微软公司及摩托罗拉公司等为首的一批国外知名企业，先后跻身于智能家居的研发中。例如微软公司开发的“梦幻之家”、摩托罗拉公司开发的“居所之门”、IBM 公司开发的“家庭主任”等均已日趋成熟的技术，已经开始抢占家居市场。此外，日本、韩国、新加坡等国的龙头企业也纷纷致力于家居智能化的开发，对家居市场更是跃跃欲试。国外智能家居发展现状如图 2-8 所示。

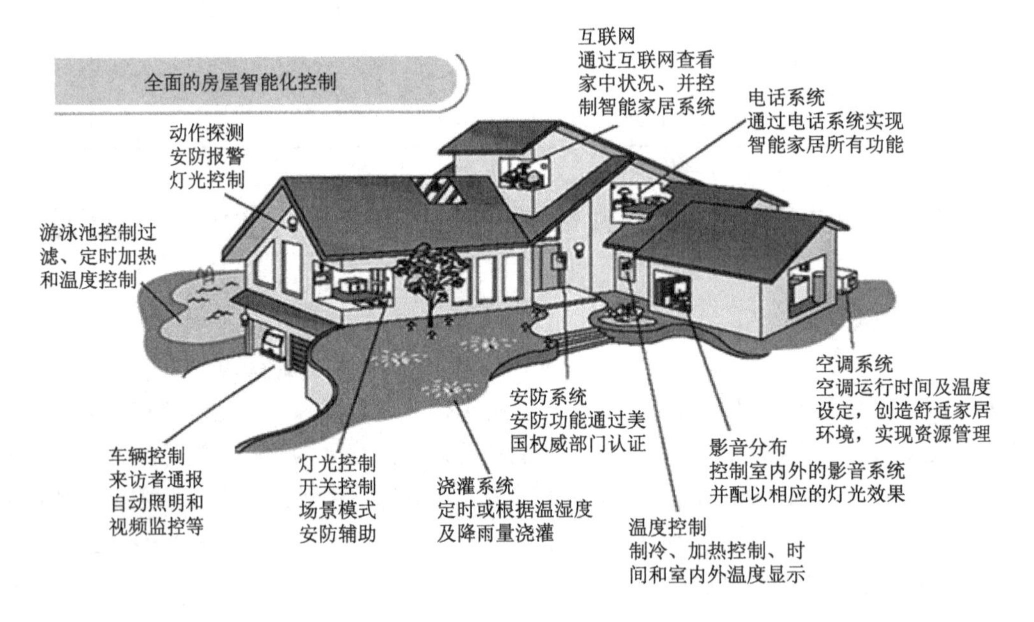


图 2-8　国外智能家居发展现状

智能化是未来之家的必要条件，但不是充分条件，另一个正在被更多建筑师考虑的要素是“绿色低碳”。上海唯一参展世博会的实物案例——“沪上、生态家”项目堪称智能绿色未来之家的样板，全新诠释了“乐活”。这座白墙黑檐、颇具江南水乡韵味的四层小楼，通过“风、光、影、绿、废”五种主要生态元素的构造，让一个未来的生态住宅穿越时空来到大家眼前：用“垃圾”造的房子，会“呼吸”“调温”的墙面，自动调节的屋内光线，用回收的雨水冲马桶……比同类建筑节能 75%以上。

一幢未来生态城的样板楼已经矗立在上海崇明陈家镇：屋顶上的太阳能装置一年可发电

约 6 万 kW·h，楼外的风力发电装置一年能发电约 4 万 kW·h；办公区的百叶窗会根据阳光强度自动调节角度，一旦办公区人员全部离开，灯光会自动关闭；楼顶的通风塔依靠热压产生自然通风；厕所不仅节水，还能分别回收大小便……

下面我们一同走进“未来之家”。

“未来之家”的入口看起来只是一扇普通的一大块磨砂玻璃门，但实际上采用了掌纹识别技术作为钥匙，是安全性极高的门禁系统（借助全手掌识别技术，要比单个指纹识别更加可靠）。而且，这套门禁系统还融合了 ID 卡识别以及声音识别等技术，并且配有来访者语音留言系统和安全系统，足可令业主高枕无忧。“未来之家”大门如图 2-9 所示。

“未来之家”入口处的植物采用了 RFID 芯片，可以提醒主人需要多少光照和水分，如图 2-10 所示。

图 2-9　“未来之家”大门

图 2-10　智能光照和水分

玄关里的智能托盘也暗藏玄机，若主人把手机和手表放上去，则会自动显示今天的温度、天气和日程安排等各种信息，如图 2-11 所示。

进门之后，智能墙壁上会自动显示欢迎信息，还有安防系统的状态、室内温度、能耗等各种信息，如图 2-12 所示。

图 2-11　智能托盘

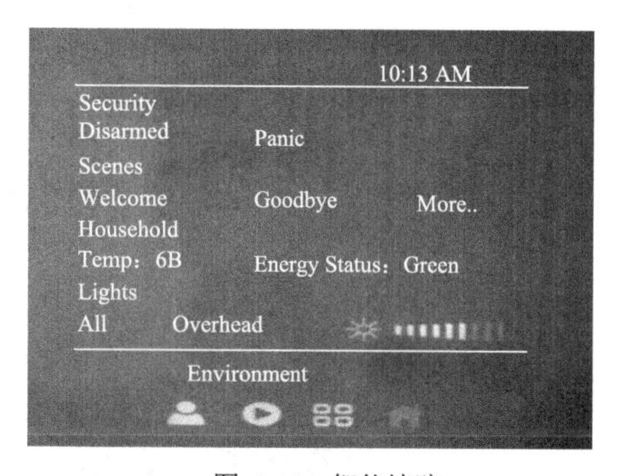



图 2-12　智能墙壁

客厅里的智能有机电激光显示（Organic Light-Emitting Diode，OLED）电视机可以用手进行远程操控（它有摄像头可以捕捉业主的手部运动）。这个设计理念跟微软大受欢迎的 Kinect 体感游戏设备类似，如图 2-13 所示。

再来看一看智能厨房，看起来与普通厨房有什么不同？仔细看一看，如图 2-14 所示。

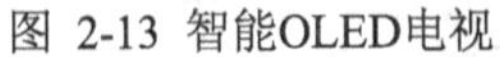

图 2-13 智能OLED电视

图 2-14 智能厨房

智能厨房操作台上有一个显示屏，如图 2-15 所示。如果业主用手触摸显示屏，则显示屏上出现各种与主人相关的健康信息，如疾病史、需要服用的药物和各种健康提示等，甚至还有针对一生健康的基因疗法，如图 2-16 所示。

图 2-15 智能厨房操作台上的显示屏

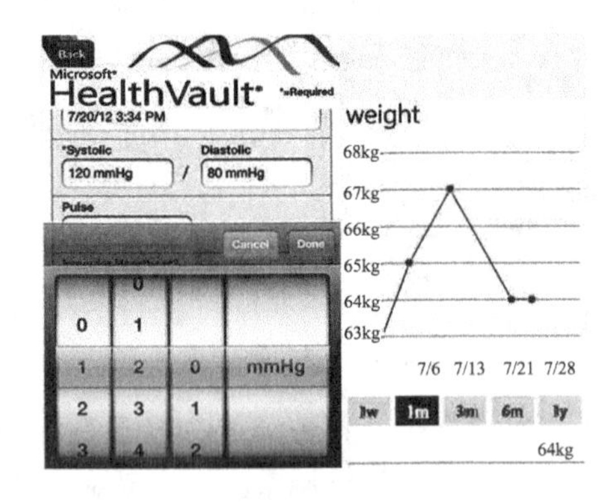


图 2-16 智能家庭医生

药如何服用？服用量和次数是多少？如果业主忘了也没关系，放在智能操作台上，各种指示信息立刻清晰呈现，如图 2-17 所示。

图 2-17 智能提醒

## 大家说

通过网络搜索或查阅相关资料，了解在不同国家智能家居的发展历程。

## 知识链接

国内外的智能家居项目发展差距有多大?

2014 年，在美国拉斯维加斯举行的国际消费类电子产品展览（International Consumer Electronics，show，CES）大会上，三星发布了一款名为“三星智能家居”的新智能家居平台，可供用户管理他们所有的连接设备和装置，从可穿戴设备到高科技洗衣机，都可以用一个单一应用程序进行操控。

该平台主要为用户提供三种服务：设备控制、家居视图和智能客户服务。设备控制将允许用户对所有智能手机或智能电视设备进行自定义设置。只要选择三星智能主屏幕图标，无论用户坐在客厅还是出外旅游，都可以一次控制多台设备。该服务也可以让用户使用三星智能手表 GALAXY Gear 或智能电视机的遥控声控命令控制设备。家居视图使用户可以利用三星设备的摄像头查看家里的情况。而智能客户服务会通知用户维修设备的时间并提供售后维修服务。

相比之下，国内的家电企业在 CES 大会上对智能家电也开始有了初步尝试，如四川长虹、青岛海尔、海信电器、TCL、深康佳、创维等厂商的产品都紧跟智能家居热点，这些企业的展台吸引了许多参观者驻足。

在 CES 大会上，智能家居产品异军突起，成为人们最大的“意料之外”。从概念到产品，再到全球顶级消费电子展的焦点，智能家居用很短的时间就完成了这个令人羡慕的“三级跳”过程。

毫无疑问，智能家居的到来正在改变着人们的生活。在未来，智能家居一定会有实现虚拟平台化的趋势，而不是单单依靠简单的几个传感器和一些无线或有线的连接方式形成的。在移动互联网时代，人们逐渐接触到许多建立在微博、微信等平台的智能家居产品。人们理想中的智能家居并不仅是可以单独控制电饭锅、电视、照明系统，而是需要完整的平台，将家中所有家电结合在一起，可实现更加系统化、平台化的控制体验。

## 大家做

通过网络搜索或查阅相关资料，了解不同国家的智能家居发展现状，并完成表 2-3 的填写。

表 2-3　智能家居的发展现状

| 国家名称 | 智能家居的发展现状 |
| --- | --- |
| 澳大利亚 | |
| 日本 | |

（续）

| 国家名称 | 智能家居的发展现状 |
| --- | --- |
| 西班牙 | |
| 韩国 | |

### 活动 2　我国智能家居的发展现状及前景

我国在物联网领域的布局较早，中科院早在十年前就开始了传感网研究。

在物联网这个全新的产业中，我国技术研发水平处于世界前列。我国与德国、美国、韩国一起成为国际标准制定的四个发起国和主导国。2009 年 8 月，时任国务院总理的温家宝在无锡视察时指出，要在激烈的国际竞争中，迅速建立中国传感信息中心或“感知中国”中心。此后，物联网被正式列为国家五大新兴战略性产业之一，并写入政府工作报告中。中国市场有 1 亿多户的潜在智能家居用户，按照平均每家每年花费 1000 元计算，其每年的市场规模就有 1000 亿元以上。预计 2016 年国内市场的规模将达到 1250 亿元。中国“十二五”规划明确提出，发展宽带融合安全的下一代国家基础设施，推进物联网的应用。物联网将会在智能电网、智能交通、智能物流、智能家居、环境与安全检测、工业与自动化控制、医疗健康、精细农牧业、金融与服务业、国防军事十大领域重点部署。

1．发展现状

我国将住宅小区智能化定义为：利用 4C（即计算机、通信与网络、自控、IC 卡）技术，通过有效的传输网络，将多元信息服务与管理、物业管理与安防、住宅智能化系统集成，为住宅小区的服务与管理提供高技术的智能化手段，以期实现快捷高效的超值服务与管理，提供安全舒适的家居环境。

智能家居系统采用国际领先的 ZigBee 无线组网技术，将家用电器等组成通信网，用户可以通过手机、平板电脑、PC、遥控面板以及互联网通信终端等方式，一键控制所有家电设备，随时了解家中的实时信息，实现对家里各项设备的远程控制。

智能灯光照明：不同场景和模式，可编程序控制不同位置的灯具、开关时间和照明亮度，操作简单。

智能家电控制：使用一部手机或平板电脑可控制家中所有家电设备，替代所有遥控器，轻松掌控全宅电器。

智能家庭安全：智能指纹密码远程锁、入侵报警、远程控制和联网报警灯技术构筑多层防护网，确保家人和财产安全。

智能老人关怀：通过智能安防、紧急求助、智能门禁、煤气检测、空气质量控制等技术，为家中的老人提供可靠的保护和理想的生活环境。

智能灌溉喂宠：远程和定时浇花、喂宠、养鱼、出门再远，也不用担心给花草浇水、宠物吃喝等问题。

智能用电管理：下班前提前关闭空调，非办公时间统一关闭用电设备（如空调、饮水机、计算机、照明等），降低耗电量，减少浪费。

智能儿童关怀：安全、健康、教育等多方面的解决方案，悉心呵护儿童的成长环境，令孩子开心、家长放心。

智能家居影音：智能影音助手拟人化操作，直接选片播放，省去众多操作，全中文操作界面和菜单，使用方便。

目前国内智能家居主要的市场还是一些高端市场，如别墅（零售、工程）、智能小区（工程），增长最快的市场是智慧酒店（工程）和智能办公（工程），而普通住宅智能家居（零售）市场的发展较为缓慢。

2．发展前景

智能家居曾是一个遥不可及、想象中的概念，如今随着科技的发展、人们生活水平的提高以及一波高过一波的智能热潮，智能家居行业已经取得了迅猛的发展并日益渗透到平常百姓的生活中。

智能家居在美国、德国、日本、新加坡等地已经实现了广泛的应用。美国是家居智能及自动化系统与设备最大的市场，谷歌、苹果、微软等行业巨头更是在智能家居领域领跑全球。相关数据显示，美国智能家居市场规模在 2016 年将达到 55 亿美元。日本也是家居智能化发展较快的国家，除了家庭电器联网自动化，还通过生物认证技术实现了自动门禁识别系统，例如，用户双手提着东西站在安装于入口处的摄像机前，摄像机仅需要大约 1s 的时间进行生物认证，如果确定为该户户主，门禁便会立即打开。此外，日本的智能硬件设备可以用无孔不入来形容，以卫生间来说，马桶垫圈上安装有智能血压计，当人坐在马桶上时，智能血压计便能检测血压并加以记录，马桶池还配有血糖检测装置，户主入厕后能截流尿样并测出血糖值……

由于诸多原因，智能家居的发展相对缓慢，作为一个新生产业，其在国内正处于一个成长期的临界点，市场消费观念还未形成，创业者所推出的相关智能硬件产品一直处于争议状态。但随着智能家居市场推广普及的进一步落实，智能家居市场的消费潜力必然是巨大的。此外，国家政策扶持与规范引导、智慧城市建设的逐步深入与完善也为智能家居的发展注入了原动力，物联网技术的发展与兴盛更是给传统智能家居指明了发展变革之路，家居大智能化时代已经到来，智能家居产业前景非常值得期待。智能家居产业将逐渐成熟。随着数字家庭市场接受度的提高和市场价格的逐步下滑，数字家庭 BOX 将会成为数字家庭的主体。我国智能家居发展前景如图 2-18 所示。

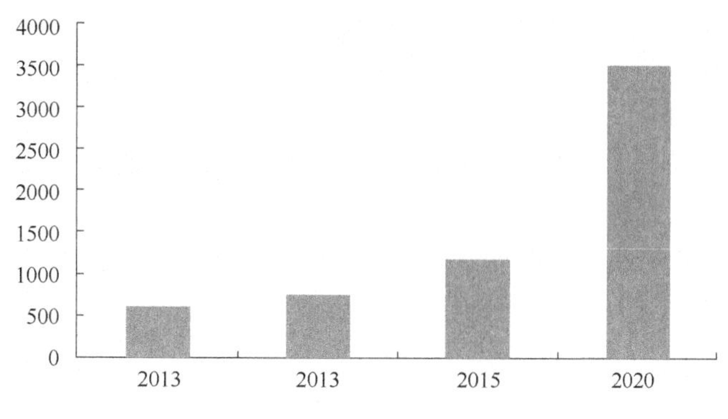


图 2-18　我国智能家居发展前景

## 大家说

1）你印象中的智能家居有哪些？

2）智能家居能为日常生活带来哪些变化？

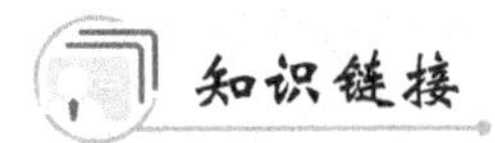

## 知识链接

**智能家居的优点**

（1）远程控制

您有没有想过，在上班途中，突然想起忘了关家里的灯或电器，打个电话就可以把家里想要关的灯和电器全部关掉；下班途中，打个电话先把家里的电饭煲和热水器启动，让电饭煲先煮饭，热水器先预热；等您回到家，马上就可以洗个热水澡，并可立即享用香喷喷的饭菜；若是在炎热的夏天，打个电话把家里的空调先开启，回家后就能享受丝丝凉意；在家里，直接拿起分机电话就可以控制家里的所有灯和电器。这些都是远程控制的实例。

（2）智能照明

①轻松替换：对于新装修户或前期布好线的已装修户，只要在普通盒中多布一条电话线，就能轻松实现智能照明。

②软启功能：灯光的渐亮渐暗功能能让眼睛免受灯光骤亮骤暗的刺激，同时还可以延长灯具的使用寿命。

③调光功能：灯光的调亮调暗功能能让您和家人分享温馨与浪漫，还能达到节能和环保的功能。

④亮度记忆：灯光亮度记忆的功能能使灯光更富人情味，让灯光充满变幻魔力。

⑤全开全关：轻松实现灯和电器的一键全关和所有灯的一键紧急全开功能、人性化的控制。

（3）无线遥控

您有没有想过像遥控电视机一样遥控家里所有灯和电器呢？现在只要一个遥控器，就可以在任何地方遥控家里所有楼上楼下、隔房的灯和电器，而且无须频繁更换各种遥控器，就能实现对多种红外家电的遥控功能。只需轻按场景按钮，就能轻松实现“会客”“就餐”“影院”等想要的灯光和电器的组合场景。

（4）场景控制

回家时，只要轻触门厅口的“回家”键，您想要开启的灯和电器就自动开启，马上可以准备晚餐；备好晚餐后，轻触“就餐”键，就餐的灯光和电器组合场景即刻出现；晚餐后，轻触“影院”键，欣赏影视大片的灯光和电器组合场景随之出现；若晚上起夜，只要轻触床头的“起夜”键，通向卫生间的灯带群就逐一启动，回卧室后，再把灯全关掉。

（5）集中控制

就像宾馆床头柜的集中控制器一样，轻松集中控制家里的所有灯和电器；触摸集中控制，使用更方便；夜晚，如有突发事件，只要按一下全开紧急按键，所有灯就全部同时亮起；睡觉前，只要按一下全关按键，所有灯和电器就全部关掉，无须再担心忘了关闭某些电器。

（6）计算机控制

轻触鼠标就可实现对所有灯和电器的智能控制，功能更强大，控制更方便，界面更美观。

（7）家电控制

通过用智能电器插座、红外伴侣、定时控制器、语音电话远程控制器等智能产品的随意组合，无须对现有普通家用电器进行改造，就能轻松实现对家用电器的定时控制、无线遥控、集中控制、电话远程控制、场景控制、计算机控制等多种智能控制。

（8）电动窗帘

无须再为每天开关窗帘而忧心，电动窗帘每天自动开关。

（9）背景音响

春天不能没有色彩，生活岂能没有音乐；早晨起来，音乐是一杯淡而清香的绿茶，让人精神焕发；夜晚归来，音乐是一杯醉人的美酒，让人释放紧张、忘却烦恼，让心灵重获自由，重拾生命的激情与生活情调。哪里有背景音响，哪里就有音乐大餐。

（10）智能安防

室内防盗、防劫、防火、防燃气泄漏以及紧急救助等功能，全面集成语音电话远程控制、定时控制、场景控制、无线转发等智能灯光和家电控制功能；轻松实现家庭智能安防；6路预设防盗报警电话；8路有线防区（扩32，即“有线32路无线防区”）；质量可靠，性能稳定，无须再担心家、财产及生命的安全。

通过比较国内外智能家居的发展现状，找出智能家居的功能优点，并完成表2-4的填写。

**表2-4　智能家居的功能优点**

| 智能家居的优点 | 对应的智能家居功能 |
| --- | --- |
| 一个电话，家电听话 | |
| 梦幻灯光，随心创造 | |
| 随时随地，全屋遥控 | |
| 梦幻场景，一“触”而就 | |
| 一键在手，尽在掌握 | |
| 轻松点击，智能实现 | |
| 普通家电，智能升级 | |
| 随时开关，随意遥控 | |
| 想听就听，音乐不断 | |
| 忠诚管家，时刻守护 | |

### 活动3　目前我国智能家居产业存在的问题

随着社会、经济水平的发展，人们开始追求个性化、自动化、快节奏的生活，追求充满乐趣的生活方式。家装设计公司、智能家居企业以及智能家居产品已逐步成为百姓置家的新选择。据统计，2011 年中国家庭消费开支为 11.2 万亿元，一线城市和东部地区在智能家居、家庭安全方面的开支达到 9000 亿～11000 亿元。消费者越来越注重室内空间中装修材料的环保性、家具的舒适性、电器的安全性，致使智能家居产业悄然兴起，并逐渐受到人们的重视。但是，国内智能家居市场的发展并非一帆风顺，市场的混乱、行业标准的缺失都让智能家居的发展至今仍然扑朔迷离。而国外智能家居行业发展势头越来越好，国内智能家居业内人士有必要思考这样一个问题——究竟是什么问题阻碍了我国智能家居发展的脚步？

问题 1．产品整体设计水平不高

相对于国外产品，目前国内智能家居产品的整体设计水平不是太高，主要表现为产品外观不够美观，做工不够精细，产品稳定性还待更多实际使用考验，使用与设计不够人性化等。

此外，由于智能家居目前的进入门槛并不算高且市场规范不到位，因此部分产品的实用性、稳定性和可靠性仍无法保证，产品参差不齐。

问题 2．跨行业合作存在壁垒

智能家居控制的对象很多，其对产品的兼容性与系统整合性要求很高，但智能家居横跨多个行业，各个企业以及跨行业之间的合作困难重重，比如家电产品中的空调及地暖，通过协议来实现控制是最理想的，但一般的空调企业都不会开放控制协议给智能家居厂商，所以目前对于空调及地暖的智能控制实施起来仍较为困难。

问题 3．需要尽快制定行业统一标准

目前智能家居的各类技术层出不穷，企业间的标准有很大的差别，市场缺乏标准与规范，大家各自为政，兼容性不够，无法实现更多智能家居系统的整体式整合控制。如果要整合一套功能较全的智能家居系统，一般要采用多个厂家的产品来实现，这也使用户住宅墙上需要安装各种款式、各种技术以及各种外观的控制面板或遥控器，导致控制不够智能与简洁，同时整合成本过高。目前整个行业急需建立统一标准，以减少各企业之间的技术壁垒，实现各厂家产品之间的互通与兼容，促进市场的发展。

问题 4．价格欠“亲民”

由于研发成本初期投入较大，生产成本较高，因此目前智能家居产品的市场价格相对偏高。从实际工程中来看，一般一套功能比较完善的智能家居系统包括常规的灯光遥控控制、电器远程控制、电动窗帘遥控、多房间家庭背景音乐及视频共享功能、安防报警及网络视频监控功能，三室二厅安装的费用国产品牌需要 5 万元左右，而国际品牌至少 10 万元以上；若为常规别墅类的智能家居，则国产品牌的费用不低于 10 万元，国际品牌的费用基本不低于 15 万~20 万元，甚至更多。

一般一套普通的商品房装修费用在 5 万~10 万元居多，而对于 5 万~10 万元的智能家居费用，高昂的价格自然会让普通消费者望而却步，因此智能家居走进普通老百姓家庭尚需时日。

解决办法如下：

1．重视产品质量及研发

智能家居企业应严把产品质量关，因为产品的质量优劣直接影响到企业的生存。此外，智能家居企业还应进一步完善和发展智能家居产品，加大技术研发投入，让智能家居产品能够更好地满足用户的需求。只有产品质量有了保障，客户才会满意。而产品在技术上的不断创新才能不断地满足市场，也才能吸引更多的合作伙伴加入，如此的良性循环才是企业所真正期望达到的效果。

2．安装施工

智能家居产品的安装质量对业主在日后使用中的正常运行至关重要。智能家居的安装目前来说还是相对复杂的，需要专业的施工技术人员上门安装。如果产品安装不到位，那么会严重影响业主的日后使用，不但导致业主不满意，而且致使企业在售后服务环节也要增加成本。因此，对于智能家居产品的安装施工环节，厂家一定要非常重视，应拥有一支专业、训练有素的施工队伍。

3．售后服务不可小觑

其实不用多说，企业也明白售后服务的重要性。企业在做好之前的产品质量、安装施工等环节后，接下来的售后服务环节也会相应省事很多。不过智能家居系统目前还不是非常稳定，或多或少会出现一些小问题，这时企业的售后服务就显得非常重要了。虽然此时企业的产品已经成功地销售给消费者，但售后服务的优劣却会直接影响着消费者的二次投资（或产品升级），更重要的是会影响企业的口碑。如果企业的口碑受到损害，那后果会是难以估量的。

4．加强品牌建设

业主在选择产品与服务时会货比三家，而企业的品牌与知名度又是消费者选择参考的重要因素之一，所以智能家居企业要在做好产品、施工、售后等环节的基础上，还要将自身的品牌建设放在重要的位置。品牌建设做得好，企业的知名度也会相应提高，同时也会使消费者更加容易认同企业的品牌与服务。

**智能家居对于物联网产业的重要意义**

物联网说到底是为人类服务的，而人类的家居生活已经形成了几千年，而且在可预见的未来，人类也将继续生活在居所中，仅从这一点来看，一个离开了智能家居的物联网将成为无源之水，无本之木。也就是说，智能家居是所有物联网应用中最重要、最基础的应用。

通过对智能家居产业问题的学习和了解，完成表2-5的填写。

**表2-5 智能家居发展之面面观**

| 不同角度 | 智能家居发展之面面观 |
|---|---|
| 从媒体的角度 | |
| 从房产商的角度 | |
| 从用户的角度 | |

### 活动 4　智能家居行业发展前景

智能家居与人们的生活息息相关，它的发展将大大推动我国实现家庭信息化的进程，为人们提供更加轻松、有序、高效的现代生活方式。相信在不久的将来，没有智能家居系统的住宅将不合潮流。从这个层面来说，智能家居是个“朝阳产业”，具有非常大的发展空间，它必然是跨多行业的智能科技民用化发展的综合体，是一个庞大的社会系统工程，需要宽带网运营商、接入商、增值服务商、智能小区投资开发商、物业管理商、智能家居厂家、信息家电厂家、安防企业等一系列商家的合作与配合。只有加快智能家居标准化进程、积极协调宽带接入工程、科学协调智能家居相关行业，解决智能家居行业发展所面临的困难，才能促进智能家居行业健康理性地发展。

国内智能家居行业市场前景广阔。物联网智能家居涉及智能照明、智能开关、智能电器、智能传感、智能安保、智能健康等，这些设备在一个现代家庭中的平均数量达到 50~100 个，现代家庭中人员构成一般为 2~3 人（也即拥有 2~3 部手机），从这个意义上看，单单一个物联网智能家居的市场规模就是移动互联网的 30 倍左右。众所周知，移动互联网的市场远大于互联网，因此，产业界初期对物联网市场规模的预测需要改写，物联网在未来其市场规模将不仅是互联网 30 倍的关系，而是会大很多。根据《中国智能家居设备行业发展环境与市场需求预测分析报告前瞻》预计，国内智能家居行业将以年均 19.8%的速率增长，2015 年产值达 1240 亿元，前景广阔。据推算，未来三年，中国数字家庭市场会形成 500 亿以上的新增规模，并在五年内迅速达到 1000 亿规模。未来五年，全球智能家居设备市场实现两倍增长，从 2012 年的不足 2000 万个节点增长至 2017 年的 9000 多万个节点。由于智能家居市场上缺乏有品牌影响力、实力雄厚的大厂商，使得市场的进入门槛极低，在新一轮的浪潮中，依然会有大量其他行业的企业进入，这其中最可能引起市场剧变的将会是熟悉移动互联网的企业。

全球智能家居市场 2017 年有望达 600 亿美元。

智能家居市场被称为下一个千亿元级别的市场。巨大的市场空间，引来了互联网巨头的强势介入。2014 年 1 月，谷歌宣布以 32 亿美元现金收购智能家居设备商 Nest，这成为谷歌历史上第二大收购，激起了市场对智能家居概念的极大关注。2014 年，苹果公司也发布了 HomeKit 智能家居平台。

在中国，智能家居的发展已逾十年，从国内家电巨头及网络巨子的纷纷出手试水智能家居市场以及许多国际大企业对国内智能家居厂家的并购案可以看出，中国智能家居市场潜藏着巨大商机。全国房地产业蓬勃发展，小区智能化已成为一项基本要求，再配上智能家居，“全智能”的概念必然给房地产业带来新的卖点和活力，因此“全智能”是 21 世纪房地产开发商力推的主题，这也意味着，我国智能家居产业将迎来发展契机。

近年来，智能家居系统的销售数量和总销售额都呈现连续攀升的势头，智能家居市场从南方沿海地区和内地大中型城市已经辐射到西部地区。另外，2011 年我国出台《物联网“十二五”规划》，把智能家居列入国家重点发展和扶持的对象，2013 年国务院鼓励民间资本投向物联网应用，这都预示着未来我国智能家居将迎来发展高峰期。

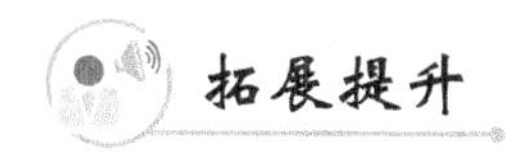


1．职场模拟

某智能家居企业员工小张接待了一个客户，该客户想了解智能家居的相关知识，并想了解一个安全、舒适、便利的生活家居环境都有哪些功能？在小张的认真细致介绍后，客户满意离开，并与企业签订了安装智能家居系统的合同。如果你是小张，你觉得应该怎么介绍会让客户更满意？请结合前面所学内容做简短陈述。

2．畅想无限

“未来之家”还可以加入哪些元素，使之更智能化？请尽情畅想。

根据下列考核评价标准，结合前面所学内容，对本阶段学习做出客观评价，简单总结学习的收获及存在的问题，并完成表 2-6 的填写。

表 2-6　案例 2 的考核评价

| 考核内容 | 评价标准 | 评　价 |
|---|---|---|
| 必备知识 | ● 掌握智能家居的发展趋势<br>● 了解全球智能家居行业的发展现状<br>● 我国智能家居产业存在的问题及解决方法 | |
| 师生互动 | ● “大家说”积极参与、主动发言<br>● “大家做”认真思考、积极讨论，独立完成表格的填写<br>● “拓展提升”结合实际置身职场、主动参与角色模拟、换位思考发挥想象 | |
| 职业素养 | ● 具备良好的职业道德和心理素质<br>● 具有计算机操作等专业技术能力<br>● 具有阅读或查找相关文献资料等信息处理和自我学习的能力<br>● 具有独立完成任务、解决问题的能力<br>● 具有较强的职场沟通能力<br>● 具备人际交流能力、公共关系处理能力和团队协作精神<br>● 具有集体荣誉感和社会责任意识 | |

## 单元小结

本单元主要介绍了国内外物联网行业和智能家居行业的发展现状及前景。读者应通过“全联接”世界和“未来之家”的感受与体验，了解物联网和智能家居行业发展面临的问题，掌握物联网关联技术的使用及智能家居行业的发展趋势。

# 单元 3 调研智能家居行业人才需求

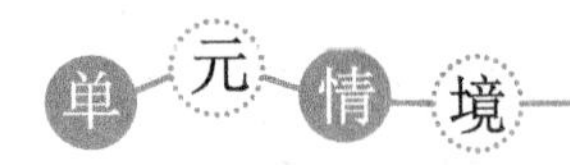


随着中国电子技术的飞速发展、人们生活水平的不断提高以及智能电子技术在生活中的广泛应用，智能家居行业正以不可抵挡之势迅猛崛起。从智能家居走进中国以来，在短短的几年里，智能家居生产商由最初的几家公司增加到如今的百余家企业，多家大型企业也都纷纷进军智能家居领域，整个行业发展迅速、竞争激烈，继而人才紧缺的问题也明显呈现。国内许多高校也将目光聚焦在这一新兴行业上，争相开设物联网及相关专业。如何培养物联网人才的专业素质、思想道德素质和科学文化素质，是各高校物联网专业的重大课题。

- 了解智能家居岗位的人才要求
- 了解智能家居从业者的素质要求
- 了解智能家居岗位的专业素质要求
- 熟悉物联网和智能家居的相关领域
- 提高与人协作的能力，培养主动参与意识
- 培养自主探究与主动学习的能力
- 践行职业道德，培养岗位意识
- 树立团队精神，增强集体荣誉感和责任意识

## 案例 1 就业到哪里——智能家居人才需求

作为一个新兴行业，智能家居有它自己的需求因素：首先，用户感受需求。生活水平的提高，使人们对家居生活方面的需求开始改变，开始追求生活的舒适、便捷和安全。其次，对家居的配套设施，硬件设备由原来的需要转向便利与环保。最后，房地产业家装需求。智能家居可增加竞争力，添加新卖点。

### 活动1　智能家居人才数量需求

自我国提出物联网发展战略以来，物联网在国内发展迅速，而智能家居可谓物联网领域中最炙手可热的行业。各企业纷纷为抢占先机而招揽人才，未来几年物联网人才缺口将达到1000万人。一方面，企业需要综合的高精尖物联网人才；另一方面，高校也需要这种人才。在此大背景下，智能家居人才稀缺也就不难理解了。相关专家表示，中国云计算起步晚，概念性弱，产业化概念被提出后，没有统一行业规则，没有形成专业的学科和体系，人才供应仍不能满足要求。

## 知识链接

智能家居住宅是现代IT产业、信息产业以及现代建筑产业三者的结晶，作为一个新的经济增长突破点，也得到了政府的大力扶持——我国政府大力投资建设智慧城市，加速智能家居的发展与民用化，扶持意图明显。此前工信部出台的《物联网十二五发展规划》也明确将智能家居列入九大重点领域应用示范工程中，体现了政策倾向。

从需求来看，对应届毕业生的需求不大。技术类岗位对求职者的工作经验要求大多在三年以上，普通销售类岗位对求职者的工作经验要求则以一年以上居多。以智能家居/建筑系统工程师这个职位为例，对专业背景多要求建筑智能化、电子、自动化及相关专业，对从业经验要求则多为三年以上系统集成项目工作经验，同时还要熟悉智能家居、智能大厦、智能小区等智能建筑化系统的解决方案，了解一线品牌关于智能建筑化系统的解决方案及相关产品，比如HONEYWELL、SIEMENS等。

## 大家做

到家居市场对智能家居在当地的现状进行调查，并撰写一份调查报告。

### 活动2　智能家居人才岗位需求

任何行业的成功都离不开人才的支撑，人才在智能家居行业的重要性已形成共识。从我国的现状来看，智能家居行业的岗位需求主要包括以下几方面：

1）智能家居制造业为智能家居提供最基本的设备，目前主要以M2M设备、传感器设备和RFID设备为主。

2）智能家居服务业包括软件服务、基础设施服务、测试认证服务、应用服务、管理咨询服务等。

3）智能家居技术研发业为智能家居提供技术支撑，包括嵌入式系统技术、半导体集成电路技术、传感器技术、执行器技术、新材料技术、新能源技术等。

## 知识链接

1）机器对机器（Machine to Machine，M2M）是通过移动通信对设备进行有效控制，从而将商务的边界大幅度扩展，或创造出较传统方式更高效率的经营方式，抑或创造出完全不同于传统方式的全新服务。

2）M2M 与物联网的关系：M2M 设备是能够回答包含在一些设备中的数据的请求或能够自动传送包含在这些设备中的数据的设备。M2M 通信与物联网的核心理念一致，不同之处是物联网的概念、所采用的技术及应用场景更宽泛。而 M2M 则聚焦在无线通信网络应用上，是物联网应用的一种主要方式。

3）传感器（Transducer/Sensor）是一种检测装置。该装置能感应到被测量的信息，并能将这些信息，按一定规律变换成电信号或其他所需形式的信息输出，以满足信息的传输、处理、存储、显示、记录和控制等要求。它是实现自动检测和自动控制的首要环节。

4）RFID 是一种无线通信技术，可以通过无线电信号识别特定目标并读写相关数据，而无需在识别系统与特定目标之间建立机械或者光学接触。

5）嵌入式系统技术（Embedded System）是一种“完全嵌入受控器件内部，为特定应用而设计的专用计算机系统”。根据英国电气工程师协会的定义，嵌入式系统为控制、监视或辅助设备、机器或用于工厂运作的设备。与个人计算机这样的通用计算机系统不同，嵌入式系统通常执行的是带有特定要求的预先定义的任务。由于嵌入式系统只针对一项特殊的任务，因此设计人员能够对它进行优化——减小尺寸降低成本。嵌入式系统通常进行大量生产，所以单个的成本节约能够随着产量进行成百上千倍的放大。

6）集成电路（Integrated Circuit， IC）是 20 世纪 50 年代后期至 60 年代发展起来的一种新型半导体器件。它是经过氧化、光刻、扩散、外延、蒸铝等半导体制造工艺，把构成具有一定功能的电路所需的半导体、电阻、电容等元件及它们之间的连接导线全部集成在一小块硅片上，然后焊接封装在一个管壳内的电子器件。其封装外壳有壳式、扁平式、双列直插式等多种形式。集成电路技术包括芯片制造技术与设计技术，主要体现在加工设备、加工工艺、封装测试、批量生产及设计创新的能力上。

## 大家做

通过网络搜索或查阅相关资料，搜索目前我国在智能家居布局领先且有望明显受益于智能家居发展趋势的上市公司，并完成表 3-1 的填写。

表 3-1　智能家居上市公司及战略措施

| 公　司 | 战 略 措 施 |
|---|---|
| | |
| | |
| | |
| | |

智能家居以其实用性、便利性、安全性和可靠性等优点，将会在未来给人们的生活带来巨大改变，并形成智能家居产业化，为社会提供更多的就业岗位，为就业者提供更大的发展空间。

**活动3 智能家居及相关应用领域**

在我国，物联网的发展主要集中在电力、交通、金融、物流等行业。近几年，物联网在智能家居等方面也逐渐发展起来。面对庞大的家庭市场，物联网也有很大的发展空间，相对于行业应用而言，在社区、家庭和个人领域拥有更大的用户群。

目前我国已将建设智能化示范小区列入国家重点发展方向。下面列举智能家居的具体应用场景，以说明物联网智能家居可为人们的生活带来怎样的便捷。用户在下班回家的路上即可用手机启动“下班”业务流程，将热水器和空调调节到预设的温度，并检测电冰箱内的食物容量，如不足则通过网络下订单要求超市按照当天的菜谱送货。场景示意图如图 3-1 所示。

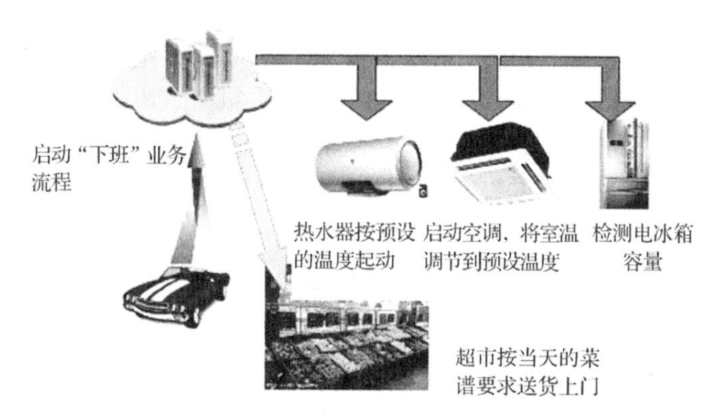


图 3-1 物联网智能家居应用场景之一

以上是智能家居的一个典型应用场景，智能家居实际上是一个互联系统，即所有设备都处于同一个网络中，并与外部参与者成为一体。为了更便捷的家居服务，智能家居还可提供以下方面的应用：

1）无线网关。无线网关是指无线路由器或无线访问接入点（Wireless Access Point）建立的热点，用无线路由器作为中转站发送无线信号给各个无线终端（即可以收到无线网络的无线设备，如手机、笔记本式计算机等）。

2）无线智能调光开关。家中的墙壁开关可由该开关直接取代，如果想享受浪漫的烛光晚餐，那么安装无线智能调光开关将是一个不错的选择。无线智能调光开关还可以和家中其他智能终端组成一个物联网络，以使这些智能终端均可以通过无线网关对其发出调光指令。在主人睡觉时，自动关闭主卧室灯光，并且调暗过道及卫生间灯光，让主人享受整晚舒适睡眠。

3）无线温度传感器。无线温度传感器主要用于监测室内外温度。它的意义在于当室内温度过高或者过低时能提前启动空调以调节温度。

4）无线智能插座。它可以集手机远程控制、WI-FI 信号增强、专业级定时、手机充电保护、万用转换插头等功能于一身，用来控制家电的开关，如通过无线智能插座可以自动启动换气扇换气。它还能控制任何你想控制的家电，只需把家电的插头插在无线智能插座上即可。

5）无线红外转发器。无线红外转发器是 ZigBee 无线信号与红外无线信号之间的协议转发设备，通过此设备可以控制任何能够用红外遥控器控制的设备（空调、电视、窗帘等）。它具有低功耗待机模式，并完全符合 IEEE 802.15.4 ZigBee HA 协议标准，适用于任何 ZigBee HA 协议的网络中。

6）无线人体红外感应探测器。该设备用于探测是否有人非法入侵，抗干扰性强。当你启动无线睡眠按钮模式时，不仅可以关闭灯光，还可以启动无线人体红外感应探测器，让其自动设防，此时如果有人入侵该设备就会发出警报并能自动开启入侵区域的灯光。

7）无线门铃。这种门铃对于大户型或别墅很有价值。当有人造访时，它便将按铃信号传递给客厅、厨房和卧室的接收机，以提示主人有客人来访。

8）无线门磁、窗磁探测器。该设备也是用于防入侵。当家中有人时，门磁、窗磁探测器自动处于撤防状态，不会触发报警。当家中无人时，它就会自动进入布防状态，一旦有人开门或开窗，就会通过无线网关将信息发送到业主的手机并发出报警。

9）无线床头睡眠按钮。它是安装在床头上的电池供电装置，当业主睡觉时，只要开启该按钮，就可以关闭所有该关闭的灯和电器，并启动无线人体红外感应探测器。

10）无线燃气探测器。无线燃气探测器能感应煤气、天然气、液化石油气等可燃气体。当检测到的可燃气体浓度达到预警浓度时，警报器就会报警，同时发出高频无线报警信号通知授权手机。

作为一种产品，物联网智能家居以实现家居智能化为目标，以不同家庭的需求多元化为导向，重点突出家居生活的智能化、安全化和便捷化。相信在不久的将来，智能家居将进入千家万户，给人们的生活带来巨大改变。

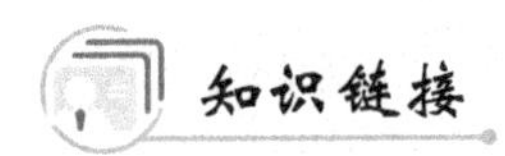


**WI-FI 技术在智能家居领域中的应用**

无论是哪种无线通信技术所组成的智能家居网络，前提都是要连接家庭网络，而这恰好是 WI-FI 的优势，如今全球的大多数空间（移动或固定）大多都支持 WI-FI 联网。尽管 WI-FI 要实现在智能家居领域的应用，实际是要连接家居设备组成的网络，并非是家庭互联网网络，但作为一种无线通信技术，在连接智能家居网络和家庭互联网络上是直接进行的，不需要不同信号的转换，从而降低了 WI-FI 技术在智能家居应用居领域中的开发难度。

相对于 ZigBee 等技术，WI-FI 有自身明显的缺点，比如功耗相对较高、安全性和抗干扰性相对较低、网络设备的承载能力也很有限等，但短小精悍的 WI-FI 也有自身优势。WI-FI 的无线电波的覆盖范围广——半径可达 100m，在家庭、办公场所甚至整栋大楼中都可以使用，同时无须布线的 WI-FI 传输速度也非常快，可以达到 11Mbit/s，符合个人和社会信息化的需求。另外，相关专业人士表示，WI-FI 设备的辐射量也微乎其微，可以忽略不计，并不会像人们所担心的那样对人体健康构成威胁。

值得进一步说明的是，虽然 WI-FI 网络承载的家居设备有限，要想将家庭设备都连接起来，实现家庭设备的全面智能也是勉为其难，但轻巧同样有轻巧的好处。从另一个角度看，WI-FI 恰好具备了其他无线通信技术不具有的灵活性、可移动性，这也是很多可移动设备都具有 WI-FI 功能的重要原因，如智能手机、平板电脑、笔记本式计算机等利用 WI-FI 都可以满足个人用户对快速消息的需求。

随着“轻智能”“微智能”等说法的兴起，WI-FI 展现出了其在智能家居应用的优越性。与物联传感等公司钟情于 ZigBee 无线技术不同，“轻智能”家居厂商更倾向于利用家庭 WI-FI 来直接实现家居设备的相连相通，例如，将 WI-FI 模块置入开关、插座中，作为轻智能家居的入口和一个可以控制中心，实现对家居设备的智能化控制。目前，国外 Belkin、Torrap 等公司所研发的深受好评的“轻智能”产品都是以 WI-FI 为基础的，而国内也有不少企业开始着手将 WI-FI 应用于智能家居中，打造本土的“轻智能”产品。

大家说

请说一说你生活中的智能家居。

**活动 4 畅想就业岗位**

互联网无疑影响着人们生活的方方面面，那么，未来人们的生活又将会是什么样呢？在 2014 年首届世界互联网大会上，八位互联网界优秀人士分享了他们对未来互联网生活的想象。

**搜狐 CEO 张朝阳**

智能搜索 生活中的所有内容都可以搜索

以前，搜索只是意味着搜索网页上已经被上传的内容；以后，搜索会越来越智能化，包括对人与人的关系、人的社会关系等。生活中的所有内容都将成为可以搜索的对象。

**高通公司执行董事长 保罗·雅各布**

数字第六感 互联网世界一切都可以点击

我们所携带的设备能够让我们与周围互联互通，我们称之为“数字的第六感”。手表、手机、眼镜等都能够让你自然的与周围的人或者东西进行连接交互，互联网世界一切都可以点击，可以改进人与人之间的连接和人与物之间的连接。

**百度公司总裁 张亚勤**

软件或是真正物理的机器人，会成为一个很好的伴侣，和你交流，知道你需要什么，帮你买东西，做一个好助手，或是在家里面陪伴老人、帮你做家务，或是在工厂替代许多工人，它可能比你太太、秘书还“懂”你。

**雪山贷创始人 邵建华**

作为引领普惠金融事业发展的 P2P 行业，完全符合政府最高层的主导思想，其共享、高效、普惠的创新金融模式将使更多的公众充分享受到便利的金融服务。

**京东 CEO　刘强东**

从交易额来讲，我们单个记录已经超过了美国，成为全球电子商务交易额最大的国家。相信明年或者后年，中国不仅将成为全球最大的电子商务交易国，同时也是品种最丰富、质量也是最好、全球服务也是最好的国家。

**中国传媒大学政法学院副院长　王四新**

目前，在互联网的管理上，仍然存在着许多全球性的问题，如共享背后的信息泄露、黑客攻击、垃圾信息泛滥等，这些难题需要集体的智慧去共同应对。国际合作将为互联网科技发展尽力清除障碍，同时进行有效监管，让互联互通的空间更加明净。

**澳大利亚专家　雷蒙德·朱**

使用网络可以帮助执法者更好地去跟踪恐怖主义者，及时掌握正在计划什么、做什么以及他们的行动。因此我们可以利用网络手段找到他们，并且关闭他们的违法运作。比如说通过云技术来追踪恐怖分子的服务器在哪里，有时他们可能会使用一些欺骗性技术，这就可以通过云技术进行剥离分析，更好地追踪真正的服务器所在地。

物联网事业迅猛发展，而物联网人才极度缺失，因此只要你敢想，只要你肯做，只要你肯学，未来的世界就属于你。

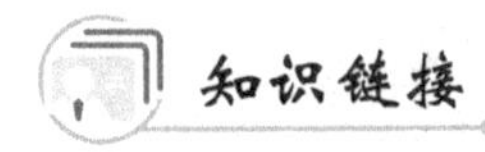


**智能家居未来的发展趋势**

智能家居的未来发展会是什么样？简而言之，智能家居最终的目的是更多地按照主人的生活方式来提供服务；创造一个更舒适、更健康、更环保、更节能、更智慧的科技居住环境。从技术的角度来看，未来的智能家居将朝以下三个方向发展：

1）未来五年，触摸控制将成为智能家居普及型的控制方式，通过一个智能触摸控制屏实现对家庭内部如灯光、电器、窗帘、安防、监控、门禁等智能控制，这是必备的。

2）智能手机将成为未来智能家居最重要的移动式智能控制终端，通过手机的智能家居客户端软件或 Web 方式实现对家庭内部的远程监控与控制，实现远程开锁、客人图像确认、远程开启空调以及暖器设备等功能，这将成为每个人必需的移动控制方式。

3）无线与有线控制系统将会无缝结合，干线区域采用布线控制系统，小区域采用无线控制系统，这将是未来智能家居控制系统与技术的发展方向。

请登录中华英才网，了解智能家居行业的招聘信息。

## 拓展提升

请以小组为单位说一说你对家居智能化的新创意，并完成表 3-2 的填写。

表 3-2　智能家居新创意

| 分　组 | 新创意 |
|---|---|
| 组一 | |
| 组二 | |
| 组三 | |
| 组四 | |

## 考核评价

根据下列考核评价标准，结合前面所学内容，对本阶段学习做出客观评价，简单总结学习的收获及存在的问题，并完成表 3-3 的填写。

表 3-3　案例 1 的考核评价

| 考核内容 | 评价标准 | 评　价 |
|---|---|---|
| 必备知识 | • 智能家居的应用领域<br>• 智能家居的岗位要求 | |
| 师生互动 | • “大家说”积极参与、主动发言<br>• “大家做”认真思考、积极讨论，独立完成表格的填写<br>• “拓展提升”结合实际置身职场、主动参与角色模拟、换位思考发挥想象 | |
| 职业素养 | • 具备良好的职业道德<br>• 具有计算机操作能力<br>• 具有阅读或查找相关文献资料、自我拓展学习本专业新技术、获取新知识及独立学习的能力<br>• 具有独立完成任务、解决问题的能力<br>• 具有较强的表达能力、沟通能力及组织实施能力<br>• 具备人际交流能力、公共关系处理能力和团队协作精神<br>• 具有集体荣誉感和社会责任意识 | |

# 案例 2　你准备好了吗——智能家居从业者的素质要求

## 案例描述

近年来，智能家居的普及度正在逐渐提高，这是信息技术发展寻找更广阔的市场结合点的必然结果，是 IT 产业向人们生活渗透的必然结果。随着国外同行业产品不断涌入我国，以及与国内智能家居行业的竞争加剧，客观上加大了宣传力度。今后我国的智能家居应走“品质与服务并重”的路线，未来智能家居发展前景广阔。在这样的大背景下，各大智能家居企业的人才争夺大战开始了。而要在这场人才争夺大战中占有优势，就要首先提升自己的思想道德、科学文化以及专业水平等各方面的职业素养。

### 活动 1　思想道德素质

思想道德素质是指人在一定的社会环境和教育的影响下，通过个体自身的认识和社会实践，在政治倾向、理想信仰、思想观念、道德情操等方面养成的较稳定的品质 。它在每个人的成长中起着导向、动力保证作用。思想道德素质的高低决定人生价值的品位，是每一个人回报社会的根本前提。提高自身思想道德素质，应做好以下几个方面的准备：

第一，适应转变，认清使命。适应职责的改变，确立新的目标，避免失落、沮丧、苦恼、困惑及其各种矛盾情绪，积极进取，提高素质。

第二，树立崇高的理想，形成正确的人生价值观。正确认识个人与社会、国家的关系，摆正自我的位置，树立正确的人生目的、人生理想、人生价值、人生责任及人生态度。正确认识劳动的意义，正确认识艰苦奋斗在中国社会主义现代化建设及个人成才、成功中的意义，培养自己崇尚劳动、艰苦创业的优良品质。

第三，加强素质修养，提高道德水平，培养良好的敬业精神。敬业精神是成功者所共有的品质，是现代社会竞争取胜的重要条件，它在促进人类社会发展中具有重要的意义。

第四，追求高尚人格，不断完善自身。提高自我修养，培养自强不息的精神，增强心理承受力，追求高尚人格，不断攀登人生高境界。

作为智能家居这样一个新兴的、正处于发展中的行业，对于人才的需求无疑是迫切的。所谓人才，首先应该是一个品质高尚和具有完善人格的人，是一个和社会融洽相处并且受社会欢迎的、有道德的人。而要具备较高的思想道德素质，需要经过长期的学习和锻炼过程。无论将来从事哪一行，职业道德的培养都会形成对职业的强烈责任心、奉献精神，这也是企业最看中的道德品质。有人曾经问过谷歌中国区总裁李开复先生这样一个问题，“要想成为谷歌的员工最重要的是具备哪一点品质？”他的回答是“人品”。道德品质教育正是树立一个人良好的职业道德，是一个人职业成功的最根本保障。

国外一家调查显示，学历资格已不是公司招聘首先考虑的条件。大多数雇主认为，正确的工作态度（即职业道德）是公司在雇用员工时最优先考虑的，其次才是职业技能，接着是工作经验。毫无疑问，职业道德已被视为遴选人才时的重要标准。

## 知识链接

职业道德就是同人们的职业活动紧密联系的符合职业特点所要求的道德准则、道德情操与道德品质的总和，它既是对本职人员在职业活动中行为的要求，同时又是职业对社会所负的道德责任与义务。良好的职业道德是每一个优秀员工必备的素质，良好的职业道德是每一个员工都必须具备的基本品质，这两点是企业对员工最基本的规范和要求，同时也是每个员工担负起自己的工作责任必备的素质。职业道德主要应包括忠于职守，乐于奉献；实事求是，不弄虚作假；依法行事，严守秘密；公正透明，服务社会等内容。

请补充说明思想道德还包括哪些方面，并完成表3-4的填写。

表3-4　我心中的思想道德

| 序　号 | 我心中的思想道德 |
| --- | --- |
| 1 | |
| 2 | |
| 3 | |
| 4 | |

### 活动2　科学文化素质

科学文化素质包括人文素质和科学素质，是指人们在人文社会科学、自然科学方面的涵养。它是形成价值取向的依据，是提升一个人社会责任感、塑造完美人格的基础。科学文化素质是建立在历史、艺术、文学、哲学等方面的知识。中等职业学校的学生要多方面发展和培养自己的科学文化素质，做到德、智、体、美、劳完美结合，全面发展。科学文化素质是指人们在科学文化方面所具有的较为稳定的、内在的基本品质。其中在自然科学方面主要体现在物理、化学、天文、地理、生物学等知识教育之中，表明人们在这些知识及与之相适应的能力行为、情感等综合发展的质量、水平和个性特点。从业者的科学文化素质要求从业者拥有本专业实际工作所必需的专业文化素质，同时拥有文学、历史、哲学、艺术等人文社会科学方面的文化素质，有较高的文化品位，审美情趣，人文素养和科学素质，一定的文化艺术修养，较严谨的逻辑思维能力和准确的文字、语言表达能力。

知识链接

1．人文素养

“人文”在这里应当解释为确定的“人文科学”，如政治学、经济学、历史、哲学、文学、法学、音乐等；而“素养”是由能力要素和精神要素组合而成的。所谓的“人文素养”，即人文科学的研究能力、知识水平，和人文科学体现出来的以人为对象、以人为中心的精神——人的内在品质。

2．审美情趣

审美情趣又称审美趣味，是以个人爱好的方式表现出来的审美倾向。审美情趣来源于人的审美理想，审美情趣又决定着人的审美标准。正因为审美情趣对人的审美观有如此重要的影响，所以，思想家和教育家们都把培养人的健康高尚的审美情趣作为美育的重要任务之一。审美情趣本质上是一种社会现象，是在审美实践中逐步形成的。审美情趣的培养是审美教育的主要组成部分。培养良好的、健康的审美情趣，对青少年的成长和社会主义精神文明建设有重大的意义。

百度搜索何谓“文化品位”。

**活动 3　专业素质**

专业素质是指学生应具备的本专业的基础理论知识和理论体系，即要求学生应具备的学习能力、理解能力和应用能力。只有具备专业的知识和实际操作技巧，才能在未来的职业岗位上发挥出自己的专业特长。此外，学生要做到理论联系实际，把自己的专业知识和专业技能结合起来，既具备扎实的理论基础，又要具备灵活的实际操作能力。

智能家居是物联网中一个很重要的应用方向，要求从业者具有多方面的专业知识，如通信知识、传感器知识、信息处理知识、自动控制知识等。

通过网络搜索从事智能家居行业所需的相关知识，完成表 3-5 的填写。

**表 3-5　智能家居行业的相关知识**

| 相关行业 | 相关知识 |
| --- | --- |
| | |
| | |
| | |
| | |

**活动 4　身心素质**

人们常说“身体是革命的本钱”，职业对从业者身体素质的要求主要表现在以下几方面：第一，要有足够的体力和精力来应对每日的工作时间和工作强度；第二，要求从业者有强健的体魄，以保证在紧张而有压力的工作中保持工作的持续性；第三，健康的心理素质是每个从业者应具备的一个重要特征。健康的心理素质包括具有健全的自我意识、良好的情绪控制、良好的人际交往关系以及承受挫折和适应环境的能力；具有积极的竞争意识，较强的自信心和强烈的进取心。当今时代，竞争日益激烈，只有培养和提高自己的心理素质，才能适应、改造自己所处的环境，成就自己的职业理想。这是职业对从业者心理素质的要求，也是健全自己人格的需要。

知识链接

“人格”一词在生活中有多种含义：道德上的人格是指一个人的品德和操守；法律意义上的人格是指享有法律地位的人；文学意义上的人格是指人物心理的独特性和典型性。在心理学上，由于心理学家各自的研究方向不同，对人格的看法也有很大差异。人格是构成一个人的思想、情感及行为的特有统合模式，这个独特模式包含了一个人区别于他人的、稳定而统一的心理品质。

大家做

1）请结合从业者各方面素质要求做出自我评价。

2）说一说带给你积极影响的偶像，分析他们的成功秘诀。

### 活动5　兴趣爱好与择业

每个在校生都对生活怀有多彩的憧憬，都对未来寄予美好的希望，然而要想取得成功，想要发挥自己的创造力，你就一定要对工作充满激情，因为激情是成功的原动力，真正的激情只有一个来源，那就是兴趣。兴趣是一个人积极探究某种事物的心理倾向。通俗地讲，萝卜白菜各有所好，这个“好”就是兴趣。兴趣的发展一般从有趣开始，逐渐产生乐趣，并不断与奋斗目标相结合，发展成志趣，从而表现出方向性和意志性的特点。可以说兴趣是迈出成功的第一步。

有调查显示，相比过去毕业生看重薪酬及地域，越来越多的毕业生更看重兴趣爱好及未来发展空间，包括专业是否对口、未来职业发展能力是否有提升、有无深造培训的机会等。

学生在面对职业选择时应从自己的兴趣爱好出发，在校期间应处理好兴趣与专业的关系，找到一种最适合自己的学习方式，充分发挥自己的潜能，将能力和兴趣结合起来，才更有可能取得职业生涯的成功。

大家说

说一说你的兴趣爱好与理想职业。

## 知识链接

做好职业生涯规划应从以下三个方面入手：

1）剖析自己。有效的职业生涯设计必须是在充分且正确地认识自身的条件与相关环境的基础上进行。对自我及环境的了解越透彻，职业生涯的设计就越好。

2）建立切实可行的目标。没有切实可行的目标作驱动力，人的行动是盲目的，且很容易妥协于现状。

3）具体且可行性较强的行动策略方案。主要活动何时实施、何时完成都应有时间及顺序上的妥善安排，以作为检查行动的依据，这会帮助你一步一步走向成功，实现目标。

## 大家做

通过网络搜索就业与择业的区别，根据自身特点，制订就业、择业计划。

## 拓展提升

1）《北京晨报》曾有这样一则报道：一位公共汽车司机在行车途中突发心脏病猝死，在生命的最后时刻，他用最后一丝力气踩住了刹车，保证了车上二十多个人的安全，然后趴在方向盘上离开了人世。这名司机最后的举动说明在他心里时刻想到的是要对乘客的安全负责，体现出了高尚的人格和职业道德。试想，如果司机没有坚持最后那几分钟，结果会怎样？

2）有几个人驾车从澳大利亚的墨尔本出发，去往南端的菲利普岛看企鹅归巢的美景。从车上的收音机里他们得知，企鹅岛上正在举行一场大规模的摩托车赛。估计在他们到达企鹅岛之前，摩托车赛就要结束，到时候会有成千上万辆汽车往墨尔本方向开。由于这条路只有两个车道，他们都担心会塞车，并会因此错过观赏的最佳时间。离企鹅岛还有 60 多千米时，对面车辆蜂拥而来。不仅有汽车，还有大量的摩托车。可是他们的车却畅通无阻。后来他们终于注意到对面驶来的所有车辆，没有一辆越过中线。这是一个左右极不“平衡”的车道：一边是畅通无阻的道路，一边是密密麻麻的车辆。然而没有一个“聪明人”试图去破坏这样的秩序，要知道，这里是没有警察，也没有监视器，有的只是车道中间的一道白线，看起来毫无任何约束力的白线。这种“失衡”的图景在视觉上似乎丝毫没有美感可言，可是却令人渐渐地感受到了一种震慑。设想，如果在这条道路上，所有司机都不遵守交通规则，擅自行事，那么结果会怎样？

3）在青岛港，许振超这个名字可谓人尽皆知，2004 年 4 月 11 日，中央电视台《焦点访谈》介绍了他的事迹。许振超只读过初中，但自从 1974 年参加工作以后，就一直坚持自学各种专业知识，并注重将所学的知识运用到生产实践中去。在参加工作的第二年，他便被选中去操作当时最先进的起重机器。数年后，青岛港引进世界一流的大型装卸设备——桥吊，他又成为操作桥吊的第一人选，并被任命为桥吊队队长。上任后，他还通过刻苦钻研编写了一本桥吊司机操作手册，组织队员学习，从而使整个桥吊队的业务水平有了大幅度的提升。之后，许振超又给自己提出了新的要求——不仅要懂桥吊，还要能维修桥吊。他用了4年时间，将10多块关键的电路板的详细电路图研究透彻，为检测故障提供了极大的便利，同时也大大降低了桥吊的维修成本。世界航运市场的竞争日趋激烈，许振超又提出青岛港装卸要创出世界一流业绩目标。他对桥吊操作技术精益求精，通过反复摸索和勤学苦练，练就了一手吊装精湛技艺，将吊装速度提高到了世界极限，同时确保操作安全无事故，并且毫无保留地将技术传授给同事，终于在2003年4月27日，他和工友们创造出每小时完成吊装381个自然箱码头的装卸记录，被交通部认定为世界最新纪录。这一业绩被青岛港领导命名为“振超效率”。在“振超效率”的带动下，青岛港2003年完成了港口吞吐量一亿四千万吨，比2002年有了大幅度提高。许振超三十年如一日，刻苦学习，勤奋钻研、精益求精，拼搏创新，敬业奉献，在他的身上集中体现了坚韧不拔的学习精神，执着的创新精神和奋斗的拼搏精神，交通部部长张春贤评价他是一名学习型、技术型、创新型、实干型和奉献型的先进典型。他爱岗敬业、追求卓越，具有团结协作的精神，在平凡的工作岗位创造了不平凡的业绩。从许振超身上我们看到了一种什么样的精神？

## 考核评价

根据下列考核评价标准，结合前面所学内容，对本阶段学习做出客观评价，简单总结学习的收获及存在的问题，并完成表3-6的填写。

表3-6 案例2的考核评价

| 考核内容 | 评价标准 | 评　价 |
|---|---|---|
| 必备知识 | • 了解智能家居从业者所需的思想道德素质<br>• 了解智能家居从业者所需的科学文化素质<br>• 了解智能家居从业者所需的身心素质<br>• 了解智能家居从业者所需的专业素质 | |
| 师生互动 | • “大家来说”积极参与、主动发言<br>• “大家来做”认真思考、积极讨论，独立完成表格的填写<br>• “拓展提升”结合实际置身职场、主动参与角色模拟、换位思考发挥想象 | |
| 职业素养 | • 具备良好的职业道德<br>• 具有阅读或查找相关文献资料、自我拓展学习本专业新技术、获取新知识及独立学习的能力<br>• 具有独立完成任务、解决问题的能力<br>• 具有较强的表达能力、沟通能力及组织实施能力<br>• 具备人际交流能力、公共关系处理能力和团队协作精神<br>• 具有集体荣誉感和社会责任意识 | |

## 案例3　给你一个良好的教学环境——智能家居学习资源和专业准备

### 案例描述

智能家居行业作为一个新兴的行业，其未来的发展空间不可限量。人才紧缺问题也明显呈现。国内许多高校及中等职业技术学校也将目光聚焦在这一新兴行业上，希望在智能家居的人才培养上突显自己的独到之处，培养出市场需要的综合型智能家居人才。

### 案例呈现

**活动1　教学环境**

1．师资队伍

本溪市机电工程学校以东北物联网职教联盟为依托，在上海企想信息技术有限公司建立了校外的智能家居培训基地。校企联合，名师与工程师联合，共同研制人才培养方案、开发课程和教材、设计实施教学、组织考核评价、开展教学研究等。校企签订合作协议，职业院校承担系统的专业知识学习和技能训练；企业通过“师傅带徒”形式，依据培养方案进行岗位技能训练，真正实现校企一体化育人。

2．实验实训条件

实验实训条件如图3-2所示。

3．教学资源库

本溪市机电工程学校教学资源丰富，在校园网上已形成大规模教学资源库，如图3-3所示。

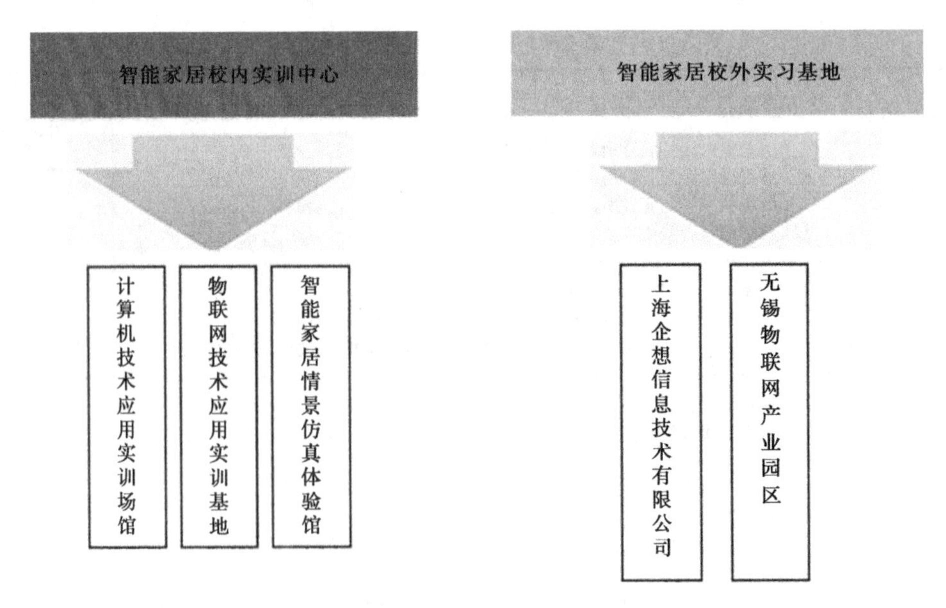


图3-2　实验实训条件

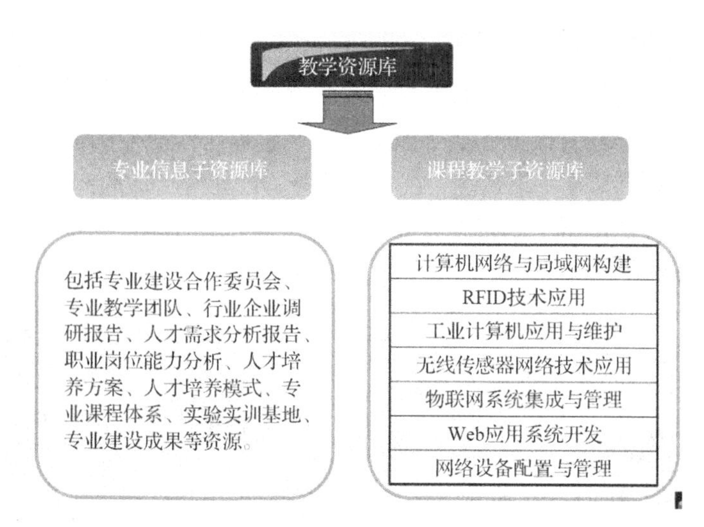


图 3-3 教学资源库

4．社会服务能力

学生在智能家居体验中感受物联网技术的应用，提升对物联网技术应用的认知，激发学生的学习热情。学生毕业前普遍能够获得由劳动部门颁发的职业资格认证。为了拓宽学生的就业渠道、增强学生在人才市场的竞争力，推荐考取华为助理网络工程师的认证以及全国物联网技术应用人才培养认证（应用工程师和开发工程师证书）。

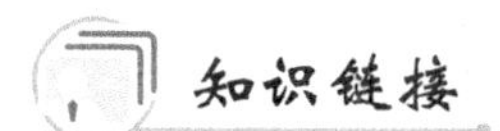


1. 华为认证网络工程师

华为认证网络工程师是由华为公司认证与采购部推出的独立认证体系，与之前的华三认证不同，简称 HCNA，目前授权陕西先通网络技术学校等授权认证机构代理培训。

2. 全国物联网技术应用人才培养认证项目

全国物联网技术应用人才培养认证项目（National Internet of Things Technology Education Project，简称 IOTT 项目）由中华人民共和国教育部教育管理信息中心于 2010 年 6 月 30 日正式立项启动，项目办公室设在教育部教育管理信息中心信息技术开发处。项目办面向全国高校开展全国物联网技术应用专业人才培养认证考试。

通过网络搜索了解上海企想信息技术有限公司和无锡物联网产业园区。

**活动 2 实训环境**

着眼于物联网产业，组建实战中心，激发学生的想象力，充分调动学生的积极性。让学生在实训中心就能看到行业内的现状，培养学生动手设计的能力，使之成为有特色能力的专业技术人才。可以按照学生自己的兴趣爱好分配实训系统。实训中心既可以作为学生综合实训基地，也可以作为对外展开技术培训以及进行职业技能鉴定的场所。

智能家居情景仿真体验馆（见图 3-4 和图 3-5）是学生学习高新技术、提高动手能力的最佳实训环境，它是在学校内模拟住宅平台设计的实际家居智能控制环境，兼备建筑、网络通信、信息家电、设备自动化，集系统、结构、服务、管理为一体的高效、舒适、安全、便利、环保的居住环境。在这里学生能亲眼看到何为智能家居，并能亲身体验、感受智能家居系统给人们的生活所带来的方便。

图 3-4　智能家居情景仿真体验馆——学习测试岛 智能家居样板操作间

图 3-5　智能家居情景仿真体验馆——体验实训区

智能家居体验馆把嵌入式技术、计算机技术、网络通信技术、综合布线技术、无线传输技术、单片机技术、传感器技术、自动控制理论等技术知识与家居生活有关的各种子系统有机地结合在一起，以实际的体验式方式展示给老师和学生，让学生在学习过程中充满乐趣，并能真正将理论知识与实际应用有机结合起来。

## 大家做

走进实训场馆，了解实训环境。

### 活动 3　专业教学核心课程及教学模式

为了减少对现行教学秩序的影响，套用现有教学基本运作模式，并在此基础上实施教学改革。以专业课程的项目化教学为主线，以公共课程的并行交叉为衬托（建议公共课程尽可能集中安排在每天的上午授课），以特色课程为补充和拓展，其余教学时间以实训场馆为中心集中进行实践性应用型项目（包括引厂入校项目）教学，依据“学生与徒弟一体、学业与创业并举、学习与竞赛融合、校园与社会贯通”的人才培养模式，以教学产品为目标、以职业岗位为标准、按照教学项目的自身教学进度和实训流程边体验、边实训、边考核，并将单科结业记录在案。按照技能含量将本专业教学项目划分成如下两部分：

1）技能型教学项目（产品）：通常是单项技能或简单技能的教学项目。典型项目有计算机组装、AutoCAD、泥塑、数字相册、动画制作、财税互联企业管理认证、网页美工、智能识别、智能传感等。

2）工程型教学项目（产品）：通常是多项技能或复杂技能的教学项目。典型项目有智能家居设备安装与调试、智慧网店、玩转智能手机、网络综合布线、微电影制作与传播等。

专业核心课程设置及教学模式见表 3-7。

表 3-7　专业核心课程设置及教学模式

| 课程结构 | 教学模式 |
|---|---|
| 限选课程 | 学业与创业并举 |
| 必修课程 | 学习与竞赛融合 |

相关课程包括“物联网概论”“计算机网络技术”“Java 程序设计”“无线传感器技术”“RFID 无线射频识别技术”“智能家居技术”等。

## 知识链接

1．“物联网概论”

该课程是物联网基础课程，通过本课程的学习，学生应熟悉物联网的定义、发展概况、技术标准、关键技术和应用领域。本课程设置的重要性是通过物联网概论的讲授，希望学生自我定位，有侧重地学习，为以后学习智能家居打下良好基础。

2．“计算机网络技术”

该课程是物联网基础课程。由于物联网是计算机网络高速发展的产物，物联网网络通信部分会用到无线网络 WI-FI 技术，因此学好计算机网络技术可为后续学习无线通信技术打下基础。通过本课程的学习，学生应掌握无线通信网的搭建和优化、基本局域网的搭建和配置、网络 IP 地址设置等基本网络常识。

3．“Java 程序设计”

该课程是物联网应用技术专业的基础核心课程，在整个课程体系中起到承上启下的作用。RFID 无线射频识别技术应用程序开发需要使用 Java 程序设计进行开发。通过本课程的学习，学生应能正确配置 Java 开发环境，熟练掌握面向程序设计的基本方法，并能进行 Java 可视化界面程序设计。

4．“无线传感器技术”

该课程是专业核心课程，是物联网关键技术的支撑技术之一，主要涉及传感器的安装、调试，ZigBee 无线通信技术，无线传感器的系统搭建和数据采集等内容。通过本课程的学习，学生应掌握无线传感器网络的体系结构和网络管理技术，着重掌握无线传感器网络的通信协议，了解无线传感器网关的节点定位、目标跟踪和时间同步等几大支撑技术，为在基于无线传感器网络的系统开发和应用中深入利用关键技术、设计优质的应用系统打下基础。

5．“RFID 无线射频识别技术”

RFID 作为物联网感知层的关键技术之一，主要涉及低频、高频、特高频无线电子标签的安装、使用以及无线射频设备上位应用程序的开发。课程教学以在 RFID 实验箱上进行基础教学为起点，然后利用 Java 程序设计开发 RFID 应用程序作为项目教学的最终目的。通过本课程的学习，学生应掌握 RFID 的基本概念、RFID 系统的组成和原理以及 RFID 中间件开发和使用，并能使用 RFID 开发包开发应用系统。

6．“智能家居技术”

该课程为物联网应用技术专业的方向课，涉及智能家居的基础知识，并对智能家居的项目实施进行讲授，对于学好智能家居系统集成至关重要。

百度搜索理解技能型教学项目和工程型教学项目。

### 活动 4　专业辅助教学项目及教学手段

1．专业辅助教学项目

专业辅助课程包括“工程制图与识图”“艺术指导”“职业道德”“就业指导”等。

2．教学手段

以培养高等技术应用型人才为根本任务，以适应社会需要为目标，以市场需求为导向，以培养技术应用能力和综合职业素质为主线设计学生的知识、能力、素质结构和培养方案，以应用为主旨，注重对基本理论知识的优化整合和技术应用能力的强化训练。要充分利用社会资源，大力开展以技术创新与技术服务为中心的校企合作，实现校企双需、互动有效的人才培养途径。

进一步加强实践教学，培养学生的创新精神、实践能力和创业意识。实践教学对于培养学生的创新精神和实践能力具有特殊作用。各专业教师要高度重视实践教学，探索研究相对独立的实践教学体系。吸收社会和科技发展的新成果，编制专门的实践教学大纲和实践教学考核办法，改革实践教学内容，减少演示性实验，增加工艺性、设计性、综合性实验，逐步培养学生的职业技能、职业综合能力和职业素质，并与理论教学有机结合、相互渗透，以取得良好的教学效果。同时随着新技术、新工艺的出台，及时优化实践内容。大力改革实践教学方法，突出学生的主体地位，创造条件使学生尽早地参与岗位实践和创新活动，引导学生动脑动手，增强动手能力和发现问题、分析问题、解决问题的能力。

知识链接

1．“工程制图与识图”

通过本课程的学习，学生应了解投影法的基本理论及其应用，研究绘制和阅读工程图样的理论与方法，学习贯彻制图标准和有关基本规定，培养制图能力和空间想象力。

2．“艺术指导”

根据现行的建筑结构设计系列规范，利用施工工艺指导施工的准备、操作等。

3．“就业指导”

该课程属于文化基础素质课程平台，旨在对学生进行就业方面的指导。其教学目的就是为学生提供就业政策、求职技巧、就业信息等方面的指导，帮助学生了解我国、当地的就业形势、就业政策，帮助学生根据自身的条件、特点、职业目标、职业方向、社会需求等情况，选择适当的职业；对学生进行职业适应、就业权益、劳动法规、创业等教育，帮助学生树立正确的世界观、人生观、价值观，帮助他们充分发挥自己的才能，实现自己的人生价值和社会价值，促使学生顺利就业、创业。

大家做

搜索其他可作为智能家居专业的辅助课程。

**活动 5　职业目标与进阶条件**

智能家居从业者应该具有多方面的能力，专业核心能力包括智能家居区域设计能力；智能家居行业电气方面的安装、施工、管理和监理能力；家居智能产品的生产、销售及售后服务能力；家居智能系统的调试、维护维修、设备更新以及技术改造能力；家居智能化系统相关产品的研制开发能力；现代物业管理能力等。可见智能家居行业的发展空间很大，“十二五”规划表明，未来十年智能家居行业将会达到 10 000 亿元。而目前智能家居系统只在一线城市得到极少部分楼宇的应用，这正是机遇，市场空白等待我们去开发，未来智能家居市场势不可挡。本专业将培养具有物联网技术能力、应用创新能力、跨专业的复合型的技术操作人员，工作重点在应用、服务、生产领域。本专业毕业生可就业于物联网相关设备制造商、物联网工程公司、物联网网络公司、物联网系统使用单位等，能从事物联网领域网络的运营管理和维护，从事物联网工程系统的安装、调试、运行、维护和管理等工作。智能家居从业者的工作岗位分析见表 3-8。

表 3-8　智能家居从业者的工作岗位分析

| 序　号 | 工作岗位 | 岗位描述 | 职业能力要求及素质 |
|---|---|---|---|
| 1 | 物联网应用系统集成 | 负责将系统的软件、硬件和传感装置集成在一起，进行调试 | 了解物联网系统的体系结构设计、掌握系统调试的基本流程与技巧，并具有团队合作的精神 |
| 2 | 物联网产品应用开发 | 参与及物联网相关产品研发，如 IC 卡/RFID 等应用运行和测试等工作，编写各种设计文档 | 具备物联网相关知识。熟悉物联网相关产品的应用系统；具备良好的诚信自律、团队合作、学习能力、沟通能力、积极主动性、逻辑思维能力、成就导向、坚韧性等素质 |
| 3 | 物联网应用系统的维护 | 负责物联网应用系统硬件和软件的日常维护工作 | 熟悉物联网产品设备（如传感器）的基本应用技巧，具有维护物联网应用系统后期硬件和软件的能力、协调交际能力及其他相关能力与技能 |
| 4 | RFID 系统集成 | 物联网行业的相关工作，负责 RFID 系统集成和工程施工 | 掌握 RFID 系统集成项目的设计、开发、实施的基本技能，具备团队协作和协调交际能力 |
| 5 | 传感器技术支持 | 负责传感器的采购、售前、售后维护等技术工作 | 了解传感器的工作原理，掌握传感器测量技术，具备团队协作和协调交际能力 |
| 6 | 物联网及传感网的构建 | 负责无线网络与移动设备的构建、组网等工作 | 具备无线网络的基础知识，具备其网络组建的基本能力。具备团队协作、解决实际问题和协调交际能力 |
| 7 | 智能家居相关产品销售营销人员 | 负责建立客户关系，能根据客户的需求，为客户推荐其感兴趣的产品，突出产品优势。 | 熟悉智能家居相关产品的名称、特点，熟悉公司的销售流程，具有基本的销售技巧 |
| 8 | 智能家居相关产品及售后维护人员 | 根据客户需求进行智能家居相关产品的配置、安装 | 硬件组装及维护能力、协调交际能力及其他相关能力与技能 |
| 9 | 智能家居相关产品使用人员和维护人员 | 负责智能家居系统的日常和维护，进行一些基本的故障维修 | 熟悉智能家居产品的特点和使用规则，具备一些基本的故障维修能力。具有设备使用文档管理的习惯和能力，具有较强的协调工作能力和文字处理能力 |

1）请同学们上网搜索物联网及智能家居就业岗位及上岗条件。

2）进阶条件。良好的职业规划缘于明确的定位和可行的目标。职业规划因人而异，不同的对象有不同的需求，因此制订的目标也不尽相同，要根据自身的情况来设立。设定年度的工作规划，需要从自身出发。有提升自身方面的，比如工作方面知识的提升及观念、能力、经验、内心感觉等方面；也要有关于提升工作方面的，比如升职目标、工作内容、工资提升、工作环境改善等方面。有了总体的目标，再围绕每个点来展开，最好细化分解。分解的点做好时间完成进度，这样有助于督促自己完成。

## 考核评价

根据下列考核评价标准，结合前面所学内容，对本阶段学习做出客观评价，简单总结学习的收获及存在的问题，并完成表3-9的填写。

表3-9 案例3的考核评价

| 考核内容 | 评价标准 | 评 价 |
|---|---|---|
| 必备知识 | • 掌握智能家居从业者所需的理论知识<br>• 了解智能家居的实训环境<br>• 确立智能家居从业者的职业目标<br>• 了解智能家居从业者的进阶条件 | |
| 师生互动 | • “大家来说”积极参与、主动发言<br>• “大家来做”认真思考、积极讨论，独立完成表格的填写<br>• “拓展提升”结合实际置身职场、主动参与角色模拟、换位思考发挥想象 | |
| 职业素养 | • 具备良好的职业道德<br>• 具有阅读或查找相关文献资料、自我拓展学习本专业新技术、获取新知识及独立学习的能力<br>• 具有独立完成任务、解决问题的能力<br>• 具有较强的表达能力、沟通能力及组织实施能力<br>• 具备人际交流能力、公共关系处理能力和团队协作精神<br>• 具有集体荣誉感和社会责任意识 | |

# 单元小结

本单元着重介绍了智能家居的应用领域及各领域的人才需求，在思想道德素质、科学文化素质、专业素质、身心素质等方面对从业者提出了要求，并阐述兴趣爱好与择业之间的关系。

结合我校的实训和教学环境，重点讲述了从业者应具备的最基本的专业素质，这对从业者明确自身的发展方向起着至关重要的作用。

# 单元4　探究物联网的主要支撑技术

物联网被称为继计算机以及互联网技术以来的第三大信息产业，是由多项信息技术相互融合的新型技术体系。物联网是指各种各样的信息传感设备以及其系统，比如传感器网络以及射频网络装置、条形码和二维码设备、全球定位系统和其他物体通信模式的短距离的无线组织网络，可以通过各种各样的接入网络和互联网相结合起来形成一个巨大的智能网络。如果说互联网能够实现人与人之间的交流，那么物联网既能够实现人和物体的沟通以及对话，也能够实现物体和物体之间的连接和交互。

从以上对物联网的理解能够看出，物联网是对互联网的延伸和拓展，互联网可以作为传输物联网信息的主要途径，对于传感器网络基于自组织的一种网络形式，属于物联网的一种主要的感知技术。物联网能够实现和任何物体、在任何的时间、任何的路径和任何的设备之间进行连接。

- 掌握传感器的基本概念
- 熟悉传感器的分类及特点
- 熟悉传感器的功能及其应用
- 了解智能家居常用的传感器
- 提高人际交流、与人沟通的能力，培养主动参与意识
- 培养自主探究、主动学习、独立完成任务的能力
- 践行职业道德，培养岗位意识
- 树立团队精神，增强集体荣誉感和责任意识

## 案例1　物联网实施的基础——传感器技术

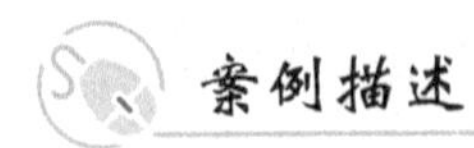

### 案例描述

“物联网”也称为“传感网”，是指将各种信息传感设备，比如射频识别（RFID）装置、红外感应器、全球定位系统、激光扫描器等，与互联网结合起来而形成的一个巨大网络。其目的是让所有物品都能够被远程感知和控制，并与现有的网络连接在一起，形成一个更加智慧的生产与生活体系。

“智能家居”实现的是家庭智能化，将是家庭版的物联网，是物联网基础的组成单位，而传感器技术是物联网实施的基础，可以说“智能家居”是物联网概念的一个具体体现。要想实现“智能家居”，首先应该掌握的即是传感器技术，通过家居中安装的各种传感设备采集实时信息（比如使用温度传感器和湿度传感器采集环境当中的温度、湿度信息，使用烟雾传感器采集家居内部的气体浓度信息，使用照度传感器采集当前环境中的光照强度信息等），然后进行相应的信息处理，最后对各种异常状况进行相应的控制，从而实现对家居环境的实时监控，并通过系统的自动调节构建舒适、智能化的家居生活。

## 案例呈现

### 活动 1　传感器的基本概念

传感器（Transducer 或 Sensor）是一种检测装置，能感受到被测量的信息，并能将感受到的信息按一定规律变换成电信号或其他所需形式的信息输出，以满足信息的传输、处理、存储、显示、记录和控制等要求。传感器是获取信息的工具，俗称探头，有时亦被称为转换器、变换器、变送器或探测器，如图 4-1 所示。

图 4-1　传感器

## 大家说

1）什么是传感器？

2）你还知道生活中哪些方面使用了传感器？

## 知识链接

1. 国标中的传感器定义

GB/T 7665—2005 对传感器的定义是：“能感受被测量件并按照一定的规律转换成可用输出信号的器件或装置，通常由敏感元件和转换元件组成”。

2. 传感器的扩展定义

中国物联网校企联盟认为，“传感器的存在和发展，让物体有了触觉、味觉和嗅觉等感官，让物体慢慢变得活了起来”。

“传感器”在《韦氏新国际词典》中定义为：“从一个系统接受功率，通常以另一种形式将功率送到第二个系统中的器件”。

**温馨提示**

人们为了从外界获取信息，必须借助感觉器官。而单靠人们自身的感觉器官，在研究自然现象和规律以及生产活动中是远远不够的，为适应这种情况，就需要用到传感器。因此可以说，传感器是人类五官的延伸，故又称之为“电五官”。

**大家做**

通过网络搜索或查阅相关资料，结合传感器的定义试完成表 4-1 的填写。

**表 4-1　传感器的组成及功能**

| 传感器的组成 | 组成部分实现的功能 |
| --- | --- |
| | |
| | |
| | |

**活动 2　传感器的分类及特点**

无线传感器的组成模块封装在一个外壳内，在工作时它将由电池或振动发电机提供电源，构成无线传感器网络节点。无线传感器可以采集设备的数字信号，然后通过无线传感器网络把信号传输到监控中心的无线网关，直接送入计算机，进行分析处理。如果需要，则无线传感器也可以实时传输采集的整个时间历程信号。

**知识链接**

目前对传感器尚无统一的分类方法，但比较常用的有如下三种：

1）按传感器的物理量分类，可分为位移、力、速度、温度、流量、气体成分等传感器。

2）按传感器的工作原理分类，可分为电阻式、电容式、电感式、电压式、霍尔式等传感器。

3）按传感器输出信号的性质分类，可分为输出为开关量（“1”和“0”或“开”和“关”）的数字式传感器、输出为模拟式传感器以及输出为脉冲或代码的数字式传感器。

传感器的特点包括微型化、数字化、智能化、多功能化、系统化及无线网络化。它是实现自动检测和自动控制的首要环节。

1）微型化是建立在微机电系统（Micro-Eloctro-Mechanical system，MEMS）技术基础上

的，主要由硅材料构成，具有体积小、质量轻、反应快、灵敏度高以及成本低等优点。

2）数字化就是将许多复杂多变的信息转变为可以度量的数字、数据，再以这些数字、数据建立起适当的数字化模型，把它们转变为一系列二进制代码，引入计算机内部，进行统一处理。

3）智能化是通过模拟人的感官和大脑的协调动作，结合长期以来测试技术的研究和实际经验而提出来的。这是一个相对独立的智能单元，它的出现对原来硬件性能的苛刻要求有所减轻，而靠软件帮助可以使传感器的性能大幅度提高。

4）多功能化无疑是当前传感器技术发展中一个全新的研究方向，目前有许多学者正在积极从事于该领域的研究工作。

5）系统化促进了传统产业的改造和更新换代，而且还可能建立新型工业，从而成为 21 世纪新的经济增长点。

6）无线网络化：无线网络对人们来说并不陌生，比如手机、无线上网、电视机等。无线传感器网络（Wireless Sensor Networks，WSN）的主要组成部分就是一个个小巧的传感器节点。

当前技术水平下的传感器系统正向着微小型化、智能化、多功能化和网络化的方向发展。今后，随着 CAD 技术、MEMS 技术、信息理论及数据分析算法的发展，传感器系统必将变得更加微型化、综合化、多功能化、智能化和系统化。在各种新兴科学技术呈辐射状广泛渗透的当今社会，作为现代科学“耳目”的传感器系统，作为人们快速获取、分析和利用有效信息的基础，必将进一步得到社会各界的普遍关注。

通过网络搜索或查阅相关资料，结合传感器特点了解其应用领域，并完成表 4-2 的填写。

表 4-2　传感器应用领域

| 特　点 | 传感器应用领域 |
|---|---|
| 微小型化 | |
| 智能化 | |
| 多功能化 | |
| 网络化 | |

### 活动 3　常见传感器及其应用

越来越多的传感器广泛地应用于智能家居中。面对智能化家庭网络的逐渐普及和发展，将各种各样的传感器引入家居中这一需求变得更加迫切。人们希望家居能增加使用的舒适度、减少资源消耗、清洗方便、降低噪声和振动、提高使用质量并实现复杂的智能。

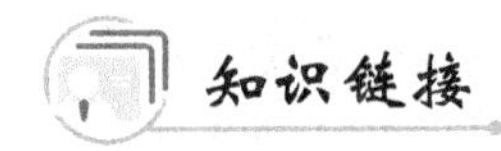

知识链接

1．温度传感器

温度传感器是指能感受温度并转换成可用输出信号的传感器（见图 4-2）。温度传感器是温度测量仪表的核心部分，品种繁多，是最早开发、应用最广的一类传感器。温度传感器的市场份额大大超过了其他传感器。温度传感器按测量方式可分为接触式和非接触式两大类；按照传感器材料及电子元件特性分为热敏电阻温度传感器和热电偶温度传感器两类；电子温度传感器则是利用感温探头、信号处理单元、显示屏、电源等传感元件配合控制器来测量风道或水管中的空气或水的温度。温度传感器广泛应用于楼宇自动化、气候与暖通信号采集、博物馆和宾馆的气候站、大棚温室以及医药行业等。

2．称重传感器

称重传感器实际上是一种将质量信号转变为可测量的电信号输出的装置。它具有高度低、密封性能佳、抗偏抗侧能力强等特点，承载连接采用钢球或 SR 球面结构，有较好的自动复位能力，用于料斗秤、地上衡等电子衡器及各种力值测量，有互换性好、安装使用方便的特点。其中以“S 型称重传感器”（见图 4-3）最为常见，主要用于测固体间的拉力和压力，通常人们也称之为拉压力传感器（见图 4-5），因为它的外形为“S”形，所以习惯上也称“S 型称重传感器”。此传感器采用合金钢材质，胶密封防护处理，安装容易，使用方便，适用于吊秤、配料秤、机改秤等电子测力称重系统。其广泛应用于各种工业自控环境，涉及水利水电、铁路交通、智能建筑、生产自控、航空航天、军工、石化、油井、电力、船舶、机床、管道等众多行业。

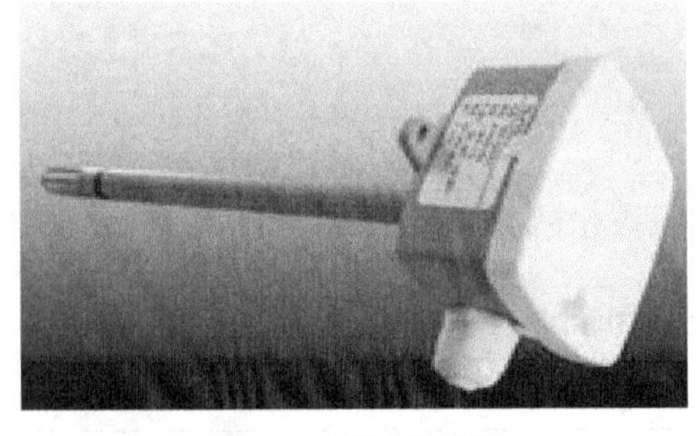

图 4-2　温度传感器

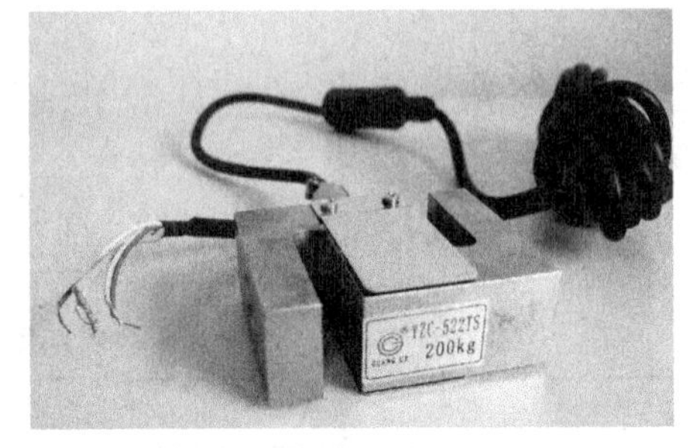


图 4-3　称重传感器

3．拉力传感器

拉力传感器又叫电阻应变式传感器（见图 4-4），隶属于称重传感器系列，是一种将物理信号转变为可测量的电信号输出的装置。它使用两个拉力传递部分传力，在其结构中含有力敏器件和两个拉力传递部分，具有精度高、强度好、稳定性好等特点，配以数字测量仪，广泛应用于天车秤、料斗秤、过程控制等的拉力测量。

4．压力传感器

如图 4-5 所示，压力传感器是工业实践中最为常用的一种传感器。

5．液压传感器

如图 4-6 所示，液压传感器的浮球随着液体上升或下降，利用球内磁铁去吸引磁簧开关的触头，产生开与关的动作，进而实施液位控制或指示操作（浮球靠近磁簧开关时导通；离开时磁簧开关断开）。

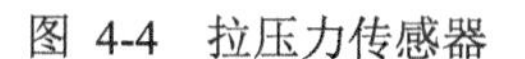

图 4-4　拉压力传感器

图 4-5　压力传感器

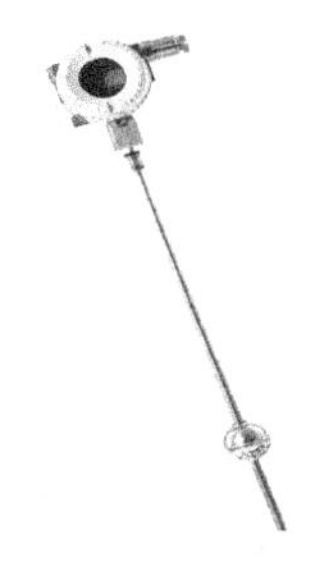

图 4-6　液压传感器

6．电阻式传感器

如图 4-7 所示，电阻式传感器基本原理是将被测的非电量转化成电阻值的变化，再经过转换电路变成电量输出。根据传感器组成材料变化或传感器原理变化，产生了各种各样的电阻式传感器，主要包括应变式传感器及压阻式传感器。电阻式传感器可以测量力、压力、位移、应变、加速度和温度等非电量参数。电阻式传感器结构简单，性能稳定，灵敏度较高，有的还可用于动态测量。电阻式传感器与相应的测量电路组成的测力、测压、称重、测位移、加速度、扭矩等测量仪表是冶金、电力、交通、石化、商业、生物医学和国防等部门进行自动称重、过程检测和实现生产过程自动化不可缺少的工具之一。

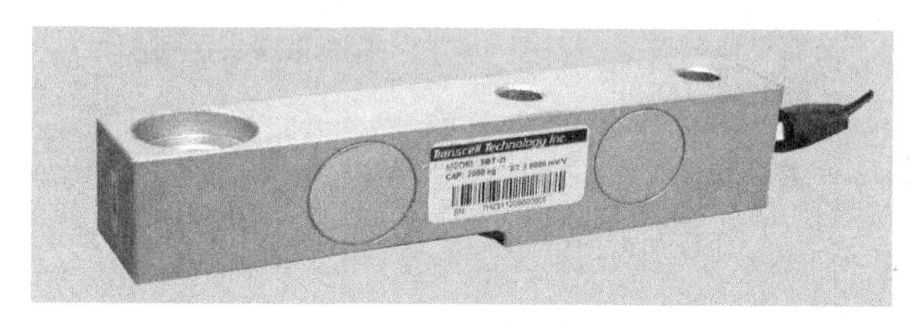

图 4-7　电阻式传感器

7．电容式传感器

电容式传感器是将被测量的机械量，如位移、压力等转换成电容量变化的一种装置，实质上就是一个具有可变参数的电容器（见图 4-8）。电容式传感器具有结构简单、动态响应快、易实现非接触测量等优点。随着电子技术的发展，其易受干扰和分布电容影响等缺点不断得以克服，而且还开发出容栅位移传感器和集成电容式传感器，广泛应用于压力、位移、加速度、液位、成分含量等测量中。

图 4-8　电容式传感器

8．霍尔式传感器

霍尔式传感器是根据霍尔效应制作的一种磁场传感器（见图 4-9），广泛应用于工业自动化技术、检测技术及信息处理等领域。霍尔效应是研究半导体材料性能的基本方法。通过霍尔效应实验测定的霍尔系数，能够判断半导体材料的导电类型、载流子浓度及载流子迁移率等重要参数。霍尔式传感器分为线性型霍尔式传感器和数字型霍尔式传感器。

1）线性型霍尔式传感器由霍尔元件、线性放大器和射极跟随器组成，输出的是模拟量。

2）数字型霍尔式传感器由稳压器、霍尔元件、差分放大器，斯密特触发器和输出级组成，输出的是数字量。

9．RFbeam 24GHz 雷达传感器

如图 4-10 所示，RFbeam 24GHz 雷达传感器采用高频微波来测量物体运动速度、距离、运动方向、方位角度信息，采用平面微带天线设计，具有体积小、质量轻、灵敏度高、稳定强等特点，广泛运用于智能交通、工业控制、安全防护、体育运动、智能家居等行业。

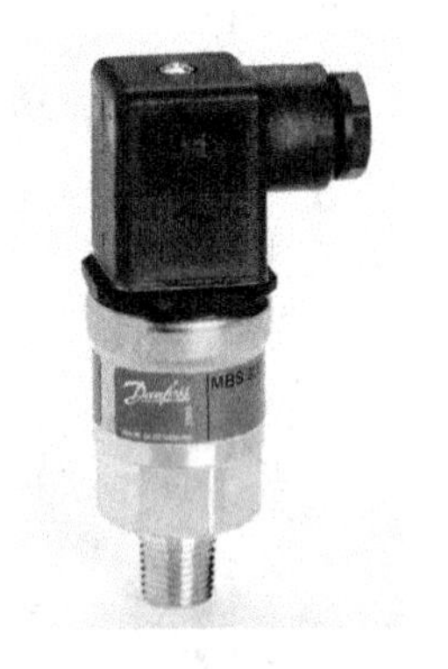

图 4-9　霍尔式传感器

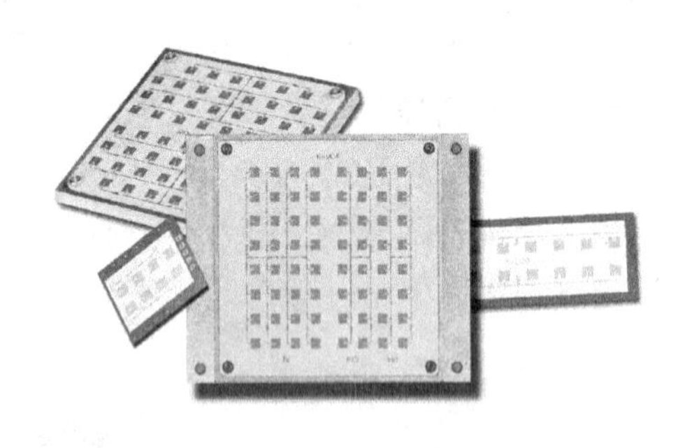

图 4-10　RFbeam 24GHz雷达传感器

将你所了解的一些新型或者改进过的传感器应用于智能家电的情况填写在表 4-3 中。

表 4-3　传感器在家用电器的更多应用

| 家用电器 | 被检测参数 | 使用传感器 |
|---|---|---|
| | | |
| | | |
| | | |
| | | |

活动 4　智能家居常用传感器识读

智能家居通过布置于房间内的温度、湿度、光照、空气成分等无线传感器，感知居室不

同部分的微观状况，从而对空调、门窗以及其他家电进行自动控制，为人们提供智能、舒适的居住环境。

将来无线传感器网络将完全融入人们的生活。比如微型传感器网最终可能将家用电器、个人计算机和其他日常用品同互联网相连，实现远距离跟踪，家庭采用无线传感器网络负责安全调控、节电等。无线传感器网络将是未来一个无孔不入的十分庞大的网络，其应用可以涉及人类日常生活和社会生产活动的所有领域。

### 知识链接

智能家居又称智能住宅，通俗地说，它是集自动化控制系统、计算机网络系统和网络通信技术于一体的网络化、智能化的家居控制系统。智能家居将让用户有更方便的手段来管理家庭设备，比如，通过触摸屏、无线遥控器、电话、互联网或者语音识别控制家用设备，更可以执行场景操作，使多个设备形成联动；此外，智能家居内的各种设备相互间可以通信，不需要用户指挥也能根据不同的状态互动运行，从而给用户带来最大程度的高效、便利、舒适与安全。

家居中的可测物理量如下：

1）亮度。如主人在家时，时间是晚上，亮度已经下降到一定的范畴以下，系统会自动打开主人周边的照明设备，方便主人的生活。

2）温度。四季交替，一天之中存在或大或小的温差，根据不同的温度，系统将启动室内的降温或取暖设备，使人们的生活更舒适。

3）湿度。一年中有的季节潮湿，有的季节干燥，系统可以根据需要调节室内的空气湿度，使之保持在最适宜人们居住的状态。

4）烟雾。当无人在家或者只有小孩在家时，如果家中发生火灾，那么系统将自动接通火警，并打开喷水龙头。

5）声音。主人可以利用声音启动一些电子设备，使生活更方便。

可使用的传感器及其基本原理如下：

1）可见光传感器主要用于测量室内可见光的亮度，以便调整室内亮度。其基本原理是能感受可见光并转换成可用输出信号。

2）温度传感器主要用于测量室内的温度，方便调节室内湿度。其主要原理是能感受温度并转换成可用输出信号。

3）湿度传感器主要用于测量室内的湿度，方便调节室内温度。其基本原理是能感受气体中的水蒸气含量，并转换成可用输出信号。

4）气体传感器主要用于测量空气中特定气体的含量，当有危险时会自动报警。它能感受气体（组分、分压）并转换成可用输出信号。

5）声音传感器主要用于测试室内声音，达到声控的效果，具体来说，就是用一个小弹片来感应声音并通过一个继电器把声音信号转换成电信号，在声音足够大时电信号也足够大，这时电信号就传到开关的触头上，来使电路接通或者断开。

## 大家做

微软创始人之一的比尔·盖茨的家（见图4-11）究竟是什么样子？这一直是人们津津乐道的话题。请查询有关资料了解为什么外界称比尔盖茨的家是“未来生活预言的科技豪宅”？

图 4-11 比尔盖茨书房里巨大的“海世界”

## 温馨提示

目前中国人口已接近14亿人，有3.5亿个家庭，如果每个家庭每年花费1000元进行家居消费，那么就有3500亿元的市场。事实上，市场调查数据表明，就感性和持续性消费群体而言，他们每年在家居方面的支出人均远不止1000元，可以预见这个市场的空间是巨大的，尤其是在物联网建设的助推下，发展步伐加快的智能家居前景更是不可估量。

## 拓展提升

1．职场模拟

某物联公司技术人员小张接待了一个客户，该客户欲组建智能家居，并想了解智能家居中的关键技术——传感器，如果你是小张，你觉得应该如何介绍会让客户更满意成功接下客户的订单？请并结合前面所学内容及智能家居实现的功能进行详细介绍。

2．畅想无限

智能家居是物联网在家庭生活中最典型、最现实的应用，将来会像电视机、电冰箱、空调器、手机、计算机一样进入千家万户。请尽情畅想智能家居在物联网的助推下迎来的“大笔纵横写春秋”的发展画面。

## 考核评价

根据下列考核评价标准，结合前面所学内容，对本阶段学习做出客观评价，简单总结学习的收获及存在的问题，并完成表4-4的填写。

表 4-4　案例 1 的考核评价

| 考核内容 | 评价标准 | 评　价 |
|---|---|---|
| 必备知识 | ● 掌握物联网使用的基础传感器的基本概念<br>● 了解传感器的分类、特点及其应用<br>● 了解智能家居常用的传感器 | |
| 师生互动 | ● “大家来说”积极参与、主动发言<br>● “大家来做”认真思考、积极讨论，独立完成表格的填写<br>● “拓展提升”结合实际置身职场、主动参与角色模拟、换位思考发挥想象 | |
| 职业素养 | ● 具备良好的职业道德<br>● 具有计算机操作能力<br>● 具有阅读或查找相关文献资料、自我拓展学习本专业新技术、获取新知识及独立学习的能力<br>● 具有独立完成任务、解决问题的能力<br>● 具有较强的表达能力、沟通能力及组织实施能力<br>● 具备人际交流能力、公共关系处理能力和团队协作精神<br>● 具有集体荣誉感和社会责任意识 | |

## 案例 2　物联网速赢的关键——无线传感器网络

### 案例描述

传统的传感器正逐步实现微型化、智能化、信息化、网络化，正经历着“传统传感器（Dumb Sensor）→智能传感器（Smart Sensor）→嵌入式 Web 传感器（Embedded Web Sensor）”的内涵不断丰富的发展过程。

随着微机电系统、片上系统（System on Chip，SoC）、无线通信和低功耗嵌入式技术的飞速发展，无线传感网络（Wireless Sensor Networks，WSN）技术应运而生，并以其低功耗、低成本、分布式和自组织等特点带来了信息感知的一场变革。这成为当前所有领域内的新热点。

**无线传感器网络的定义**

无线传感器网络就是由部署在监测区域内大量的廉价微型传感器节点组成，通过无线通信方式形成的一个多跳的自组织的网络系统，其目的是协作地感知、采集和处理网络覆盖区域中被感知对象的信息，并将这些信息发送给观察者。传感器、感知对象和观察者构成了无线传感器网络的三个要素。基于 MEMS 的微传感技术和无线联网技术赋予了无线传感器网络广阔的应用前景。这些潜在的应用领域可以归纳为军事、航空、反恐、防爆、救灾、环境、医疗、保健、家居、工业、商业等。

无线传感器网络将是全球未来四大技术产业之一，将掀起新的产业浪潮。

### 案例呈现

#### 活动 1　无线传感器网络概述

无线传感器网络综合了传感器技术、嵌入式计算技术、现代网络及无线通信技术、分布式信息处理技术等，能够通过各类集成化的微型传感器协作地实时监测、感知和采集各种环境或监测对象的信息，再通过无线方式发送这些信息，并以自组织多跳的网络方式传送到用户终端，从而实现物理世界、计算世界以及人类社会三元世界的连通（见图 4-12）。WSN 以最少的成本和最大的灵活性连接任何有通信需求的终端设备，采集数据，发送指令。WSN 是把一定数量的传感器或执行单元设备任意分布，在有限时间内，从某一个传感器获知其他传感器的信息。作为无线自组双向通信网络，WSN 能以最大的灵活性自动完成不规则分布的各种传感器与控制节点的组网，同时具有一定的移动能力和动态调整能力。

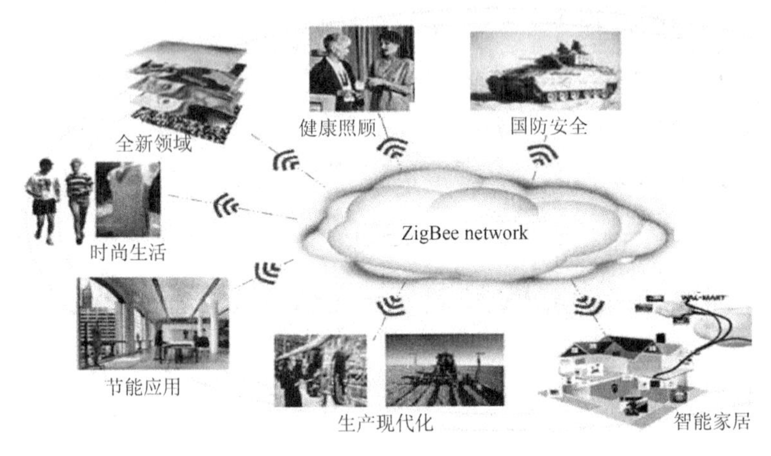


图 4-12　无线传感器网络

传感器网络实现了数据的采集、处理和传输三种功能。传感器技术与通信技术以及计算机技术共同构成信息技术的三大支柱。

无线传感器网络所具有的众多类型的传感器，可监测包括地震、电磁、温度、湿度、噪声、光强度、压力、土壤成分、移动物体的大小、速度和方向等周边环境中多种多样的对象信息。潜在的应用领域有军事、航空、防爆、救灾、环境、医疗、保健、家居、工业、商业等。

## 大家说

1）什么是无线传感器网络？

2）无线传感器网络与传统的无线网络有什么区别？

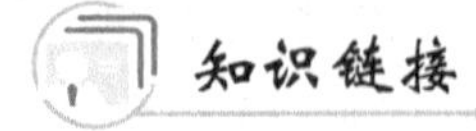

## 知识链接

**无线传感器网络的发展经历了以下三个阶段**

早在 20 世纪 70 年代，就出现了将传统传感器采用点对点传输、连接传感控制器而构成的传感器网络雏形，此即第一代传感器网络。

随着相关学科的不断发展和进步，传感器网络同时还具有了获取多种信息信号的综合处理能力，并通过与传感控制器的相联，组成了有信息综合和处理能力的传感器网络，此即第二代传感器网络。

从 20 世纪末开始，现场总线技术开始应用于传感器网络，用以组建智能化传感器网络，大量多功能传感器被运用，并使用无线技术连接，无线传感器网络逐渐形成。无线传感器网络是新一代的传感器网络，具有非常广泛的应用前景，其发展和应用将会给人类生活和生产的各个领域带来深远影响。

温馨提示

无线传感器网络诞生于 20 世纪 70 年代，最早被应用于美国军方资助项目。经过 40 多年的发展，无线传感器网络逐渐转向民用，在森林、河流的环境监测、建筑环境的智能化应用以及一些无法放置有线传感器的工业环境中都已经出现了它的身影。在 1999 年和 2003 年，美国《商业周刊》和《MIT 技术评论》杂志相继将无线传感器网络评价为 21 世纪最具影响力的 20 项技术以及改变世界的十大新技术之一。

大 家 做

请查阅相关资料，完成表 4-5 的填写，分析无线传感器网络经历的三个阶段并简单归结各阶段的发展特点。

表 4-5　传感器网络发展阶段及特点

| 阶　段 | 无线传感器网络 | 特　点 |
|---|---|---|
| 第一阶段 | | |
| 第二阶段 | | |
| 第三阶段 | | |

**活动 2　无线传感器网络的体系结构和传感网节点模型**

无线传感器网络包括四类基本实体对象：目标、观测节点、传感节点和感知现场。另外，还需定义外部网络、远程任务管理单元和用户来完成对整个系统的应用刻画，如图 4-13 所示。大量传感节点随机部署，通过自组织方式构成网络，协同形成对目标的感知现场。传感节点检测的目标信号经本地简单处理后通过邻近传感节点多跳传输到观测节点。用户和远程任务管理单元通过外部网络（比如卫星通信网络或互联网）与观测节点进行交互。观测节点向网络发布查询请求和控制指令，接收传感节点返回的目标信息。

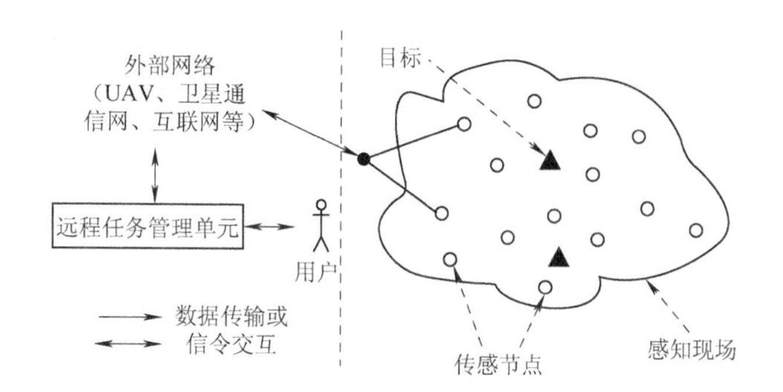


图 4-13　无线传感器网络体系结构

传感节点具有原始数据采集、本地信息处理、无线数据传输以及与其他节点协同工作的能力，依据应用需求，还可携带定位、能源补给或移动等模块。节点可采用飞行器撒播、火箭弹射或人工埋置等方式部署。

目标是网络感兴趣的对象及其属性，有时特指某类信号源。传感节点通过目标的热、红外、声纳、雷达或振动等信号，获取目标温度、光强度、噪声、压力、运动方向或速度等属性。传感节点对感兴趣目标的信息获取范围称为该节点的感知现场，网络中所有节点现场的集合称为该网络的感知现场。当传感节点检测到的目标信息超过设定阈值，需提交给观测节点时，被称为有效节点。

观测节点具有双重身份：一方面，在网内作为接收者和控制者，被授权监听和处理网络的事件消息和数据，可向传感器网络发布查询请求或派发任务；另一方面，面向网外作为中继和网关完成传感器网络与外部网络间信令和数据的转换，是连接传感器网络与其他网络的桥梁。通常假设观测节点能力较强，资源充分或可补充。观测节点有被动触发和主动查询两种工作模式，前者被动地由传感节点发出的感兴趣事件或消息触发，后者则主动周期性地扫描网络和查询传感节点，较常用。

无线传感器网络节点的基本组成包括四个基本单元：传感单元（由传感器和模数转换功能模块组成）、处理单元（包括CPU、存储器等）、通信单元（由无线通信模块组成）以及电源。此外，可以选择的其他功能单元有节点定位系统、移动系统以及电源自供电系统等，如图 4-14 所示。

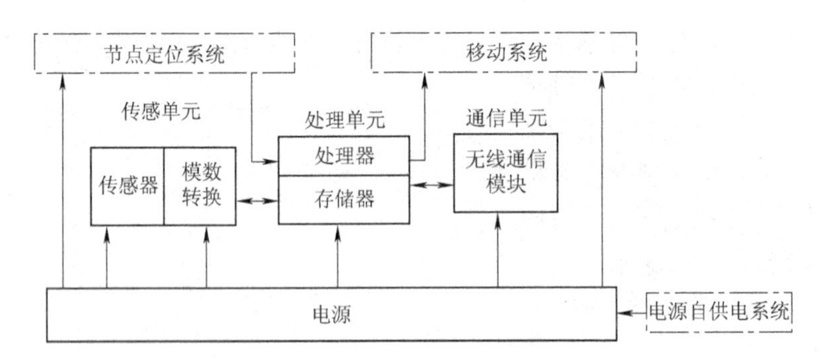


图 4-14　无线传感器网络节点

电源为传感器提供正常工作所必需的能源。传感单元用于感知、获取外界的信息，并将其转换为数字信号。处理单元负责协调节点各部分的工作，如对传感单元获取的信息进行必要的处理、保存，控制传感单元和电源的工作模式等。通信单元负责与其他传感器或收发者的通信。

结合无线传感器网络节点的结构，查阅相关资料，了解无线传感器网络节点的基本单元组成，并完成表4-6的填写。

表4-6　无线传感器网络节点基本组成单元

| 单　　元 | 单元基本组成 |
| --- | --- |
| 传感单元 | |
| 处理单元 | |
| 通信单元 | |
| 其他功能单元 | |

### 活动3　无线传感器网络通信协议

随着应用和体系结构的不同，无线传感器网络的通信协议栈也不尽相同，如图4-15所示，这是传感节点使用的最典型的协议模型。该模型既参考了现有通用网络的TCP/IP和OSI模型的架构，又包含了传感网络特有的电源管理、移动管理及任务管理平台。应用层为不同的应用提供了一个相对统一的高层接口；如果需要，传输层可为传感网络保持数据流或保证与Internet的连接；网络层主要负责数据的路由；数据链路层协调无线媒质的访问，尽量减少相邻节点广播时的冲突；物理层为系统提供一个简单、稳定的调制、传输和接收系统。除此之外，能量、移动和任务管理平台负责传感节点能量、移动和任务分配的监测，帮助传感节点协调感测任务，尽量减少整个系统的功耗。

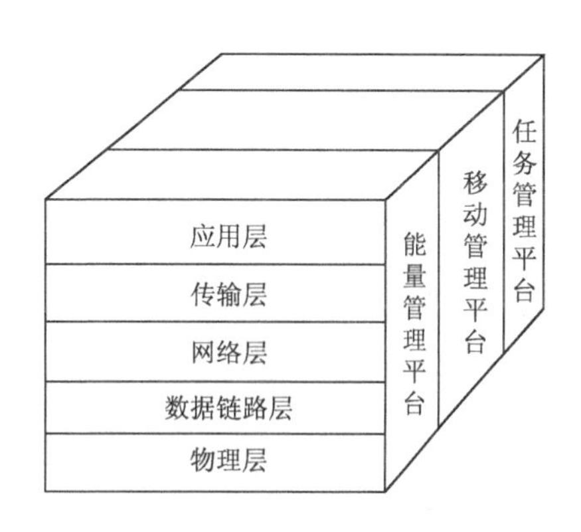


图4-15　无线传感器网络通信协议栈

无线传感器网络通信协议栈多采用五层协议，即应用层、传输层、网络层、数据链路层及物理层，与以太网协议栈的五层协议相对应。另外，该协议栈还应包括能量管理平台、移动管理平台和任务管理平台。这些管理平台使得传感器节点能够按照高效能源的方式协同工作，在节点移动的传感器网络中转发数据，并支持多任务和资源共享。各层协议和管理平台的功能如下：

1）物理层提供简单但健壮的信号调制和无线收发技术，传输介质可以是无线、红外或者光介质。无线传感器网络主要使用无线传输。

2）数据链路层负责数据成帧、帧检测、媒体访问和差错控制，数据链路层保证了无线传感器网络内点到点和点到多点的连接。

3）网络层主要负责路由生成与路由选择。传感器网络节点高密度地分布于待测环境内或周围，在传感器网络发送节点和接收节点之间需要特殊的多跳无线路由协议。

4）传输层负责数据流的传输控制，是保证通信服务质量的重要部分。无线传感器网络的计算资源和存储资源都十分有限，而且通常数据传输量并不是很大。

5）应用层包括一系列基于监测任务的应用软件。

6）能量管理平台管理传感器节点的能源使用——在各个协议层都需要考虑节省能量。

7）移动管理平台检测并注册传感器节点的移动，维护到汇聚节点的路由，使得传感器节点能够动态跟踪其邻居的位置。

8）任务管理平台在一个给定的区域内平衡和调度监测任务。

与互联网协议框架类似，无线传感器网络的协议框架也包含了五层，试将各层的功能填写在表 4-7 中。

表 4-7　无线传感器网络的协议框架及其功能

| 协议框架各层 | 功能概述 |
|---|---|
| 物理层协议 | |
| 数据链路层协议 | |
| 网络路由层协议 | |
| 传输控制层协议 | |
| 应用层协议 | |

### 活动 4　无线传感器网络的中间件技术

中间件是介于操作系统（包括底层通信协议）和各种分布式应用程序之间的一个软件层。其主要作用是建立分布式软件模块之间互操作的机制，屏蔽底层分布式环境的复杂性和异构性，为处于上层的应用软件提供运行与开发环境。

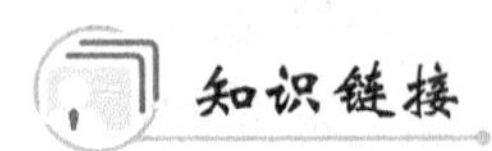


一个完整的无线传感器网络中间件软件应当包含一个运行时环境，以支持和协调多个应用，同时还将提供一系列标准化系统服务（如数据管理、数据融合）、应用目标自适应控制等，以延长无线传感器网络的生命周期。无线传感器网络中间件在其整个系统中的位置如图 4-16

所示。从图 4-16 中可以看出，中间件软件位于底层硬件平台、操作系统与上层应用之间，为下层提供不同类型的适配接口，并提供面向上层应用的开发接口。

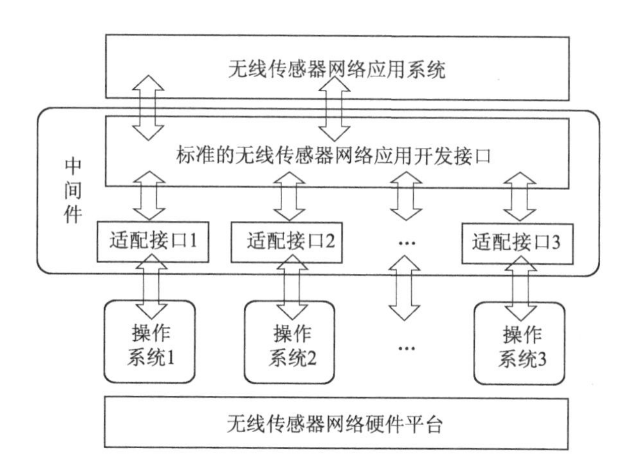


图 4-16　中间件在无线传感器网络系统结构中的位置

围绕无线传感器网络在信息交互、任务分解、节点协同、数据处理和异构抽象等方面的设计目标，目前提出了众多不同的无线传感器网络中间件设计方法，主要可分为以下几类。

（1）基于虚拟机的无线传感器网络中间件

此类中间件一般由虚拟机、解释器和代理组成，提供虚拟机环境以简化应用的开发和部署。

（2）基于数据库的无线传感器网络中间件

在此类中间件中，整个无线传感器网络被看作一个虚拟的数据库系统，为用户的查询提供简单的接口。

（3）基于应用驱动的无线传感器网络中间件

此类中间件主要由应用来决定网络协议栈的结构，允许用户根据应用需求调整网络，其典型代表为 MILAN 中间件，在接收到应用需求的描述后，将以最大化生命期为目标，优化网络部署和配置，支持网络扩展。

（4）面向消息的无线传感器网络中间件

此类中间件主要采用异步模式和生产者/消费者模式，采用发布/订阅模式，以提高网络数据交换率，同时提供路由服务和聚合服务，故能量利用率较高。

（5）基于移动代理的无线传感器网络中间件

此类中间件提供抽象的计算任务给上层应用，尽可能使应用模块化，以便可以更容易地进行代码传输。

根据以上分析，将现有的无线传感器网络中间件进行如下对比后，完成表 4-8 的填写。

表 4-8　几种典型的无线传感器网络中间件比较

| 中间件 | 能耗 | QoS 支持 | 可扩展性 | 可靠性 | 可适应性 |
|---|---|---|---|---|---|
| TinyDB | 较低 | 不支持 | 不支持 | 一般 | 较好 |
| Cougar | | | | | |
| Mate | | | | | |
| Milan | | | | | |
| Agilla | | | | | |
| DisWare | | | | | |

### 活动 5　无线传感器网络的安全问题

足够的安全性是传感器网络某些类型的应用得以实现的前提，由于传感器网络一般配置在恶劣环境、无人区域或敌方阵地中，加之无线网络本身固有的脆弱性，因此传感器网络安全引起了人们的极大关注。传感器网络的许多应用（如军事目标的监测和跟踪等）在很大程度上取决于网络的安全运行，一旦传感器网络受到攻击或破坏，将可能导致灾难性的后果。如何在节点计算速度、电源能量、通信能力和存储空间非常有限的情况下，通过设计安全机制，提供机密性保护和身份认证功能，防止各种恶意攻击，为传感器网络创造一个相对安全的工作环境，是一个关系到传感器网络能否真正走向实用的关键性问题，如图 4-17 所示。

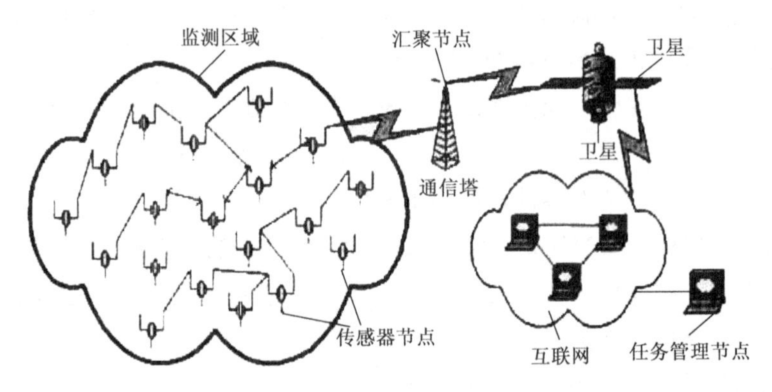


图 4-17　无线传感器的网络安全问题

#### 知识链接

1．物理层的攻击与防御

（1）拥塞攻击

攻击节点通过在传感器网络工作频段上不断发送无用信号，使攻击节点内的传感器节点都不能正常工作。拥塞攻击对单频点无线通信网络非常有效，对于单频点的拥塞攻击，可使用宽频和跳频方法来防御；对于全频段持续拥塞攻击，转换通信模式是唯一能够使用的方法，光通信和红外线通信则是有效的备选方法。

（2）物理篡改

敌方可以捕获节点，获取加密密钥等敏感信息，从而可以不受限制地访问上层的信息。针对无法避免的物理破坏，可以采用的防御措施有：增加物理损害感知机制，节点在感知到被破坏后，可以销毁敏感数据、脱离网络、修改安全处理程序等，从而保护网络其他部分免受安全威胁；对敏感信息进行加密存储，并严密保护通信加密密钥、认证密钥和各种安全启动密钥。

2．链路层的攻击与防御

（1）碰撞攻击

无线网络环境中，如果两个设备同时进行发送，那么它们的输出信号会因为相互叠加而不能被分离出来。任何数据包只要有一个字节的数据在传输过程中发生了冲突，整个数据包就都会被丢弃。这种冲突在链路层协议中称为碰撞。对于碰撞攻击，可以采用纠错编码、信道监听和重传机制来防御。

（2）耗尽攻击

耗尽攻击指利用协议漏洞，通过持续通信的方式使节点能量资源耗尽。如利用链路层的错包重传机制，使节点不断重发上一数据包，耗尽节点资源。应对耗尽攻击的一种方法是限制网络发送速度，使节点自动抛弃那些多余的数据请求，但是这样会降低网络效率。另外一种方法就是在协议实现时，制订一些执行策略，对过度频繁的请求不予理睬，或者对同一个数据包的重传次数进行限制，以避免恶意节点无休止干扰导致的能源耗尽。

（3）非公平竞争

如果网络数据包在通信机制上存在优先级控制，那么恶意节点或者被俘节点可能被用来不断地在网络上发送高优先级的数据包占据信道，导致其他节点在通信过程中处于劣势。这是一种弱 DoS 攻击方式，需要敌方完全了解传感器网络的 MAC 层协议机制，并利用 MAC 层协议来进行干扰性攻击。一种缓解攻击的方案是采用短包策略，即在 MAC 层中不允许使用过长的数据包，以缩短每包占用信道的时间。另外，可以不采用优先级策略，而采用竞争或时分复用方式实现数据传输。

3．网络层的攻击与防御

传感器网络中的每个节点既是终端节点，也是路由节点，两个节点之间的通信往往要经过很多跳数，这样就给敌方更多的机会来破坏数据包的正常传输，因此更易受到攻击。

传输层和应用层的安全问题往往和具体系统密切相关，在此不再详述。

4．传感器网络路由层面临的安全威胁

根据攻击能力的不同，可以将攻击者分为两类：尘埃级（mote.class）的攻击和膝上计算机级（1aptop.class）的攻击，尘埃级的攻击者能力与 Sensor 节点类似，而膝上计算机级的攻击者通常具有更强的电池能量、CPU 计算能力、精良的无线信号发送设备和天线。

5．针对路由层各种威胁的解决方案

针对路由层的大部分外部攻击，可以通过使用全局共享密钥的链路层加密和认证机制来防御。对数据包加密，攻击者由于不知道密钥，无法伪造欺骗数据包，同样不能解密也就无法篡改数据包。或者通过对数据包散列进行完整性保护，也可以防止攻击者破坏数据包。通过在加密的数据包里添加时间戳，可以防止对以前数据包的重放。在数据链路层应用全局共享密钥的方法对数据包加密。

6．应用层各种威胁的解决方案

无线传感器网络的应用十分广泛，就安全来说，应用层的研究主要集中在为整个无线传感器网络提供安全支持的研究，也就是密钥管理和安全组播的研究。

**温馨提示**

目前，无线传感器网络中的密钥管理和安全组播的研究才刚刚开始，现有的机制和协议还不成熟，能够满足资源限制、具有良好伸缩性的密钥管理协议和安全组播机制仍然是无线传感器网络安全研究的热点。

**大家做**

根据所学，将你所了解的无线传感器网络各协议层安全问题的解决方案填写在表4-9中。

**表4-9　无线传感器网络物联网各协议层安全问题的解决方案**

| 各协议层 | 安全问题的解决方案 |
|---|---|
| 物理层协议 | |
| 数据链路层协议 | |
| 网络路由层协议 | |
| 传输控制层协议 | |
| 应用层协议 | |

**活动6　无线传感器网络的应用典型案例**

**知识链接**

1．军事领域

由于无线传感器网络具有密集型、随机分布的特点，使其非常适合应用于恶劣的战场环境中，包括侦察敌情、监控兵力、装备和物资，判断生物化学攻击等。

**实例4-1：**美国国防部远景计划研究局已投资几千万美元帮助大学进行“智能尘埃”式传感器技术的研发。麻省理工学院技术评论则将其列为改变世界的10大技术之一。无线传感器网络可以实时监测、感知、采集和传递战场环境内的各种信息，协助实现有效的战场态势感知，为作战指挥员提供战场情报服务。世界军事强国纷纷开展无线传感器网络的军事应用研究。

在现阶段软件、硬件、通信、传感器等技术的基础上，以上系统已得到成功的应用。

**实例 4-2**：2005 年，美国军方成功测试了由美国 Crossbow 产品组建的枪声定位系统（见图 4-18）。节点被安置在建筑物周围，能够有效地按照一定的程序组建成网络进行突发事件（如枪声、爆炸源等）的检测，为救护、反恐提供有力手段。

**实例4-3**：美国科学应用国际公司采用无线传感器网络构筑了一个电子周边防御系统，为美国军方提供军事防御和情报信息。在这个系统中，采用多枚微型磁力计传感器节点来探测某人是否携带枪支以及是否有车辆驶来；同时，利用声传感器，该系统还可以监视车辆或者移动的人群。

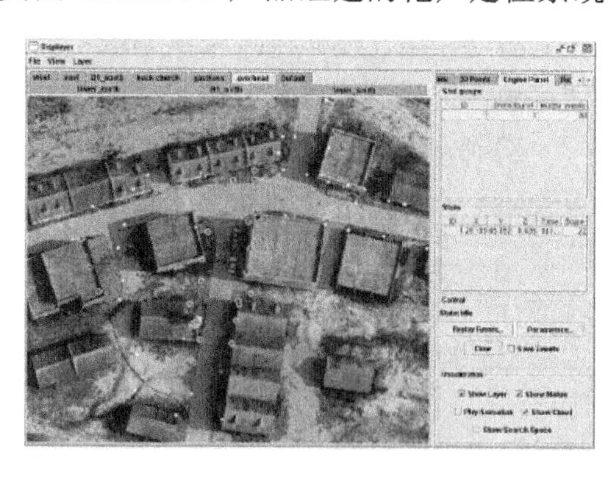

图 4-18　美国军方成功测试的枪声定位系统

2．环境科学

**实例4-4**：2010 年，无锡建成了 86 个水质自动监测站，通过无线传输实时数据，全天候自动监测太湖，并结合陆上屏控及环境卫星遥感，形成太湖水域“三位一体”监测体系，相对于以往主要依靠人工巡视取样的监测方式，传感技术监控省时、省力、成效更高。

**实例4-5**：上海交通大学自动化系基于气体污染源浓度衰减模型开发了气体源预估定位系统。同样，该项技术也可推广到放射性元素、化学元素等的跟踪定位中。

**实例4-6**：2005 年，澳大利亚的科学家利用无线传感器网络来探测北澳大利亚蟾蜍的分布情况，如图 4-19 所示。由于蟾蜍的叫声响亮而独特，因此利用声音作为检测特征非常有效。科研人员将采集到的信号在节点上就地处理，然后将处理后的少量结果数据发回控制中心。通过处理，就可以大致了解蟾蜍的分布、栖息情况。

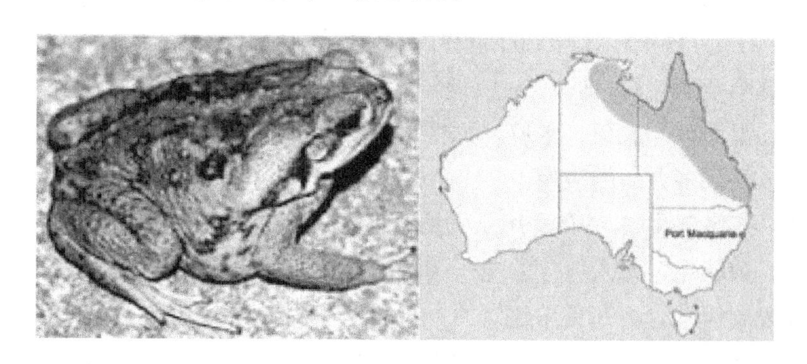

图4-19　利用无线传感器网络检测北澳大利亚蟾蜍的分布情况

**实例4-7**：美国 ALERT 系统利用多种传感器来监测降雨量、河水水位和土壤水分，并依此预测山洪暴发的可能性。

3．农业领域

**实例4-8**：据大江网理财频道报道，2011 年 4 月 12 日的《昆仑海岸为智慧农业插上金翅膀》一文，又一次证实了我国无线传感器网络的应用前进步伐。昆仑海岸公司在短程无线通信标准、芯片和产品技术领域的积累，独立研发了能够支持大规模自组织、自维护无线传感器网络的系统，并以此技术为基础开发了具有自主独立知识产权的智能温室无线温湿度采集系统，能够提供全天候、无人看守、免维护且不依赖电源的无线温湿度采集服务。

**实例4-9**：Digital Sun 公司开发的自动洒水系统 S.Sense Wireless Sensor 已受到国际上多家媒体的报道。它使用无线传感器感应土壤的水分，并在必要时与接收器通信，控制灌溉系统的阀门打开或关闭，从而达到自动、节水灌溉的目的。其原理模型如图4-20所示。

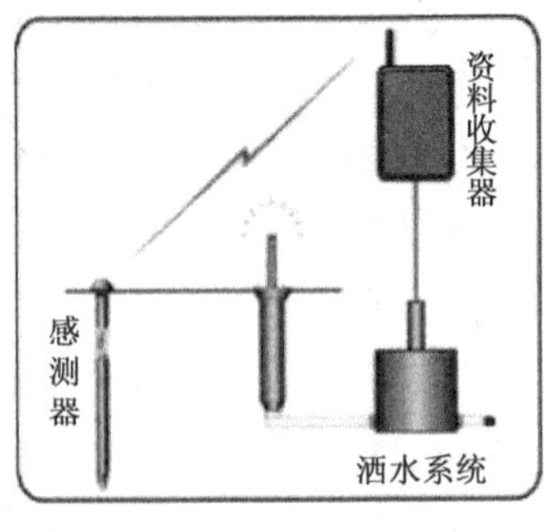


图 4-20 Digital Sun公司自动洒水系统的原理模型

WSN是目前研究的热点，也是有着广阔发展前景的高新技术之一。它是传感器技术、嵌入式系统技术、MEMS技术、分布式信息处理技术及无线通信技术等多学科的交叉综合，为人们提供了一种全新的获取信息、处理信息的途径。

4．道路环境领域

**实例4-10**：利用适当的传感器，例如压电式传感器、加速度传感器、超声传感器、湿度传感器等，可以有效地构建一个三维立体的防护检测网络。该系统可用于监测桥梁、高架桥、高速公路等道路环境。就许多老旧的桥梁来说，桥墩长期受到水流的冲刷，将传感器放置在桥墩底部，可用以感测桥墩结构；也可将其放置在桥梁两侧或底部，收集桥梁的温度、湿度、振动幅度、桥墩被侵蚀程度等参数，进而采取相应措施，以减少断桥所造成生命财产的损失。

5．工业领域及其他领域

**实例4-11**：在工业领域，据RFID世界网和《数位时代》2011年3月14日联合报道，研华科技无线传感网全面启动。研华科技总经理何春盛指出，WSN通过微小芯片采集宇宙大地的物理量，例如温湿度、流量、水位，再将这些物理量变成电流或电压，让计算机可读取，这样的技术可以做到多方面的应用。

**实例4-12**：在建筑领域，WSN用于世博会园区。打造“没有围墙”的平安世博园，靠的是无线、隐形、智能化、无人值守的电子围栏。不仅如此，无线传感网还串联起世博建筑、展品和生态环境的信息等。在场馆建筑的主梁、基柱等关键部位，传感器节点可进行形变监测；通过设在空调通风口及随机散布的微型传感器，可对展馆温度、湿度、二氧化碳、有毒有害气体、噪声等环境参数进行综合监测；布设在展柜、展品周边的传感器节点可用于防盗、防触碰等。除此之外，内嵌电子标签的世博门票以及拥有刷卡入园、无线支付功能的“手机门票”等，都是物联网系统的微型终端。

**实例4-13**：在家居领域，智能家居网络是指应用于家庭环境的无线传感器网络。在家庭中，部署各种传感器，例如红外传感器、烟雾传感器、RFID门磁传感器，来监测家庭的一些环境信息，这些传感器通过自组织方式就构建了智能家居网络。智能家居网关是整个家庭网络的核心，主要实现互联网、GSM 网的接入，远程控制以及实现协议转换连接家庭内部异构网络的功能。

**实例4-14：**在医疗领域，研究人员开发出基于多个加速度传感器的无线传感器网络系统，用于进行人体行为模式监测，如坐、站、躺、行走、跌倒、爬行等，如图 4-21 所示。在该系统中，将多个传感器节点安装在人体几个特征部位。系统实时地把人体因行动而产生的三维加速度信息进行提取、融合、分类，进而于监控界面显示受检测人的行为模式。

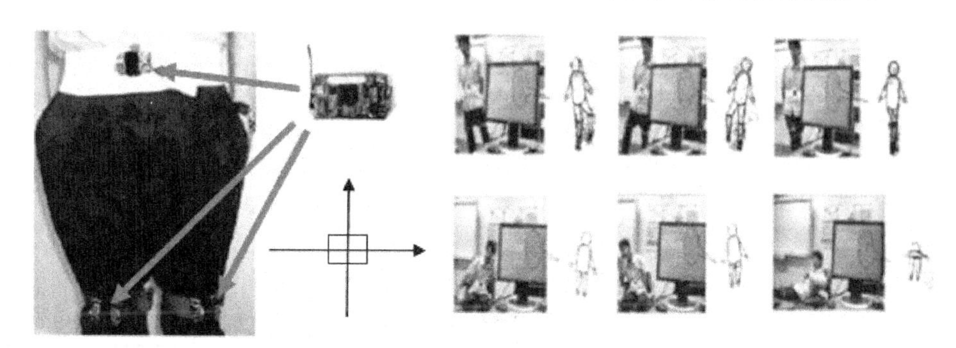

图 4-21　基于无线传感器网络技术的人体行为监测系统

## 大家做

根据前面的叙述查阅相关资料，丰富各领域无线传感器网络的应用案例，并填入表 4-10 中。

表 4-10　无线传感器网络各领域的应用

| 应用领域 | 应用案例 |
|---|---|
| 军事领域 | |
| 环境科学 | |
| 农业领域 | |
| 工业领域 | |
| 其他领域 | |

## 拓展提升

**畅想无限**

“无线传感器网络及智能信息处理”被列为信息产业的七个主题之一，利用无线传感器网络对智能家居进行组网，以无线传感器网络具备的优点解决传统智能家居中存在的诸多问题，将会使得智能家居系统实现真正的“智能”，同时也使得无线传感器网络的应用范围进一步扩大。智能家居中设备如何利用无线传感器网络进行系统组网呢？请充分运用你的智慧，发挥你的想象，尽情畅想。

## 考核评价

根据下列考核评价标准，结合前面所学内容，对本阶段学习做出客观评价，简单总结学习的收获及存在的问题，并完成表 4-11 的填写。

表 4-11　案例 2 的考核评价

| 考核内容 | 评价标准 | 评　价 |
| --- | --- | --- |
| 必备知识 | ● 掌握无线传感器网络的基本概念及体系结构<br>● 了解无线传感器网络协议及相关技术<br>● 了解无线传感器网络的安全问题及应用典型案例 | |
| 师生互动 | ● “大家来说”积极参与、主动发言<br>● “大家来做”认真思考、积极讨论，独立完成表格的填写<br>● “拓展提升”结合实际置身职场、主动参与角色模拟、换位思考发挥想象 | |
| 职业素养 | ● 具备良好的职业道德<br>● 具有计算机操作能力<br>● 具有阅读或查找相关文献资料、自我拓展学习本专业新技术、获取新知识及独立学习的能力<br>● 具有独立完成任务、解决问题的能力<br>● 具有较强的表达能力、沟通能力及组织实施能力<br>● 具备人际交流能力、公共关系处理能力和团队协作精神<br>● 具有集体荣誉感和社会责任意识 | |

# 案例 3　物联网传输的保障——无线通信技术

## 案例描述

为了方便，人们习惯用移动的方式与网络连接。无线终端通过无线移动通信网络接入物联网并能实现对目标物体识别、监控和控制等功能，此时物联网便称为“无线物联网”。

物联网是互联网的延伸和拓展，各种物体通过射频识别系统、红外感知装置等方式与互联网结合起来而形成一个巨大的智能网络，因此无线通信技术以其丰富的种类和优越的技术特点满足了“物物互联”的应用需求，逐渐成为物联网架构体系的主要支撑技术，可以说无线通信是物联网传输的有力保障。

## 案例呈现

### 活动 1　认识无线网络通信技术

无线通信（Wireless Communication）是利用电磁波信号可以在自由空间中传播的特性来

进行信息交换的一种通信方式。近些年，在信息通信领域中，发展最快、应用最广的就是无线通信技术（见图 4-22）。

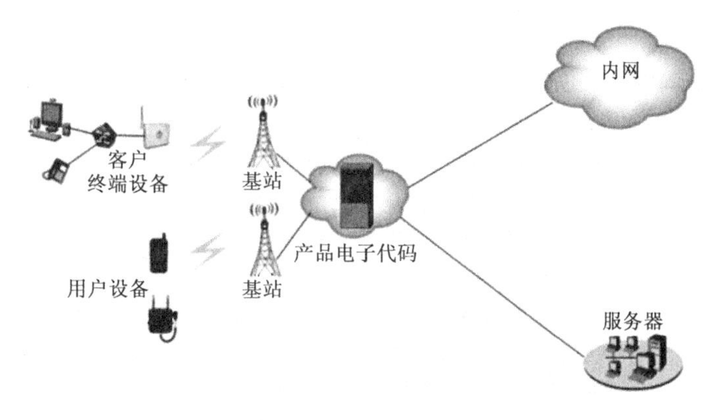


图 4-22　无线通信技术

### 知识链接

随着互联网、计算机技术、多媒体、电子技术和无线通信技术的发展，人们对信息随时随地获取和交换的需要日渐迫切，无线通信开始在人们的生活中扮演着越来越重要的角色，人们与信息网络已经密不可分。目前，低功耗、微型化是用户对无线通信产品尤其是便携产品的强烈追求，作为无线通信技术一个重要分支的短距离无线通信技术因其在技术、成本、可靠性及可实用性方面的突出优势，正逐渐引起人们越来越广泛的关注。

短距离无线通信技术的范围很广，在一般意义上，只要通信收发双方通过无线电波传输信息，并且传输距离限制在较短的范围内，通常是几十米以内，就可以称为短距离无线通信。它的技术特点在于：首先是低成本，这是短距离无线通信技术的客观要求；其次是低功耗，相对其他无线通信技术而言，由于其为近距离传输，遇大障碍物的概率也小，因此发射功率普遍较低。

随着网络及通信技术的飞速发展，人们对无线通信的需求越来越大，也出现了许多无线通信协议，利用百度网站搜索使用较广的无线通信协议。

**活动 2　蓝牙及车载电话**

蓝牙无线技术采用的是一种扩展窄带信号频谱的数字编码技术，通过编码运算增加了发送比特的数量，扩大了使用的带宽。蓝牙使用跳频方式来扩展频谱。跳频扩频使得带宽上信号的功率谱密度降低，从而大大提高了系统抗电磁干扰、抗串话干扰的能力，使得蓝牙的无线数据传输更加可靠。

## 知识链接

蓝牙的具体实施依赖于应用软件、蓝牙存储栈、硬件及天线四个部分，适用于包括任何数据、图像、声音等短距离通信的场合。蓝牙技术可以代替蜂窝电话和远端网络之间通信时所用的有线电缆，提供新的多功能耳机，从而在蜂窝电话、PC甚至随身听等设备中使用，也可用于笔记本式计算机、个人数字助理、蜂窝电话等之间的名片数据交换（见图 4-23）。协议可以固化为一个芯片，可安置在各种智能终端中。

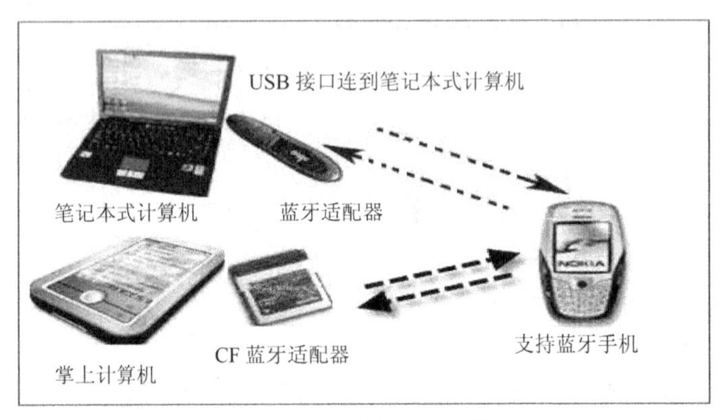


图 4-23　蓝牙技术支持无线上网

蓝牙技术提供低成本、近距离无线通信，构成固定与移动设备通信环境中的个人网络，使近距离内的各种设备实现无缝资源共享。显然，这种通信技术与传统的通信模式有着明显的区别，它的初衷是希望以相同成本和安全性实现一般电缆的功能，从而使得移动用户摆脱电缆的束缚。这决定蓝牙技术具备以下技术特性：

①全球范围适用。

②可同时传输语言和数据。

③可以建立临时性的对等连接。

④具有很好的抗干扰能力。

⑤蓝牙模块体积很小、便于集成。

⑥低功耗。

⑦开放的接口标准。

⑧成本低。

从目前蓝牙产品来看，蓝牙主要应用在手机、掌上计算机、耳机、数字照相机、数字摄像机、汽车套件等。另外，蓝牙系统还可以嵌入微波炉、洗衣机、电冰箱、空调等家用电器上。随着蓝牙技术的发展成熟，其应用也越来越广泛。

蓝牙产品涉及 PC、笔记本式计算机、移动电话等信息设备和 A/V 设备、汽车电子、家用电器和工业设备领域。蓝牙的支持者们预言说，一旦支持蓝牙的芯片变得非常便宜，蓝牙将置身于几乎所有产品之中，从微波炉一直到衣服上的纽扣。

目前车载电话是蓝牙技术的一个主要应用。车载电话一般具有接打电话、收发短信、来电显示、上网、数字拨号、通信录、通话管理、设置时间和日期等功能，部分车载电话多频或双频，如摩托罗拉 8989 和摩托罗拉 M930，另外一些车载电话还带有蓝牙功能，如诺基亚 616 和诺基亚 810。

车载电话的主要应用人群为国家机关及政府部门负责人、企事业高级负责人、商务人士、需要在户外作业的人员、在偏远的郊区或山区工作的人员及特殊群体，如医疗救护、消防、公安武警、地质勘探、采矿、油田、机场、航天发射场的工作人员、户外运动爱好者等。

从配件上来说，车载电话的配件有两类：

①带手柄的车载电话，其主要配件有主机、手柄、手柄座及扬声器。

②不带手柄的车载电话（见图 4-24），其主要配件有主机、显示屏、控制按钮及扬声器。

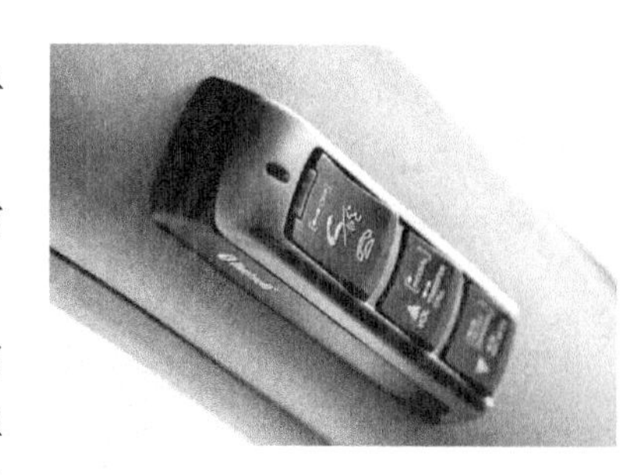

图 4-24　不带手柄的车载电话

信号强是车载电话最显著的特点。众所周知，手机的信号强度与运营商为其移动通信网络架设基站的发射功率以及手机离基站的远近密切相关。在电梯、火车、地下通道等比较封闭的地方，手机信号要穿过的障碍物增多，也会影响手机信号强度。而车载电话可以外接一根增强信号的天线，这样就基本上保证了通话的畅通无阻。此外，车载电话使用的是外置天线，外置天线放置的位置离人体至少有 1m 的距离，大大降低了辐射给人体带来的伤害。

虽然目前很多手机已带有免提功能，但音量都不完美。车载电话配有独立的大功率扬声器，也可以通过接线使对方的声音从汽车音响中传输出来，使用户得到高水准的商务级通话品质。车载电话通常都有比较大的键盘，在车上拨号时非常方便，有些车载电话还有语音拨号和语音指令的功能，可让用户以声音方式对电话进行操控，而不必再按数字键盘，保证了行车安全。

温馨提示

市场上车载通信产品主要有两种：车载电话与车载蓝牙免提电话系统（简称车载蓝牙免提）。二者的主要区别是：车载电话需要插入 SIM 卡，车载蓝牙免提电话系统则不需要，且车载蓝牙免提电话系统是利用蓝牙与手机配对后，开始进行通信。

大 家 做

滴滴出行是目前使用较广的打车软件，大部分司机都是使用车载电话进行抢单并与客户成功通信接单的，利用智能手机下载该应用软件，试着成功叫车并观察司机使用车载电话的情况。

**活动 3　WI-FI 与智能手机应用**

WI-FI 是一种可以将个人计算机、手持设备（如平板电脑、手机）等终端以无线方式互相连接的技术，事实上它是一个高频无线电信号。无线保真是一个无线网络通信技术的品牌，由 WI-FI 联盟所持有，旨在改善基于 IEEE 802.11 标准的无线网络产品之间的互通性。有人把使用 IEEE 802.11 系列协议的局域网称为“无线保真”，甚至把无线保真等同于无线网际网路（WI-FI 是 WLAN 的重要组成部分）。

知识链接

WI-FI 也是一种无线通信协议，其正式名称是 IEEE 802.11b，与蓝牙一样，同属于短距离无线通信技术。WI-FI 速率最高可达 11Mbit/s，虽然在数据安全性方面比蓝牙技术要差一些，但在电波的覆盖范围方面却略胜一筹，可达 100m 左右，不用说家庭、办公室，就是小一点的整栋大楼也可使用，如图 4-25 所示。

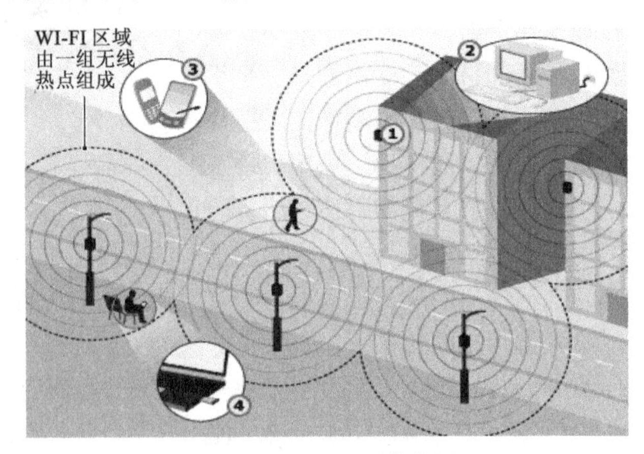


图 4-25　WI-FI无线上网

无线网络上网可以简单地理解为无线上网，几乎所有智能手机、平板电脑和笔记本式计算机都支持无线保真上网，是当今使用最广的一种无线网络传输技术。无线上网实际上就是把有线网络信号转换成无线信号，使用无线路由器供支持其技术的相关计算机、手机、平板电脑等接收。

虽然由无线保真技术传输的无线通信质量不是很好，数据安全性能比蓝牙差一些，传输质量也有待改进，但传输速度非常快，可以达到 54Mbit/s，符合个人和社会信息化的需求。无线保真最主要的优势在于不需要布线，可以不受布线条件的限制，因此非常适合移动办公用户的需要，并且由于发射信号功率低于 100mW，低于手机发射功率，因此无线保真上网相对来说也是比较安全健康的。

温馨提示

无线保真信号也是由有线网提供的，比如家里的 ADSL、小区宽带等，只要接一个无线路由器，就可以把有线信号转换成无线保真信号。国外很多发达国家城市里到处覆盖着由政府或大公司提供的无线保真信号供居民使用；我国也有许多地方实施了“无线城市”工程，使这项技术得到推广。在 4G 牌照没有发放的试点城市，许多地方使用 4G 转无线保真供市民试用。

如今的智能手机大多数都带有 WI-FI 无线上网功能（见图 4-26），使用 WI-FI 上网可以省去一笔不小的流量费用。使用计算机无线上网的用户对无线路由器比较了解，智能手机用户也要用无线路由器来连接互联网，打开智能手机的无线网络，在手机设置中找到所使用的 WI-FI 名称，输入相应的密码让手机与 WI-FI 相连，连上后就能移动上网了。

图 4-26　智能手机利用WI-FI无线上网

无线网络的覆盖范围在国内越来越广泛，高级宾馆、豪华住宅区、飞机场以及咖啡厅之类的区域都有无线保真接口。人们去旅游、办公时，就可以在这些场所使用智能手机尽情上网了。厂商只要在机场、车站、咖啡店、图书馆等人员较密集的地方设置“热点”，并通过高速线路将互联网接入上述场所。这样，由于“热点”所发射出的电波可以达到距接入点半径数十米至 100m 的地方，用户只要将支持无线保真的笔记本式计算机或手机等拿到该区域内，即可高速接入互联网。

拿出你的智能手机，试着使用附近开放的 WI-FI 信号，实现无线上网功能。

### 活动 4　近距离无线通信技术（NFC）及信息互传

近距离无线通信技术（Near Field Communication，NFC）是一种新的近距离无线通信技术，由飞利浦、索尼和诺基亚公司共同开发，其工作频率为 13.56MHz，由 13.56MHz 的射频识别（RFID）技术发展而来，它与目前广为流行的非接触智能卡 ISO 14443 所采用的频率相同，这就为所有消费类电子产品提供了一种方便的通信方式。NFC 采用幅移键控（Ampitudc Shift Keying，ASK）调制方式，其数据传输速率一般为 106kbit/s、212kbit/s 和 424kbit/s。NFC 的主要优势有距离近、带宽高、能耗低等优点，与非接触智能卡技术兼容，在门禁、公交、手机支付等领域有着广阔的应用价值。

### 知识链接

NFC是一种短距离的高频无线通信技术，允许电子设备之间进行非接触式点对点数据传输交换数据（见图4-27）。由免接触式射频识别（RFID）演变而来，与目前使用较多的蓝牙技术相比，NFC使用更加方便，成本更低，能耗更低，建立连接的速度也更快，只需0.1s。但是NFC的使用距离比蓝牙要短得多，有的只有10cm，传输速率也比蓝牙低许多。

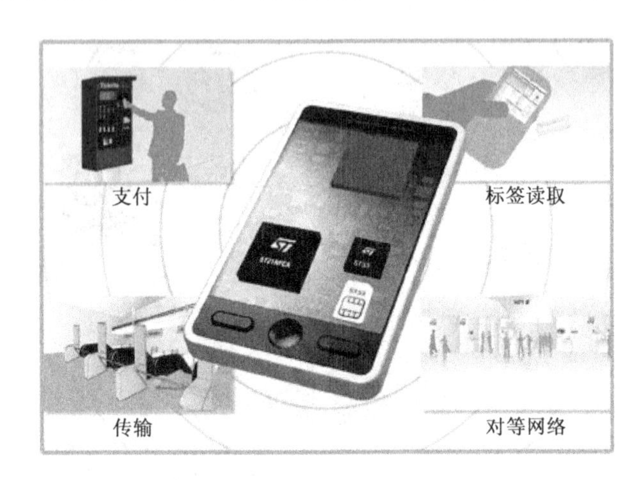


图 4-27　近距离无线通信技术

NFC的应用情境基本可以分为以下五类：

1）接触-通过。主要应用在会议入场、交通关卡、门禁控制、赛事门票等方面。

2）接触-确认/支付。主要应用在手机钱包、移动和公交付费等方面。

3）接触-连接。这种应用可以实现两个具有NFC功能的设备，以实现数据的点对点传输。

4）接触-浏览。用户可以通过NFC手机了解和使用系统所能提供的功能和服务。

5）下载-接触。通过具有NFC功能的终端设备，使用GPRS/CDMA网络接收或下载相关信息，用于门禁或支付等方面。

NFC设备之间的极短距离接触，主动通信模式为20cm，被动通信模式为10cm，让信息能够在NFC设备之间点对点快速传递。

NFC设备支持两种通信模式：

1）主动模式。目标设备和发起通信设备都有动力，互相之间可以轮流传输信号。

2）被动模式。发起设备无线电信号，目标设备由这个信号的电磁场提供动力。目标设备通过调制电磁场回应发起设备。

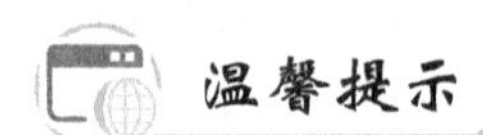


NFC手机是指带有NFC模块的手机。带有NFC模块的手机可以做很多相应的应用。2013年7月19日，中国移动北京公司与北京市市政交通一卡通有限公司签署合作协议，联合发布

“移动 NFC 手机一卡通”应用。从 7 月 22 日起，只要持有支持 NFC 功能的手机，并安装 NFC 一卡通专用 SIM 卡，在北京就可以通过手机完成公交、地铁刷卡和超市餐饮等小额支付。

NFC 通信通常在发起设备和目标设备间发生，任何的 NFC 装置都可以为发起设备或目标设备。两者之间是以交流磁场方式相互耦合，并以 ASK 方式或 FSK 方式进行载波调制，传输数字信号。发起设备产生无线射频磁场来初始化 NFCP-1 的通信（调制方案、编码、传输速度与 RF 接口的帧格式），目标设备则响应发起设备所发出的命令，并选择由发起设备所发出的或是自行产生的无线射频磁场进行通信。

### 大家做

NFC 是在 RFID 的基础上发展而来的，都是基于地理位置相近的两个物体之间的信号传输。但 NFC 与 RFID 还是有区别的。试查询有关资料，并完成表 4-12 的填写。

表 4-12　NFC 与 RFID 的区别

| 种类 | 通信功能 | 使用频段 | 有效距离 | 支持统一性 | 应用领域 |
| --- | --- | --- | --- | --- | --- |
| NFC | | | | | |
| RFID | | | | | |

#### 活动 5　红外通信技术与体感游戏

红外线传输是目前使用最广泛的一种通信和遥控手段，由于红外线遥控装置具有体积小、功耗低、功能强、成本低等特点，因此在家电遥控和控制传输中得到了普遍采用。

红外线传输作为一种无线通信技术，还可以应用于家电设备之间的数据传输方面，比如音频传输。无线红外技术最大的优点就是带宽大，甚至要超过其他几种主流无线技术，这就意味着采用红外无线技术的音频产品可以不用压缩来传输大容量的音频信号，可以满足更高码率格式的运行。

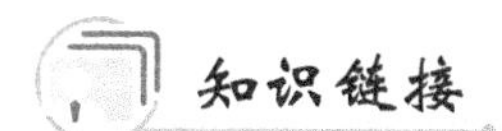


利用红外线来传输信号的通信方式称为红外线通信。红外线波长范围为 0.70μm～1mm，其中 300μm～1mm 区域的波也称为亚毫米波。大气对红外线辐射传输主要的影响是吸收和散射。

红外线通信技术利用红外线来传递数据，是无线通信技术的一种。

红外线通信技术不需要实体连线，简单、易用且实现成本较低，故广泛应用于小型移动设备互换数据和电器设备的控制中，例如笔记本式计算机、平板电脑、移动电话之间或与计算机之间进行数据交换，电视机、空调器的遥控等。

温馨提示

1）由于红外线的直射特性，红外线通信技术不适合传输障碍较多的地方，这种场合下一般选用 RF 无线通信技术或蓝牙技术。红外线通信技术多数情况下传输距离短且传输速率不高。

2）为解决多种设备之间的互连互通问题，1993 年成立了红外数据协会（Infrared Data Association，IrDA），以建立统一的红外数据通信标准。该协会于 1994 年发表了 IrDA 1.0 规范。

在红外线通信技术的支持下，体感游戏走入了人们的日常生活。2011 年后的新式体感游戏能够模拟出三维场景，玩家手握专用游戏手柄，通过自己身体的动作来控制游戏中人物的动作，能够“全身”投入游戏当中，享受到体感互动的新体验。

顾名思义，体感游戏就是用身体去感受的电子游戏。与以往单纯以手柄按键输入的操作方式不同，体感游戏是一种通过肢体动作变化来进行（操作）的新型电子游戏。

不过随着游戏规模逐渐提升，游戏惯用的控制器也随之复杂化，一直到 2006 年年底，任天堂才以 Wii 真正开启了直觉体感操控介面的风潮。Wii 采用了以遥控器为概念所设计的 Wii 遥控器（见图 4-28），外型由双手握持的主流设计摇身一变成为单手握持的棒状设计，并结合三轴加速度侦测技术来侦测玩家手部的挥舞动作，通过与红外线光学定位技术来侦测控制器前端的指向，以提供崭新的操控界面。

相较于以活用现成技术达成革新玩法的任天堂，微软在 2009 年 E3 展所发布的“诞生计画”（见图 4-29）展现了更强大的功能——透过整合动作捕捉、脸部辨识、语音辨识等多种先进技术，彻底摆脱控制器的束缚，打造出以往出现在科幻作品中的自然使用者界面。

图 4-28　Wii遥控器

图 4-29　“诞生计画”

“诞生计画”采用的USB视讯摄影机结合两组感光元件，一组可拍摄传统的2D全彩影像，另一组可拍摄崭新的3D距离影像，如图4-30所示。测距方式推测是采用时差测距法，由摄影机发出远红外线脉冲光照射被摄物体，再以感光元件侦测红外线反射回来的时间，由于反射时间与物体距离成正比，因此可以借此建构出深浅不一的灰阶距离影像。摄影机内建专属处理器，提供3D影像辨识与动作捕捉应用所需的辅助运算。除了拍摄传统的2D全彩影像之外，同时还拍摄3D距离影像，侦测被摄物体（玩家）与摄影机之间的距离，建构出立体化的影像资料，借以精确掌握玩家的身形、姿势与动作，提供以往2D影像辨识所无法达成的效果。

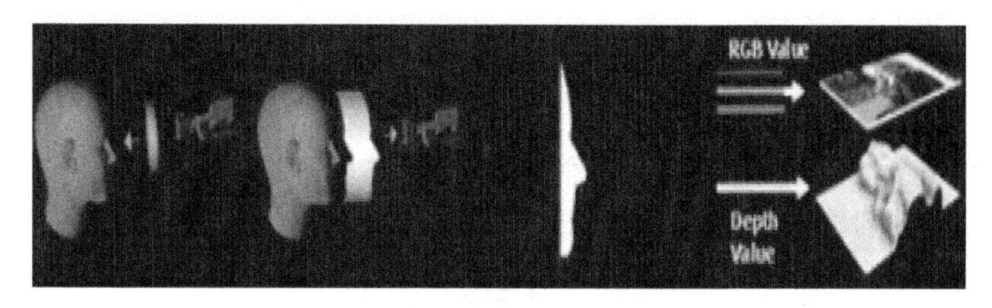


图 4-30 结合2D全彩影像与3D距离影像

3D摄影还能精确掌握玩家四肢前后的位置，只要搭配动作分析技术来追踪人体各处的关节，就能精确捕捉玩家的一举一动，并将动作反应在游戏操控上，如图4-31所示。

图 4-31 游戏体验效果

## 大家做

你玩过体感游戏吗？或者你认为你玩过的某种游戏也是基于体感游戏的范畴，现在就去体验馆尝试一下你感兴趣的体感游戏。

## 拓展提升

1．职场模拟

一项面向21世纪可以广泛应用的新兴微机电系统（MEMS）技术正悄然走入人们的生活，它让智能型产品得以开发，并得以进入很多的次级市场，为包括汽车、保健、手机、生物技术、消费性产品等各领域提供解决方案。作为智能家居产品生产的技术人员，有必要通过网络搜索了解研究 MEMS 技术。请谈一谈您对这一技术应用特色、前景的综述和展望。

2．畅想无限

无线通信技术给人们带来的影响是无可争议的。如今每一天大约有 15 万人成为新的无线通信用户，全球范围内的无线通信用户数量目前已经超过 2 亿个。他们使用无线技术的方式和他们自身的工作一样都在不断地更新。那么日益增加的无线通信用户都包括哪些人呢？请充分运用你的智慧，发挥你的想象，尽情畅想。

## 考核评价

根据下列考核评价标准，结合前面所学内容，对本阶段学习做出客观评价，简单总结学习的收获及存在的问题，并完成表 4-13 的填写。

表 4-13　案例 3 的考核评价

| 考核内容 | 评价标准 | 评　价 |
| --- | --- | --- |
| 必备知识 | ● 掌握无线通信技术的基本概念<br>● 了解物联网的无线通信技术，传输的保障<br>● 了解典型的无线通信技术及其具体应用 | |
| 师生互动 | ● “大家来说”积极参与、主动发言<br>● “大家来做”认真思考、积极讨论，独立完成表格的填写<br>● “拓展提升”结合实际置身职场、主动参与角色模拟、换位思考发挥想象 | |
| 职业素养 | ● 具备良好的职业道德<br>● 具有计算机操作能力<br>● 具有阅读或查找相关文献资料、自我拓展学习本专业新技术、获取新知识及独立学习的能力<br>● 具有独立完成任务、解决问题的能力<br>● 具有较强的表达能力、沟通能力及组织实施能力<br>● 具备人际交流能力、公共关系处理能力和团队协作精神<br>● 具有集体荣誉感和社会责任意识 | |

# 案例 4　物联网应用的体现——自动识别技术

## 案例描述

物联网时代的来临，给自动识别技术带来新的发展机遇和挑战。随着进一步的推广和应用，自动识别技术将在人们未来日常生活的各个方面都会得到具体的应用，将会发展成为未来信息社会建设的一项基础技术，具有良好的发展前景。那么自动识别技术都包括哪些呢？自动识别技术，在与计算机技术、通信技术、光电技术、互联网技术等高新技术集成的基础上，已经发展成为改变人们生活品质、提高人们工作效率、帮助人们获得便利服务的有利工具和手段。近几十年，自动识别技术得到了迅猛发展，已初步形成了一个包括条码识别、磁条磁卡识别、智能卡识别、光学字符识别、射频识别、声音识别及视觉识别等为主要代表的自动识别技术。随着自动识别技术的日趋成熟，其性能越来越稳定，作用和效果已被社会所公认。目前，自动识别技术已广泛应用于身份识别、零售、物流运输、邮政通信、电子政务、工业制造、军事、畜牧管理等各个领域，在我国物联网发展中发挥着越来越重要的作用。

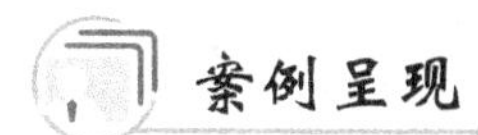

## 案例呈现

### 活动 1　感知自动识别技术

物联网中非常重要的技术就是自动识别技术，自动识别技术融合了物理世界和信息世界，是物联网区别于其他网络（如电信网、互联网）最独特的部分。自动识别技术可以对每个物品进行标识和识别，并可以将数据实时更新，是构造全球物品信息实时共享的重要组成部分，是物联网的基石。通俗来讲，自动识别技术就是能够让物品“开口说话”的一种技术。

随着人类社会步入信息时代，人们所获取和处理的信息量不断加大。传统的信息采集输入是通过人工手段录入的，不但劳动强度大，而且数据误码率高。那么怎么解决这一问题呢？答案便是以计算机和通信技术为基础的自动识别技术。

## 知识链接

自动识别技术就是应用一定的识别装置，通过被识别物品和识别装置之间的接近活动，自动地获取被识别物品的相关信息，并提供给后台的计算机处理系统，由其来完成相关后续处理的一种技术。

自动识别技术将计算机、光、电、通信和网络技术融为一体，与互联网、移动通信等技术相结合，实现了全球范围内物品的跟踪与信息的共享，从而给物体赋予智能，实现人与物体以及物体与物体之间的沟通和对话。

自动识别技术将自动采集数据，对信息自动识别，并自动输入计算机，使得人类得以对大量数据信息进行及时、准确的处理。

在现实生活中，各种各样的活动或者事件都会产生这样或者那样的数据，这些数据包括人的、物质的、财务的，也包括采购的、生产的和销售的，这些数据的采集与分析对于人们的生产或者生活决策来讲是十分重要的。如果没有这些实际工况的数据支援，生产和决策就将成为一句空话，将缺乏现实基础。

## 温馨提示

举例来说，商场的条形码扫描系统就是一种典型的自动识别技术。售货员通过扫描仪扫描商品的条码，获取商品的名称、价格，输入数量，后台 POS 系统即可计算出该批商品的价格，从而完成顾客的结算。当然，顾客也可以采用银行卡支付的形式进行支付，银行卡支付过程本身也是自动识别技术的一种应用形式。

在计算机信息处理系统中，数据的采集是信息系统的基础，这些数据通过数据系统的分析和过滤，最终成为影响人们决策的信息。

在信息系统早期，相当一部分数据的处理都是通过人工手工录入，这样，不但数据量十分庞大，劳动强度大，而且数据误码率较高，也失去了实时的意义。为了解决这些问题，人们就研究和发展了各种各样的自动识别技术，将人们从繁重的重复的但又十分不精确的手工劳动中解放出来，提高了系统信息的实时性和准确性，从而为生产的实时调整、财务的及时总结以及决策的正确制订提供参考依据。

在当前比较流行的物流研究中，基础数据的自动识别与实时采集更是物流信息系统（Logistics Management Information System，LMIS）的存在基础，因为，物流过程比其他任何环节更接近于现实的“物”，物流产生的实时数据比其他任何工况都要密集，数据量都要大。

自动识别技术是以计算机技术和通信技术的发展为基础的综合性科学技术，它是信息数据自动识读、自动输入计算机的重要方法和手段，归根到底，自动识别技术是一种高度自动化的信息或者数据采集技术。

## 大家做

自动识别技术是集计算机、光、磁、物理、机电、通信技术为一体的高新技术学科，其所包含的种类很多，试着查阅资料对各种自动识别技术比较分析，完成表 4-14 的填写。

表 4-14　各种自动识别技术的比较

| 项目 | 条形码识别 | OCR 识别 | 生物识别 | 智能卡识别 | RFID 识别 |
| --- | --- | --- | --- | --- | --- |
| 载体 | | | | | |
| 信息量 | | | | | |
| 读写方式 | | | | | |
| 读取方式 | | | | | |
| 人工识别 | | | | | |
| 智能化 | | | | | |
| 读取速度 | | | | | |
| 识别距离 | | | | | |

### 活动 2　智能卡技术与第二代身份证

智能卡（Smart Card）又称为集成电路卡，即 IC 卡。它将一个集成电路芯片镶嵌于塑料基片中，封装成卡的形式，其外形与覆盖磁片的磁卡相似（见图 4-32），广泛地应用于金融、身份证和社会保障等领域。它继承了磁卡以及其他 IC 卡的所有优点，并有极高的安全、保密及防伪能力。

图 4-32　智能IC卡

## 知识链接

根据卡片中所嵌的芯片类型不同，智能卡可以分为三类：

1）存储器卡。卡内的集成电路是电可擦可编程只读存储器（Electrically Erasable Programmable Read-Only Memory，EEPROM）。它仅具有数据存储功能，没有数据处理能力。

2）逻辑加密卡。卡内的集成电路包括加密逻辑电路和 EEPROM，加密逻辑电路在一定程度上保护着卡和卡中数据的安全。

3）CPU 卡。卡内的集成电路包括中央处理器（Central Processing Unit，CPU）、EEPROM、随机存储器（Random Access Memory，RAM）以及固化在只读存储器（Read Only Memory，ROM）中的卡内操作系统（Chip Operating System，COS）。

CPU 卡相当于一台微型计算机，只是没有显示器和键盘，因此 CPU 卡一般称为智能卡。CPU 卡中数据可分为外部读取和内部处理（不许外部读取）部分，以确保卡中数据的安全可靠。有的卡中还固化有数据加密标准（Data Encryption Standard，DES）和 RSA 等密码算法，甚至密码协处理器，在卡中就可以对数据进行加密/解密和数字签名/验证运算。

IC 卡的功能可归结为最基本的两点：

1）身份证明。例如用 IC 卡作为个人身份证卡、组织机构身份证卡、驾驶执照卡、门锁卡、仪器设备使用卡、医疗保险卡，员工考勤卡和各种优惠卡以及用于工商的企业服务卡等。

2）金融卡应用。例如，用 IC 卡作为信用卡、储蓄卡、付款卡、电子钱包、社会保障卡、交通自动交费卡、电子车票及收费卡（水、电、煤气等）。

IC 卡之所以能在如此广泛的领域应用，是因为它具有很高的安全可靠性。

我国第二代身份证具有机读功能，即对证件机读信息进行加密运算处理后存储在证件专用集成电路（芯片）内，进行有效的数字防伪，如图 4-33 所示。

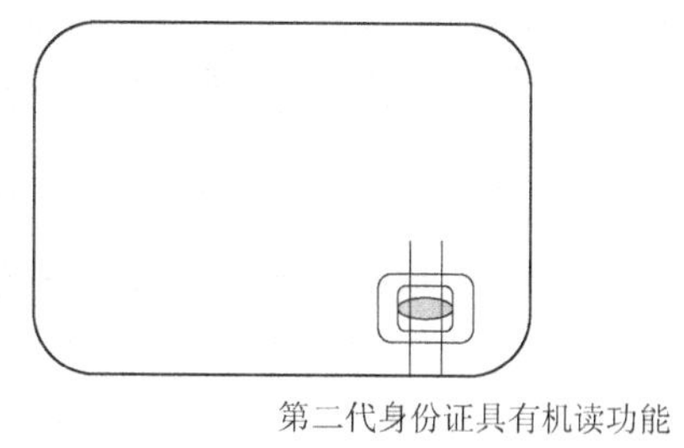


图 4-33　阅读机扫描第二代身份证

## 大家做

专用阅读机具体分为台式（见图 4-34）和手持两种。通过百度网站搜索或查阅相关资料，了解专用阅读机是如何读取存储在证件芯片内的信息的。

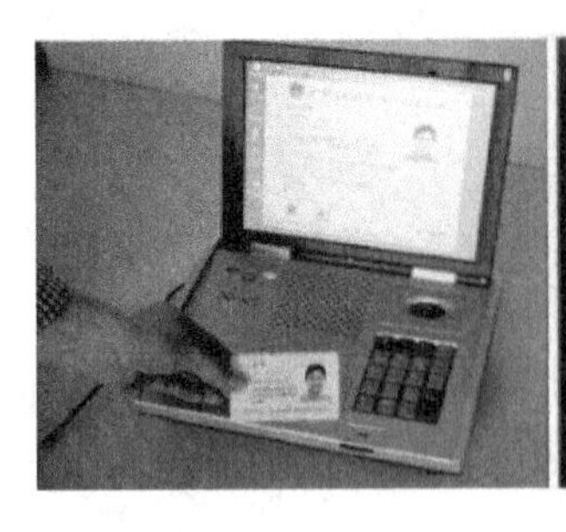

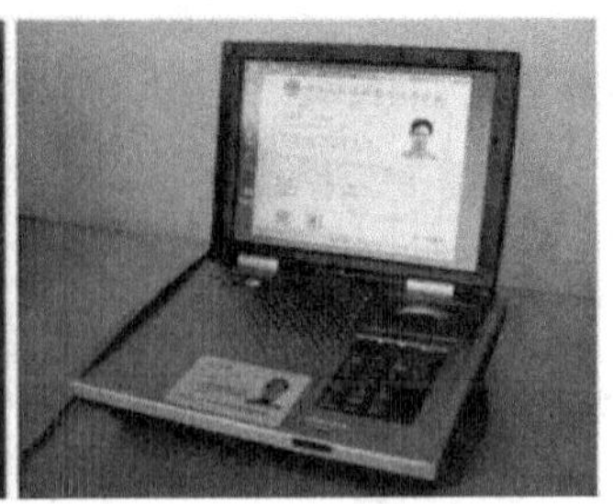

图4-34　专用阅读机读取证件

**活动 3　RFID 技术与资源管理**

从概念上来讲，射频识别（Radio Freguency IDentification，RFID）技术类似于条码扫描。对于条码技术而言，它是将已编码的条形码附着于目标物并使用专用的扫描读写器，利用光信号将信息由条形磁传送到扫描读写器；RFID 则使用专用的 RFID 读写器及专门的可附着于目标物的 RFID 标签，利用频率信号将信息由 RFID 标签传送至 RFID 读写器。

从结构上讲，RFID 是一种简单的无线系统，只有两个基本器件，该系统用于控制、检测和跟踪物体。系统由一个询问器和很多应答器组成。

**知识链接**

射频识别技术是一种无线通信技术，可以通过无线电信号识别特定目标并读写相关数据，而无需识别系统与特定目标之间建立机械或者光学接触（见图 4-35）。无线电信号是通过调成无线电频率的电磁场，把数据从附着于物品的标签传送出去，以自动辨识与追踪该物品。某些标签在识别时从识别器发出的电磁场中就可以得到能量，并不需要电池；也有的标签本身拥有电源，并可以主动发出无线电波（调成无线电频率的电磁场）。标签包含了电子存储的信息，数米之内都可以识别。与条形码不同的是，射频标签不需要处在识别器视线之内，还可以嵌入被追踪物体之内。在国内，RFID 已广泛应用于身份证、电子收费系统和物流管理等领域。

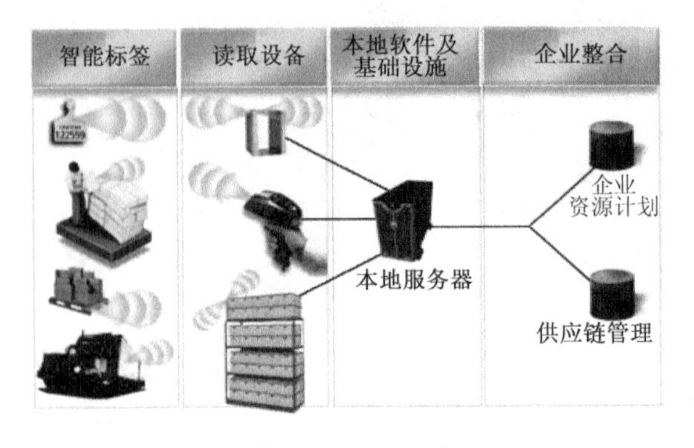


图 4-35　射频识别技术

最初在技术领域，应答器是指能够传输信息回复信息的电子模块，近些年，由于射频技术发展迅猛，应答器有了新的说法和含义，又被称为“智能标签”或“标签”。RFID 电子标签的阅读器通过天线与 RFID 电子标签进行无线通信，可以实现对标签识别码和内存数据的读出或写入操作。RFID 技术可识别高速运动物体并可同时识别多个标签，操作快捷方便。

中国物联网校企联盟认为，在未来，RFID 技术的飞速发展对于物联网领域的进步具有重要的意义。

### 温馨提示

RFID 技术是 20 世纪 90 年代开始兴起的一种自动识别技术，是一项利用射频信号通过空间耦合（交变磁场或电磁场）实现无接触信息传递，并通过所传递的信息达到识别目的的技术。

RFID 技术市场应用成熟，标签成本低廉，但 RFID 一般不具备数据采集功能，多用来进行物品的甄别和属性的存储，且在金属和液体环境下应用受限。RFID 技术属于物联网的信息采集层技术。

物联网中非常重要的技术就是 RFID 技术。以简单 RFID 系统为基础，结合已有的网络技术、数据库技术、中间件技术等，构建一个有大量联网的阅读器和无数移动的标签组成的，比互联网更为庞大的物联网成为 RFID 技术发展的趋势，如图 4-36 所示。

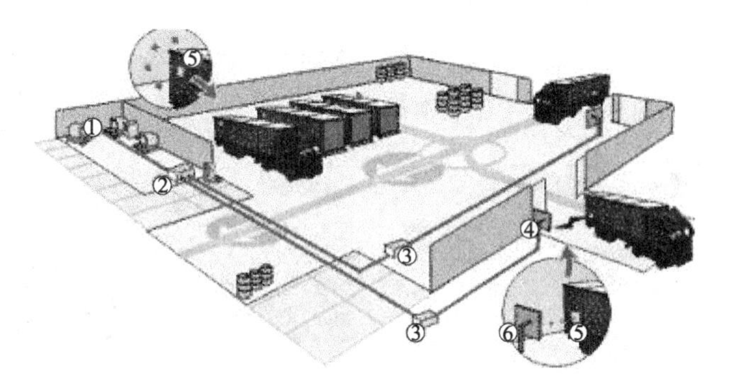

图 4-36　射频识别技术在物联网中的应用

RFID 技术具有使用简便、识别工作无须人工干预、批量远距离读取、对环境要求低、使用寿命长、数据可加密、存储信息可更改等优点，结合有效的应用管理系统，可以帮助实现种子从生产源头到最终消费者的监控。将 RFID 技术应用到资源管理中，对商品生产、存储和销售全过程进行跟踪，极大地提高了商品的可追溯性，有效提高商品知识产权的保护，提高防假冒伪劣能力，保护消费者利益。

### 大家做

RFID 作为无线通信和自动识别技术的一种完美结合，被认为是 21 世纪最有前途的 IT 技术之一。RFID 技术的发展经历了以下几个阶段，试着在互联网上搜索相应资料，并完成

表 4-15 的填写。

表 4-15　RFID 技术发展阶段

| 时　　间 | RFID 技术发展的概述 |
| --- | --- |
| 1941～1950 年 | 雷达的改进和应用催生了 RFID 技术，1948 年奠定了 RFID 技术的理论基础 |
| 1951～1960 年 | |
| 1961～1970 年 | |
| 1971～1980 年 | |
| 1981～1990 年 | |
| 1991～2000 年 | |
| 2001 年至今 | |

### 活动 4　指纹识别技术与门锁

指纹识别技术把一个人同其指纹对应起来，通过对其指纹和预先保存的指纹进行比较，就可以验证其真实身份。每个人（包括指纹在内）的皮肤纹路在图案、断点和交叉点上各不相同，也就是说，指纹是唯一的，且终生不变。根据这种生理上的唯一性和稳定性，人们才能创造指纹识别技术，如图 4-37 所示。

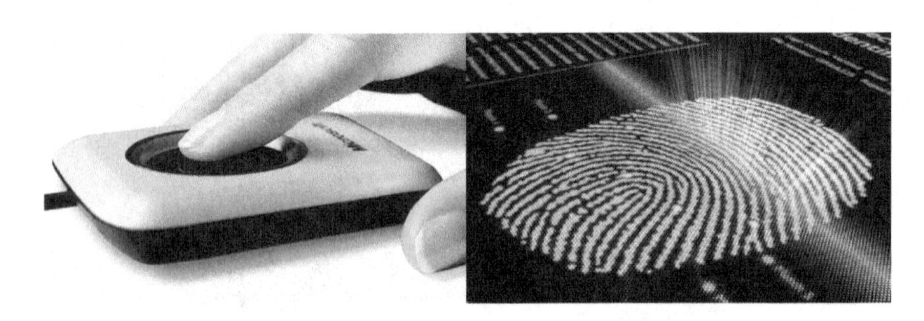

图 4-37　指纹识别技术

知识链接

指纹识别技术是把一个人（待识别者）同其指纹对应起来，利用特定的识别系统（例如安装了某种指纹识别软件、服务器的计算机）将其指纹和预先保存的指纹（数据库中保存的正确的指纹数据）进行比较，就可以验证其真实身份。

图 4-38　指纹锁

指纹锁是一种以人体指纹为识别载体和手段的智能锁具，它是计算机信息技术、电子技术、机械技术和现代五金工艺的完美结晶（见图 4-38）。指纹锁一般由电子识别与控制、机械联动系统两部分组成。指纹的唯一性和不可复制性决定了指纹锁是目前所有锁具中最为安全的锁种。除指纹识别外，根据国家规定，指纹锁应当加配应急机械钥匙。

初次使用指纹锁时，需要先将指纹数据存入锁的控制模块中。存储指纹需要经过“指纹采集”和“指纹判别”。“指纹采集”需要设计一个友好的操作序列来引导用户顺畅地采集指纹。

在“指纹判别”时，需要根据“指纹质量”给出回馈信息，以提示和帮助用户输入高质量的指纹。存储的指纹数据通常称为指纹模板，指纹模板的好坏直接影响后续指纹识别（开锁）的准确性。

在大多数场景下，使用的指纹锁都会涉及“指纹管理”的问题，即由特定的管理员来授权其他人使用该指纹锁。“指纹管理”包括指纹增加、指纹删除（单个）、指纹清除（全部），甚至包括指纹编号管理以及重复注册的识别问题。

温馨提示

指纹识别主要是根据人体指纹的纹路、断点、交叉点等生物特征信息对操作或被操作者进行身份鉴定。得益于现代电子集成制造技术和快速而可靠的算法研究，这项技术已经开始走入并且普遍流行于人们的日常生活中，在各种出入认证、机密事务操作等活动中都可以看见它的身影，不仅如此，指纹识别技术已成为目前生物检测学中研究最为深入、应用最为广泛、发展最为成熟的技术。

大家做

在安全等级要求更高的指纹锁中，可能会涉及“双指（多指）论证”，即由多个人的指纹串连验证通过才能开锁的情况。根据“指纹管理”功能的需求，请结合具体的应用场景来完成流程设计。

**活动 5　声音识别技术与电视**

智能声音识别技术（Intelligent Speech Recognition，ISR）主要是通过对监测样本的声音特征进行分析，得到该样本的声音特征文件。特别的专业数字信号处理器（Digital Signal Processor，DSP）芯片具有很强的数据处理能力，可最大限度地减少占用 CPU 资源，从而实现一台计算机同时对多个音频信号进行并行处理识别。这就彻底克服了一般语音识别算法存在占用 CPU 时间长、识别速度不够的弱点，非常适合大规模商业化应用。智能声音识别技术采用了特别的算法，能自动对输入的音频信号进行前期处理调节，从而大大提高了声音识别的正确率，经过实际测试，其识别准确率高达 98%以上，达到了国内先进水平。这也使得此项技术真正进入了实用阶段。

## 知识链接

目前，声音识别技术主要有两大类：一类是声音的相似性识别；另一类是语音的意义识别。其中第二类是通过语音识别，将语音变成文字，主要用于信息的快速输入、人工智能、人机对话等领域。而第一种声音的相似性识别，是比较两个声音的相似性，从大量的声音信息中，找出和某一个样本声音相似的部分，主要用于某一个特定声音的筛选，可广泛应用于信息检索、国家安全等领域。

根据客户的需求，在语音识别系统中主要采用声音相似性识别技术，识别广播电视节目。要进行声音的相似性识别，首先必须对音频信号进行数字化，也就是量化处理，包括样本的量化和被识别声音的量化，其次对经过量化的两个声音文件进行匹配对比，通过复杂的计算，得出匹配结果。

手机的语音助手功能从苹果 Siri 的异常火热发展到现在已经非常普及，仅需一个手机应用程序便能实现。电视的语音操作则是由近期快速发展的智能电视所引导起来的，现在许多高性能的智能电视中也已经比较常见了（见图 4-39）。

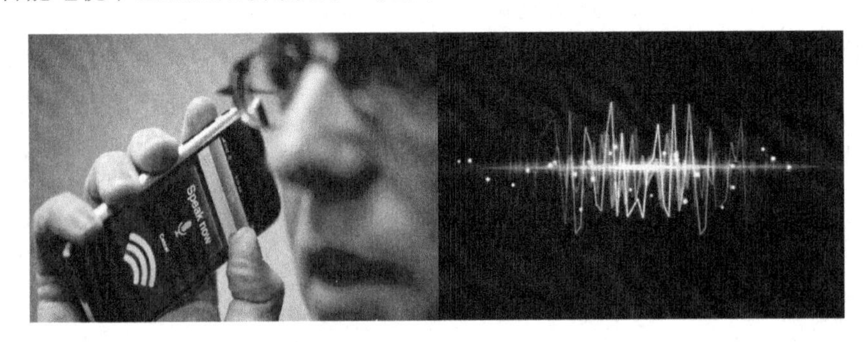


图 4-39　语音识别技术

语音控制可以用多屏互动的语音输入来实现，可以控制电视的搜索、应用程序的打开、换台等动作。超强的语音识别技术，只需要简单下达口令，即可轻松完成电视控制、咨询信息以及搜索功能（见图 4-40）。

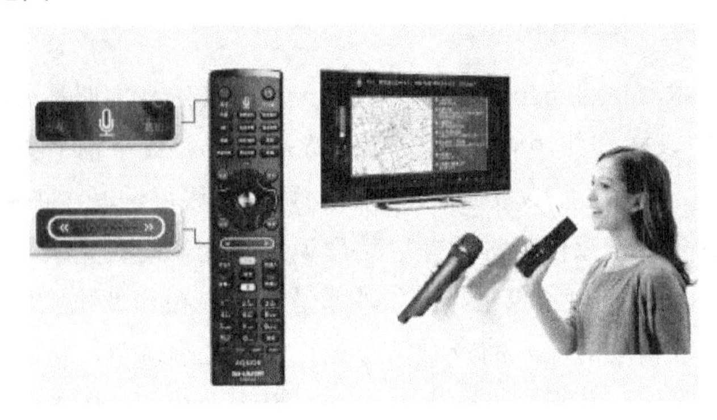

图 4-40　语音控制电视

语音控制需要电视具备强大的处理运算能力，首先需要识别声音，把口语转化为文字，再通过语音知识库来进行匹配识别。接着还需要系统自动执行相应的任务，进行音量调节、换台、切换模式等。而这直接对电视硬件配置提出了要求，一般功能强大、反应迅速的语音系统一定有一个强大的处理核心。

### 温馨提示

现在市面上的具备语音控制功能的电视，一般都是功能强大的智能电视——具备丰富的智能功能，如多屏互动、智能家居控制、智能EPG电视管家以及语音控制等。一方面，电视的强劲硬件配置能够保证丰富功能的高速运行；另一方面，这些互动功能让电视用户的使用体验更加好。

目前电视机的硬件配置已经远远超过了以前的单片机时代，ARM A9双核处理器已经成为众多网络智能电视机的基本配置，因此在电视机系统上处理一些复杂的语音识别是完全没有问题的，这就保证了将语音识别技术和电视机系统融合的技术平台的可行性。

在智能时代的背景下，电视机的智能语音控制是一个符合技术和市场发展的功能，将智能语音控制技术运用在电视机系统中，这将会使电视机的人机交互迈上一个新的台阶，让电视机真正进入智能时代。

### 大家做

1）利用智能手机的语音控制功能呼叫通信录联系人。

2）通过语音控制功能实现智能电视机的选台功能。

### 活动6 虹膜识别技术与保密

虹膜识别技术（见图4-41）是基于眼睛中的虹膜进行身份识别，可应用于安防设备（如门禁等）以及有高度保密需求的场所。人的眼睛由巩膜、虹膜、瞳孔晶状体、视网膜等部分组成。虹膜是位于黑色瞳孔和白色巩膜之间的圆环状部分，其包含有很多相互交错的斑点、细丝、冠状、条纹、隐窝等细节特征。而且虹膜在胎儿发育阶段形成后，在整个生命历程中将是保持不变的。这些特征决定了虹膜特征的唯一性，同时也决定了身份识别的唯一性。因此，可以将眼睛的虹膜特征作为每个人的身份识别对象。

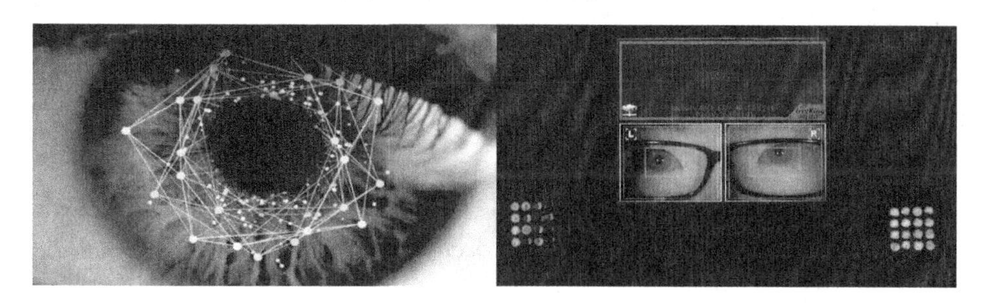

图4-41 虹膜识别技术

例如，在好莱坞大片中，通过扫描眼睛虹膜开启密室或保险箱的炫酷场景屡见不鲜。使用虹膜识别技术，可以为需要高度保密的场所提供高度安全保障。

## 知识链接

智能标签

虹膜识别是与眼睛有关的生物识别中对人产生较少干扰的技术（见图 4-42）。虹膜识别技术是人体生物识别技术的一种。随着科学技术的发展，虹膜识别控制单元的价格将逐步降低，足以满足大部分客户的需求。

图 4-42　虹膜识别

虹膜的形成由遗传基因决定，人体基因表达决定了虹膜的形态、生理特性、颜色和总的外观，是最可靠的人体生物终身身份标识。虹膜识别就是通过这种人体生物特征来识别人的身份。在包括指纹在内的所有生物特征识别技术中，虹膜识别是当前应用最为精确的一种。虹膜的高度独特性、稳定性及不可更改的特点，是虹膜可用作身份鉴别的物质基础。

虹膜识别技术被普遍认为是 21 世纪最具发展前途的生物认证技术，未来的安防、国防、电子商务等多种领域的应用，也必然会以虹膜识别技术为重点。这种趋势已经在全球各地的各种应用中逐渐开始显现出来，足以说明这项技术的市场应用前景非常广阔。

## 温馨提示

虹膜是一种在眼睛中瞳孔内的织物状各色环状物，每一个虹膜都包含一个独一无二的基于像冠、水晶体、细丝、斑点、结构、凹点、射线、皱纹和条纹等特征的结构，据称，没有任何两个虹膜是一样的。

虹膜识别就是通过对比虹膜图像特征之间的相似性来确定人们的身份。它使用相当普通的照相机元件，而且不需要用户与计算机发生接触。虹膜识别技术的过程一般来说包含四个步骤：

1）虹膜图像获取。使用特定的摄像器材对人的整个眼部进行拍摄，并将拍摄到的图像传输给虹膜识别系统的图像预处理软件。

2）图像预处理。对获取到的虹膜图像进行如下处理，使其满足提取虹膜特征的需求。

● 特征提取。采用特定的算法从虹膜图像中提取出虹膜识别所需的特征点，并对其进行编码。

● 特征匹配。将特征提取得到的特征编码与数据库中的虹膜图像特征编码逐一匹配，判断是否为相同虹膜，从而达到身份识别的目的。

虹膜识别技术以其高精确度、非接触式采集、易于使用等优点得到了迅速发展。此外，虹膜识别安全系统（以EGI为例）采用语音指导、自动聚焦、甄别搜索等方式，使用方便灵活，适用于任何民族的各种虹膜颜色，并可在夜间使用，既可用于机要通道、保密区域的分级别安全管理，机要设备的操作授权，工作人员的考勤和交接班记录；也可用于外部人员的门禁管理、身份验证和特殊人员的监控管理。同时在楼宇自动化、政府机要部门、银行证券、航空公交、购物结算、票据等方面都有广阔的应用前景。

## 大家做

虹膜识别是当前应用最为方便和精确的一种生物识别技术，那么虹膜识别的特点又有哪些呢？试通过百度搜索或查阅相关资料进行了解。

## 拓展提升

1．思考回答

在互联网日益普及、信息大爆炸的今天，人类越来越多地依赖计算机获得各种信息，传统的信息输入方式速度低又要花费大量的人力和时间，因此通过光学字符识别（Optical Character Recognition，OCR）技术实现文字信息高速、自动输入的计算机的自动识别技术越来越受欢迎。OCR作为新一代计算机智能接口的一个重要组成部分，是如何实现方便、快捷的？

2．畅想无限

比尔盖茨认为，“以人类生物特征（指纹、语音、面像识别等方式）进行身份验证的生物识别技术，在今后数年内将成为IT产业最为重要的技术革命。”而面像库是国家相比指纹等最完整的身份资料，面像识别具有更为简便、准确、经济及可扩展性良好等众多优势，请发挥你的想象，畅想面部识别技术的应用。

## 考核评价

根据下列考核评价标准，结合前面所学内容，对本阶段学习做出客观评价，简单总结学习的收获及存在的问题，并完成表4-16的填写。

表 4-16　案例 4 的考核评价

| 考核内容 | 评价标准 | 评　价 |
| --- | --- | --- |
| 必备知识 | ● 掌握自动识别技术的基本概念<br>● 了解物联网典型的自动识别技术<br>● 了解生物识别技术及其应用 | |
| 师生互动 | ● 大家来说”积极参与、主动发言<br>● “大家来做”认真思考、积极讨论，独立完成表格的填写<br>● “拓展提升”结合实际置身职场、主动参与角色模拟、换位思考发挥想象 | |
| 职业素养 | ● 具备良好的职业道德<br>● 具有计算机操作能力<br>● 具有阅读或查找相关文献资料、自我拓展学习本专业新技术、获取新知识及独立学习的能力<br>● 具有独立完成任务、解决问题的能力<br>● 具有较强的表达能力、沟通能力及组织实施能力<br>● 具备人际交流能力、公共关系处理能力和团队协作精神<br>● 具有集体荣誉感和社会责任意识 | |

# 单元小结

本单元着重介绍了物联网的主要支撑技术——传感器技术、无线传感器网络、无线网络通信技术及自动识别技术。通过本单元的学习，读者应能由浅入深地认识物联网。

无线传感器网络是实现物联网的关键，也是本单元学习的重点。了解传感器技术，能够识读智能家居常用传感器是探究物联网的前提。无线通信技术是物联网传输的保障，也是本单元学习的难点。自动识别技术是物联网应用的具体体现，可使人们感受到物联网正走进并改变人们的生活方式。

# 单元5　智能家居核心技术及工程规范案例

随着物联网、云计算等新技术的发展，早期用于智能家居的有线技术虽然具有数据传输可靠性强、传输速率高等特点，但由于体积庞大、灵活差、布线需钻墙凿洞、施工复杂、功能固定、成本相对较高，在智能家居的应用中开始显得力不从心，取而代之的将是无线通信/网络技术。无线通信/网络技术具有灵活多变、流动性佳、扩展性强等特点，更符合家庭网络通信需求，目前已成为智能家居技术发展的趋势，并将大大促进智能家居发展，让大众家居生活更加智能化。

智能家居将门窗、照明、家电、安防、影音等家居设备集成化和系统化，要求采用一定的方式将各种设备连接起来进行统一操控和管理，而无线通信/网络技术大大满足了这种需求。随着家庭控制和智能化的不断进步，无线通信/网络技术也得到了不断完善与改进。

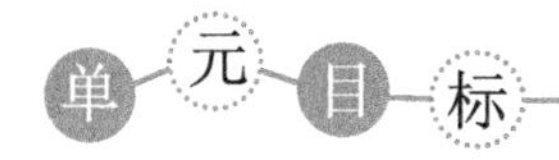


- 掌握物联网核心技术——电力载波的基本概念
- 熟悉电力载波的发展和技术特点
- 了解电力载波技术在智能家居和其他领域的应用
- 掌握物联网核心技术——无线网络技术的各种规格
- 熟悉各种无线网络技术的特点和应用领域
- 了解物联网核心技术——现场总线的概念和种类
- 提高人际交流、与人沟通的能力，培养主动参与意识
- 培养自主探究、主动学习及独立完成任务的能力
- 践行职业道德，培养岗位意识
- 树立团队精神，增强集体荣誉感和责任意识

## 案例1　智能家居核心技术——电力线载波通信技术

2008年，飓风“艾克”横扫得克萨斯州东南部，整个大休斯顿都会区的电线上到处挂着北风吹来的枝杈。就像消防员投入灭火战斗一样，工作人员脚蹬胶鞋，身披雨衣，手持手电筒，匆忙穿行于各个街道，搜索被北风吹断的电线，当时有200万家庭在黑暗中焦急地等待。

在有些地区，这种搜索工作需要持续几周，断电导致的总损失高达几十亿美元。

在地球的另一端，斯德哥尔摩正在经历高峰时段的大堵车。连接瑞典首都城市的几座桥梁成了交通瓶颈，车辆拥堵得水泄不通。排出的废气污染着空气，数以百万加仑（加仑即 us gol，1us gol≈3.79L）的燃料在浪费着，行人的安全也受到威胁。

借用信息技术行业的术语，上述情况都属于“哑巴网络问题”，说明人们并没有真正理解通勤交通或电流内在的作用原理。在原有的基础之上“让断掉的电线自己去找维修工人，让道路自己告诉车辆该走哪里”，以实现智能化的操作和应用，电力载波技术就是其中的典范。

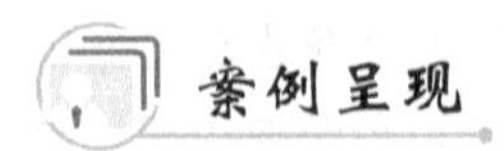


### 活动 1 电力线载波通信技术的特点

目前智能家居中的产品通过光纤、电缆等方式进行通信，成本较高，一个家庭的智能家居建设需要 5 万～6 万元，因此，在一般家庭中难以普及。而采用电力线载波通信方式后，只需要将载波芯片加入各种电器中，并在网关中加入电力线载波通信方式，而不用重新布线，因此能大幅降低成本。在成本大幅降低的条件下，电力线载波通信芯片未来可能成为家电的标准配置。

电力线载波通信（Power Line Communication，PLC）是利用高压电力线（在电力载波领域通常指 35kV 及以上电压等级）、中压电力线（指 10kV 电压等级）或低压配电线（380V/220V 用户线）作为信息传输媒介进行语音或数据传输的一种特殊通信方式。该技术的最大优势是依托电力线网络，不需要重新布线，具有施工、运行成本低等特点。电力线载波通信示意图如图 5-1 所示。

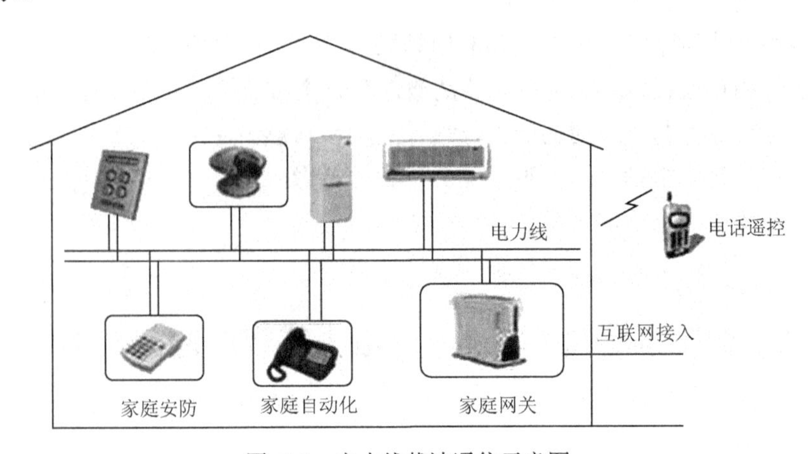


图 5-1 电力线载波通信示意图

由于不需要重新架设网络，只要有电线就能进行数据传递，因此 PLC 成了解决智能家居数据传输问题的最佳方案之一。同时因为数据仅在家庭范围中传输，所以束缚 PLC 应用的困扰将在很大程度上减弱。即便是远程对家电的控制，也能通过传统网络先连接到 PC 然后再控制家电的方式实现，PLC 调制解调模块的成本也远低于无线模块。

目前 PLC 的应用领域主要集中在家庭智能化、公用设施智能化（比如远程抄表系统、路灯远程监控系统等）以及工业智能化（比如各类设备的数据采集）。在技术上，电力线载波通信不再是点对点通信的范畴，而是突出开放式网络结构的概念，这使得每个控制节点（受控设备）组成一个网络进行集中控制，目前在电力线载波应用上具有网络协议及网络概念的企业不多，国外有 Echelon 公司的 LonWorks 网络，国内有 KaiStar（凯星电子）电力线载波远程智能控制系统以及 Raisecom（瑞斯康达）公司的瑞斯康达智能控制网络。其网络协议都是根据国际标准协议 EIA 709.1 及 EIA 709.2 编写的。

大家说

1）电力线载波技术的主要特点是什么？

2）在人们的生活中，哪些设备应用了电力载波技术的原理？

知识链接

**电力线载波通信技术的发展历程**

通过电力线载波通信方式传送信息的历史可追溯到 20 世纪 20 年代。20 世纪 50 年代，低频高压电力线通信技术已广泛用于监控、远程指示、设备保护以及语音传输等领域。20 世纪 50 年代后期至 90 年代早期的 30 多年，电力线载波通信开始应用在中压和低压电网上，其开发工作主要集中在电力线自动抄表、电网负载控制和供电管理等领域。20 世纪 90 年代后期至今，电力线载波通信开始用于互联网应用产品。

### 活动 2　电力线载波技术的发展

虽然随着时间的发展，技术问题最终都能被解决和克服，但是从目前国内宽带网建设的情况来看，留给 PLC 的时间和空间并不宽裕。据《中国电力载波通信行业市场需求与投资预测分析报告前瞻》统计，2000 年以来各大运营商大规模推出了 ADSL、光纤、无线网络等多种宽带接入业务，留给电力线上网的生存空间已经不断被其他接入方式压缩。

“电力猫”是电力线载波技术的最新应用和发展。所谓电力猫（见图 5-2），即“电力网络桥接器”，是一种把网络信号调制到电线上，利用现有的电线来解决网络布线问题的设备。作为科技催生的第三代网络传输设备，“电力猫”正在以其独特的优势风靡全球。其工作原理是利用电线传送高频信号，把载有信息的高

图 5-2　“电力猫”

频信号加载于电流上，然后利用电力传输。接收信息的电力网络桥接器再把高频信号从电流中分解出来，从而在不需要重新布线的基础上实现上网、打电话、观看 IPTV、网络摄像机、存储服务器、游戏机等多种应用。用一句简单的话来概括就是——“电线就是网络线，轻松上网不受限”。

从国内电力线载波芯片的市场应用结构来看，目前电能管理应用在市场中占据主流地位，其次为工业控制、安防监控、宽带网络等应用。未来几年在智能电网建设需求集中释放的推动下，以三相/单相载波电能表、载波抄表集中器等产品为主的电能管理市场仍将占据主要地位；但以“三表合一”、家庭防盗报警为代表的智能家居应用、井下安全保障、LED 路灯控制、精细农业、污染检测等应用为代表的工业控制应用将逐渐兴起。

家庭智能系统的兴起也给 PLC 技术的发展开辟了一个新的发展平台。在目前的家庭智能系统中，以 PC 为核心的家庭智能系统是最受人热捧的。该系统的观念就是，随着计算机的普及，可以将所有家用电器需要处理的数据都交给 PC 来完成。这样就需要在家电与 PC 间构建一个数据传送网络。目前无线网络在家庭环境中被“墙多”这一特征严重影响着传输质量，特别是在别墅和跃层式住宅中这一缺陷更加明显。如果架设专用有线网络，除了增加成本以外，在以后的日常生活中要更改家电的位置也显得十分困难和烦琐，这就给无须重新架线的电力线载波通信带来了机遇。

**“电力猫”的工作原理**

“电力猫”是利用 1.6～30Mbit/s 频带范围传输信号的。在发送时，利用 GMSK 或 OFDM 调制技术将用户数据进行调制，然后在电力线上进行传输，在接收端先经过滤波器将调制信号滤出，再经过解调就可得到原通信信号。依具体设备不同，目前可达到的通信速率为 4.5～45Mbit/s。PLC 设备分局端和调制解调器，局端负责与内部 PLC 调制解调器的通信和与外部网络的连接。在通信时，来自用户的数据经过调制解调器调制后，通过用户的配电线路传输到局端设备，由局端将信号解调出来，再转到外部的互联网。

“电力猫”是一种全新的宽带上网方式，即先将光纤上的网络信号“调制”到普通家用电源插座上，让信号在电线上传输。在电源插座上插上“电力猫”，它会将电线上的网络信号分离出来；再用网线将“电力猫”与计算机主机网卡插口相接，即可实现上网。

**大家做**

对应用电力线载波技术的“电力猫”和家庭通常所使用的“猫”（调制解调器）进行比较，从中找出“电力猫”的优点，并完成表 5-1 的填写。

表 5-1　比较电力猫与普通猫

| | "电力猫" | | | "普通猫" | | |
|---|---|---|---|---|---|---|
| 实现成本 | □高 | □低 | □不确定 | □高 | □低 | □不确定 |
| 信号 | □强 | □弱 | □不确定 | □强 | □弱 | □不确定 |
| 操作难易度 | □简单 | □一般 | □困难 | □简单 | □一般 | □困难 |
| 速率 | □快 | □一般 | □慢 | □快 | □一般 | □慢 |

### 活动 3　电力线载波通信技术在智能家居中的典型应用案例

上海外国语大学附属外国语学校（简称上外附中）是一所七年一贯寄宿制中学。学校坐落于上海东北区域，占地 22 000m$^2$，建筑总面积 22 508m$^2$。

2010 年 9 月，该校开始启动安装调试其艺术中心的智能灯光项目。艺术中心灯光设计可谓颇有特色：三色 LED 灯的搭配起到了调节气氛的作用；超大的 LED 高清显示器；出色的舞台音响；完美的调音设备，将高科技发挥得淋漓尽致，上外附中智能灯光的实际效果如图 5-3 和图 5-4 所示。整个艺术中心的常规灯光包括 LED 灯、白炽灯、节能灯等均由 PLC-BUS Ⅱ系统完成。

图 5-3　上外附中智能灯光的实际效果

图 5-4　艺术中心智能灯光的实际效果

PLC-BUS Ⅱ系统是由 PLC-BUS Ⅰ系统升级而成。PLC-BUS Ⅱ系统比 PLC-BUS Ⅰ系统信

号强度大五倍以上，接收抗噪声能力也远远优于 PLC-BUS Ⅰ 系统。单芯片红芯的大量应用，使得 PLC-BUS Ⅱ 系统已经今非昔比。PLC-BUS Ⅱ 系统不但在智能家居的家用领域一展身手，在大型会场、大型展馆以及大型的展示厅均能见到 PLC-BUS Ⅱ 的身影。

上外附中艺术中心对灯光照明系统的要求不只是满足讲座、会议、演出等方面，还要满足录像制作和学校的长久使用，所以这就要既考虑整体功能，又要考虑系统的前瞻性、可扩展性、合理性以及良好的性价比，用尽可能少的投资做出具有最先进理念的灯光系统。

上外附中艺术中心智能灯光工程中厂商依据以下原则来进行设计：一是高可靠性，灯光系统运行的安全可靠是需满足的第一要求，并且还要有良好的兼容性、开放性和前瞻性；二是灯光控制系统设备应达到功能的实用性、使用的安全性、方便性、操作的可靠性及灵活性，系统重置的简易性；三是系统的升级和扩展能力，满足以后的需求；四是充分考虑灯光系统与灯具配置的关系，考虑安全性和高效性。

上外附中艺术中心智能灯光工程中所运用到的系统功能如下：

1）集中控制和多点操作功能。在任何一个地方的终端均可控制不同地方的灯；或者是在不同地方的终端可以控制同一盏灯。使用各种方式管理灯光控制系统，触摸屏、网络、Pad、电话让用户可以使用最简便的方法随时随地控制自己房间中的设备。

2）软启功能。开灯时，灯光由暗渐渐变亮。关灯时，灯光由亮渐渐变暗，避免亮度的突然变化刺激人眼，给人眼一个缓冲，保护眼睛。此外，软启功能还能避免大电流和高温的突变对灯丝的冲击，保护灯泡，延长使用寿命。

3）灯光明暗调节功能。按住本地开关来进行光的调亮和调暗，也可以利用集中控制器或者是遥控器，只需要按键，就可以调节光的明暗亮度。

4）全开全关和记忆功能。整个照明系统的灯可以实现一键全开和一键全关的功能。

5）定时控制功能。通过日程管理模块，可以对灯光的定时开关进行定义。

6）场景设置。对于固定模式的场景，无须逐一开关灯和调光，只进行一次编程，就可以按一个键控制一组灯，这就是场景设置功能。只需一次轻触操作即可实现多路灯光场景的转换，还可以得到想要的灯光和电器的组合场景。

7）本地开关。可以按照平常的习惯直接控制本地的灯光。根据需求，开关可以任意设定所需控制的对象，比如门厅的按钮可以用来关闭所有灯。

更加可靠的 PLC-BUS Ⅱ 系统使得电力线载波作为智能家居技术不稳定的说辞成为历史。随着该项技术的发展，各智能家居商也将通过更多的应用案例不断改进产品的可靠性，不断提高产品的外观工艺，不断为广大客户提供更为丰富的智能家居产品。

### 知识链接

电力线通信总线技术（PLC-BUS）是一种高稳定性及较高性价比的双向电力线通信总线技术，它主要利用已有的电力线来实现对家用电器及办公设备的智能控制。这种电力线通信技术是由位于荷兰阿姆斯特丹市的荷兰 ATS 电力线通信有限公司研发而成。该公司致力于设计、开发和制造先进的电力线载波灯光控制技术，并因此技术的革新获得了多项专利。

ATS 电力线通信有限公司推出了一整套基于 PLC-BUS 技术的智能灯光控制系统，它重新定义了家庭内部高可靠、低成本智能灯光控制的新标准，此项技术拥有超强的系统稳定性和可靠性，为商业住宅提供了更为经济的智能化控制解决方案。PLC-BUS 技术的解决方案涵盖了灯光控制、电器控制、网络与电器设备间的通信等多个应用领域。

请设想在本案例中，还可以通过电力线载波通信技术实现哪些关于智能灯光控制方面的功能，请填写在表 5-2 中，并简要给出理由。

表 5-2　智能灯光控制补充方案

| 所需添加功能 | 理　　由 |
| --- | --- |
| | |
| | |
| | |
| | |
| | |

### 活动 4　电力线载波通信技术的其他应用领域

1．远程自动抄表系统

远程自动抄表（Automatic Meter Reading，AMR）系统是智能控制网的重要应用之一。它可以使电力供应商在提高服务质量的同时降低管理成本，并让用户有机会充分利用各种用电计划（如分时电价）来节省开支和享受多种便利。远程自动抄表系统的功能特点见表 5-3。

表 5-3　远程抄表系统的功能特点

| 远程自动抄表 | 根据电网负载的峰谷时段分段电价 |
| --- | --- |
| 远程控制电表拉合闸 | 分时段抄表及计费 |
| 实时查询用户用电量 | 控制非法窃电行为 |
| 电表用量组抄或个别选择抄读 | 减少人力成本及管理成本 |
| 可与收费系统联为一体 | 自动保存抄读的历史数据 |
| 统计电表数据，分析用电规律 | 估计线损和由电表计量误差引起的自损 |
| 配电系统评估 | 供电服务质量检测和负荷管理 |

2．远程路灯监控系统

远程路灯监控系统利用电力线载波技术通过已有电力线将路灯照明系统连成智能照明系统。此系统能在保证道路安全的同时节省电能，并能延长灯具寿命以及降低运行维护成本。远程路灯监控系统的功能特点见表 5-4。

表 5-4　远程路灯监控系统功能特点

| 24h 自动监控 | 照明系统节能控制 |
| --- | --- |
| 通信终端硬件结构图监控范围可达数千米 | 各类故障或异常情况报警 |
| 加入自动路由功能后，监控范围成倍增加 | 多种报警方式供用户选择 |
| 单灯状态检测：电压、电流、开关、温度等 | 远程报警信息送至控制中心或值勤人员手机 |
| 单灯故障状态自动上报 | 可与 110 等紧急呼救系统联网 |

3．电梯实现远程呼梯

电力线载波系统：可实现户内智能呼梯、访客智能派梯功能。

户内智能呼梯：业主出门时，按家中的“智能呼梯”按钮，电梯自动向业主所住楼层停靠，业主出门乘梯，从而有效减少业主候梯时间。

访客智能派梯：访客来访，业主应答并为访客开放单元门后，按“智能派梯”按钮，电梯自动向一层停靠，同时，业主所住楼层按键解锁，访客进入电梯后，可直接按键前往业主所住楼层（其他楼层无权限）。

电力线载波系统的特点：此系统采用电力线载波通信方式，利用了大楼内的原有电源线，无须重新布线，且安装使用简单，只需将智能模块插在电源插座上即可，业主可根据自身需求方便选配，无须整体投资，从而降低大楼的整体投资成本。

## 温馨提示

电力线载波的应用领域非常广泛，本书只介绍了其中较常见、典型的一部分应用领域。

## 拓展提升

1．职场模拟

某物联公司技术人员小李接待了一个客户，该客户想以尽量少的钱将原来的厂房相关基础设备改为自动化控制。如果你是小李，请向顾客介绍基于电力线载波技术下的智能控制系统，并结合本案例所学知识进行简单介绍，设计要合理。

2．举一反三

请通过观察身边事物或上网查询等方式，进一步了解电力线载波技术，并列举出至少三个相关应用。

## 考核评价

根据下列考核评价标准，结合前面所学内容，对本阶段学习做出客观评价，简单总结学习的收获及存在的问题，并完成表 5-5 的填写。

表 5-5　案例 1 的考核评价

| 考核内容 | 评价标准 | 评　价 |
|---|---|---|
| 必备知识 | ● 电力线载波的概念<br>● 了解电力线载波的体系结构、特点和关键技术<br>● 了解电力线载波技术的应用领域 | |
| 师生互动 | ● “大家来说”积极参与、主动发言<br>● “大家来做”认真思考、积极讨论，独立完成表格的填写<br>● “拓展提升”结合实际置身职场、主动参与角色模拟、换位思考发挥想象 | |
| 职业素养 | ● 具备良好的职业道德<br>● 具有计算机操作能力<br>● 具有阅读或查找相关文献资料、自我拓展学习本专业新技术、获取新知识及独立学习的能力<br>● 具有独立完成任务、解决问题的能力<br>● 具有较强的表达能力、沟通能力及组织实施能力<br>● 具备人际交流能力、公共关系处理能力和团队协作精神<br>● 具有集体荣誉感和社会责任意识 | |

## 案例 2　智能家居核心无线技术——无线网络技术

### 案例描述

有线网络连接在空间上有一定局限性，那么，如何将各种移动设备稳地接入网络呢？无线网络技术在其中起到了至关重要的作用，它消除了有线网络对接入设备的位置限制，同时也节省了相应的光纤、电缆等有线信号传输设施的成本。这就意味着物联网要做到世界上任何物体皆有址可循，大到油轮、火车、飞机，小到温度、湿度、压力传感器、微处理器、微控制器都将被连成一个整体。物联网将物理世界和信息世界归一化，从信息的收集到决策的制订和执行要一体化。因此更高速、更可靠、更廉价及更普及的点对点互联的信息传输手段是物联网所必需的。

### 案例呈现

#### 活动 1　智能家居常用的无线网络技术

用于智能家居的无线网络系统需要满足低功耗、稳定、易于扩展并网等特性，如图 5-5 所示。至于传输速度，显然不是此类应用的重点。

目前市面上几种常见的智能家居无线通信方式有 ZigBee、WI-FI 和蓝牙三种。

1）ZigBee。ZigBee 的基础是 IEEE 802.15。但 IEEE 仅处理低级 MAC 层和物理层协议，因此 ZigBee 联盟扩展了 IEEE，对其网络层协议和 API 进行了标准化。ZigBee 是一种新兴的近程、低速率、低功耗的无线网络技术，主要用于近距离无线连接，具有低复杂度、低功耗、低速率、低成本、自组网、高可靠、超视距等特点，主要适合应用于自动控制和远程控制等领域，可以嵌入各种设备。简而言之，ZigBee 就是一种便宜的、低功耗、自组网的近程无线通信技术。

图 5-5　智能家居与无线网络技术

2）WI-FI。其实就是 IEEE 802.11b 的别称，是由一个名为“无线以太网相容联盟（Wireless Ethernet Compatibility Alliance，WECA）”的组织所发布的业界术语，译为“无线相容认证”。它是一种短程无线传输技术，能够在数百米范围内支持互联网接入的无线电信号。它的最大特点就是方便人们随时随地接入互联网。但对于智能家居应用来说，其缺点却很明显——功耗高、组网专业性强。高功耗对于随时随地部署低功耗传感器是非常致命的缺陷，所以 WI-FI 虽然非常普及，但在智能家居的应用中只是起到辅助补充的作用。

3）蓝牙。作为一种电缆替代技术，蓝牙具有低成本、高速率的特点，它可以把内嵌有蓝牙芯片的计算机、手机和其他编写通信终端互联起来，为其提供语音和数字接入服务，实现信息的自动交换和处理。此外，蓝牙的使用和维护成本低于其他任何一种无线技术。图 5-6 所示即为无线网络覆盖下的智能家居。

图 5-6　无线网络覆盖下的智能家居

总的来说，无线网络主要具有以下几个优点：

1）安装简易。无须复杂的布线，用一种简易的方式实现家庭设备联网，实现“物与物”“人与物”之间的信息交互，进而轻松实现家庭设备控制智能化。

2）维护简单。由于没有复杂的布线，因此智能家居的系统维护变得非常简单，无须破坏墙面等设施就可以轻松进行维护。

3）无线自动组网。它能实现无线短距离通信传输，感知信息通过自组织联网实现信息传输，具有自动组网、自主修复的能力，免去主控机和外围设备之间的手动对码的不便，大大简化了智能家居系统的调试，使智能家居系统真正实现智能化。

4）实现双向通信功能。使安防报警等需要双向通信的模块可以通过无线网络接入智能家居系统，彻底摆脱布线的烦恼。

你使用过哪些种类的无线网络？都用来做什么？

知识链接

无线网络既包括允许用户建立远距离无线连接的全球语音和数据网络，也包括为近距离无线连接进行优化的红外线技术及射频技术，与有线网络的用途十分类似，两者最大的不同之处在于传输媒介的不同。利用无线电技术取代网线，可以和有线网络互为备份。

**活动 2 ZigBee 技术与传统家居的智能化改造**

2002 年，英国的 Invensys 公司、日本的 Mitsubishi、美国的 Motorola 公司、荷兰的 Philips 公司等联合发起成立了 ZigBee 联盟，旨在建立一个低成本、低功耗、低数据传输速率、短距离的无线网络技术标准。

简单来讲，ZigBee 是一种可靠的无线网络，类似于 CDMA 和 GSM 网络。ZigBee 的模块类似于移动网络基站。通信距离从标准的 75m 到几百米、几千米，并且支持无限扩展。

举例来说，当一队伞兵空降后，每人持有一个 ZigBee 网络模块终端，降落到地面后，只要他们彼此间在网络模块的通信范围内，通过彼此自动寻找，很快就可以形成一个互联互通的 ZigBee 网络。而且，由于人员的移动，彼此间的联络还会发生变化，因此模块还可以通过重新寻找通信对象，确定彼此间的联络，对原有网络进行刷新。这就是自组织网。

家居的智能化管理对控制的方式和方法还是有一定要求的，无线数据传输是必需的，而且需要达到低能耗、故障率低、可以随时添加或去除设备等要求，这给了 ZigBee 很大的发展空间。

ZigBee 的特点应用到智能家居的领域可谓如鱼得水。ZigBee 特点及对智能家居的帮助见表 5-6。

表 5-6 ZigBee 特点及对智能家居的帮助

| ZigBee 的特点 | 对智能家居的帮助 |
| --- | --- |
| 数据传输速率低（10～250kbit/s） | 智能家居的控制不需要大量的数据传输，无论是对外部数据的采集，还是发送指令，只需要数量有限的几个字节的数据就可以完成 |
| 功耗低：在低功耗待机模式下，两节普通 5 号电池可使用 6～24 个月 | 这个特性大大提升了智能家居控制系统的稳定性，不必担心会因电量不足而造成系统瘫痪，也使得在使用设备时更加省钱、省事、省心 |
| 成本低：ZigBee 数据传输速率低，协议简单，所以大大降低了成本 | 在整套智能家居系统中，为了实现智能合理地对大部分家用电器进行控制，需要安装几十甚至几百个模块，如果造价高，那么就势必不会被市场广泛认可 |
| 网络容量大：网络最多可容纳 65000 台设备 | 确保了智能家居整套系统的容量问题，不用担心因系统规模过大而使系统变得"臃肿" |
| 网络的自组织、自愈能力强、通信可靠 | 即使单个组件出现问题，也可以保证网络的畅通，而且可以任意添加或去除组件，提高了整个系统的稳定性，同时也节约了大量的后期维护成本 |

ZigBee 并不是用来与蓝牙或者其他已经存在的标准竞争，它的目标定位于现存的系统还不能满足其需求的特定市场，故有着广阔的应用前景。ZigBee 联盟预言在未来的四到五年，每个家庭将拥有 50 个 ZigBee 器件，最后每个家庭将达到 150 个。图 5-7 所示即为 ZigBee 网络下的各种设备。

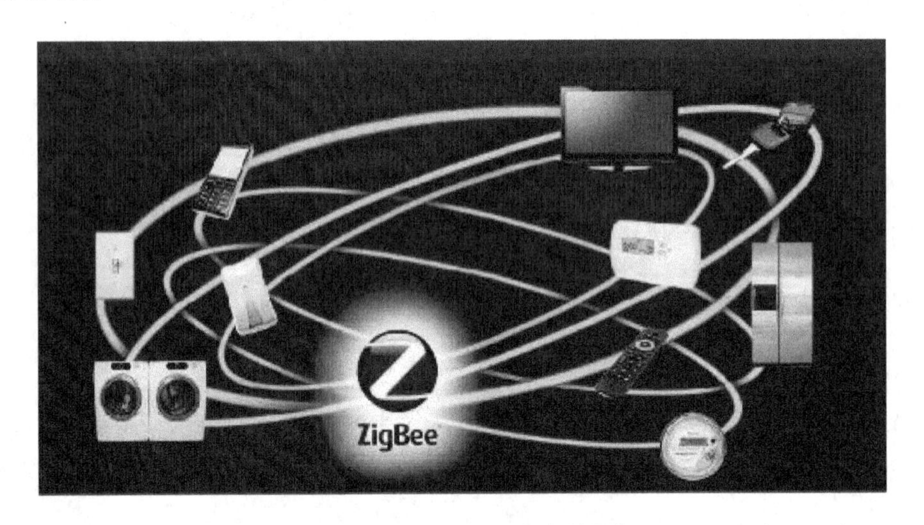


图 5-7 ZigBee网络下的各种设备

ZigBee 的主要应用领域如下：

1）家庭和楼宇网络。空调系统的温度控制、照明的自动控制、窗帘的自动控制、煤气计量控制、家用电器的远程控制等；

2）工业控制。各种监控器、传感器的自动化控制；

3）商业。智慧型标签等；

4）公共场所。烟雾探测器等；

5）农业控制。收集各种土壤信息和气候信息；

6）医疗。老人与行动不便者的紧急呼叫器和医疗传感器等。

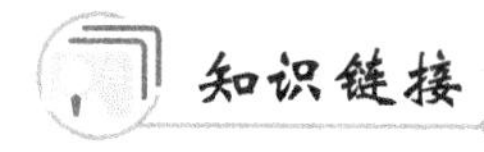

知识链接

ZigBee又名紫蜂协议，其名称来源于蜜蜂的舞蹈，由于蜜蜂（bee）是靠飞翔和“嗡嗡”（zig）地抖动翅膀的“舞蹈”来与同伴传递花粉所在方位信息，也就是说，蜜蜂依靠这样的方式构成了群体中的通信网络。蜂群里蜜蜂的数量众多，所需食物不多，与这一网络的设计初衷十分吻合，故将其命名为“ZigBee”。

大家做

通过对ZigBee的学习，大家已经对无线网络有了一定的认识，下边请举例说明它的优缺点，并完成表5-7的填写。

表5-7　ZigBee的优点和缺点

| 优　点 | 缺　点 |
| --- | --- |
| | |
| | |

### 活动3　802.11b技术与家庭网关的运用

WI-FI全称为Wireless Fidelity，又称802.11b标准，是IEEE定义的一个无线网络通信的工业标准。802.11b定义了使用直接序列扩频调制技术在2.4GHz频带实现11Mbit/s速率的无线传输，在信号较弱或有干扰的情况下，宽带可调整为5.5Mbit/s、2Mbit/s和1Mbit/s。

图5-8　WI-FI图标

WI-FI（见图5-8）是由无线访问节点（Access Point，AP）和无线网卡组成的无线网络，AP当作传统的有线局域网络与无线局域网络之间的桥梁，其工作原理相当于一个内置无线发射器的HUB或者是路由器；无线网卡则是负责接收由AP所发射信号的客户端设备。因此，任何一台装有无线网卡的PC均可透过AP分享有线局域网络甚至广域网络的资源。WI-FI的特点及说明见表5-8。

表5-8　WI-FI的特点及说明

| 较广的局域网覆盖范围 | WI-FI的覆盖半径可达100m左右，比蓝牙技术覆盖范围广，可以覆盖整栋办公大楼 |
| --- | --- |
| 传输速度快 | WI-FI技术传输速度非常快，可以达到11Mbit/s（802.11b）或者54Mbit/s（802.11a），适合高速数据传输的业务 |
| 无须布线 | WI-FI最主要的优势在于不需要布线，可以不受布线条件的限制，因此非常适合移动办公用户的需要；在机场、车站、咖啡店、图书馆等人员较密集的地方设置“热点”，并通过高速线路将互联网接入上述场所，用户只要将支持无线LAN的笔记本式计算机或PDA拿到该区域内，即可高速接入互联网 |
| 健康安全 | IEEE 802.11规定的发射功率不可超过100mW，实际发射功率约60～70mW，而手机的发射功率约200mW～1W，手持式对讲机高达5W，与后者相比，WI-FI产品的辐射更小 |

图 5-9　便捷的WI-FI

相信现在的读者九成以上都通过智能手机连接过 WI-FI，也体验了它飞快的速度。而在智能家居领域，这样一种高速的无线网络连接方式也是必不可少的——低速低能耗的 ZigBee 负责进行基本数据的传输和命令信息的下达。但是诸如监控安防系统、智能网络电视等这些需要较大网络速率的产品都是通过 WI-FI 来达到准确有效的数据传输的。

家庭网关就是它现阶段的一种主要的商品形式。如图 5-10 所示，智能家庭网络是信息时代带给人们的又一个高科技产物。它借助现有的计算机网络技术，将家庭内各种家电和设备联网，通过网络为人们提供各种丰富、多样化、个性化、方便、舒适、安全和高效的服务。家庭网络化也是整个社会信息化的一个重要部分。实现家庭内部信息与家庭外部信息的交换，无疑是家庭联网的目的所在。它的实现需要一个理想的家庭网关。

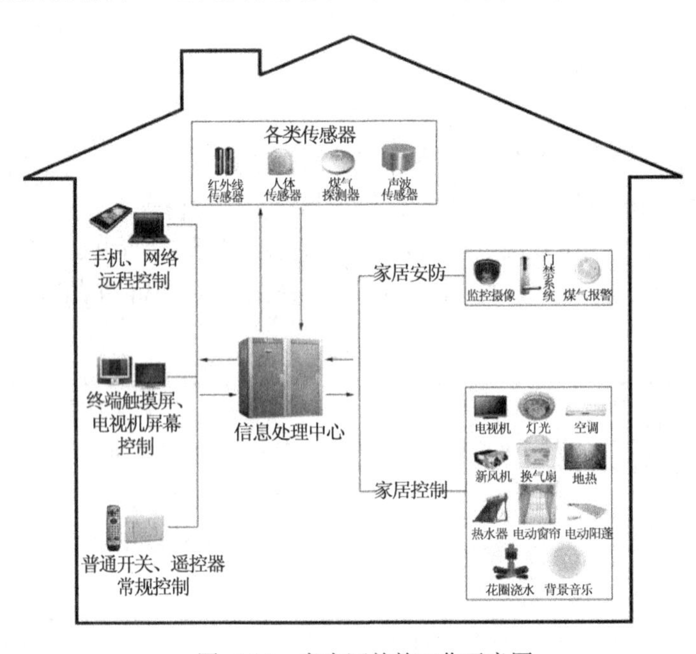


图 5-10　家庭网关的工作示意图

当前比较统一的观点是开发一个集中式网关，然而这只是期望，因为不同的外部接入网络的特点不同，不同的服务提供商有着不同的商业模式，存在不同的已有的或正在研发的网络接口设备，会涉及许多不同的技术或商业问题，所以在不远的将来会有一个单一的家庭网关解决方案出现。再者，尽管一个分布式或多个网关的方案也有许多支持者、制造商和服务提供商，但其同时也面临着集成网关方案的挑战。最终，一个整个家庭集中式网关（见图 5-11）将提供一个最有效的桥接外部网络和家庭网络或设备的解决方案。

图 5-11　小巧方便的家庭网关

家庭娱乐网关是现代家庭必备的高端客厅娱乐设备，它集影音播放、游戏、新闻资讯、卡拉 OK、生活服务、多屏互动于一体，可满足用户对高清媒体内容和互动功能的需求。除了内置的应用，家庭娱乐网关还集成了应用商店，精选了一批广受欢迎的第三方应用。依托设备强大的管理后台和持续的运营能力，家庭娱乐网关的软件将持续更新和升级，不断提升产品的新价值。家庭娱乐网关的功能介绍见表 5-9。

**表 5-9　家庭娱乐网关功能介绍**

| 频道及应用 | 功　能 |
| --- | --- |
| 200 多个网络电视直播频道 | 即使家里没有接有线电视、卫星接收设备或未购买付费类电视节目，用户依然可以收看 200 多个电视台的直播节目，其中还有部分高清台，如湖南卫视高清、深圳卫视高清等。只需轻轻一按遥控器，更多精彩的直播电视节目将立即呈现 |
| 海量高清网络视频 | 汇聚多个知名视频网站中海量高清视频，包括如电影、电视剧、综艺、动漫、旅游、学习、音乐……数以万计的网络视频，每天都有更新 |
| 定制化的电视类应用 | 应用商店拥有大量专门针对电视开发的应用程序，包括游戏、音乐、视频、购物、生活等各类应用，并对外提供开放 SDK，符合电视用户的操控习惯和用户体验的应用程序越来越多，让人们的生活更精彩 |
| 精选实用的内置应用 | 系统内置了常用的购物、游戏、音乐、视频类电视应用，还有一些贴心的生活帮手，如 iKan 天气、iKan 新闻等，是名副其实的家庭娱乐网关 |
| 多屏互动 | 用户可以轻松地通过手机、PAD 等移动终端，将视频、音乐、图片等媒体文件在电视上同时共享展示 |
| 便捷的操控体验 | 除了保留传统的遥控器操作方式之外，家庭娱乐网关还支持 2.4GHz 的无线鼠标及手机遥控等先进的控制技术 |

通过对 ZigBee 和 WI-FI 的学习，你认为哪项技术更好？为什么？

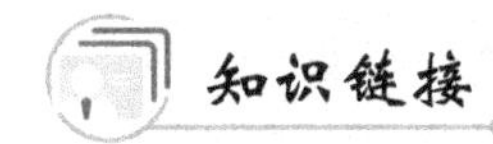

**智能电视**

之前在家电市场备受追捧的互联网电视只是普通电视机向智能电视机过渡的产物。在未来，电视机将逐渐发展成为一个开放的业务承载平台，成为用户家庭智能娱乐终端。与此同时，家电厂家正在从“硬件”赢利模式向“硬件+内容+服务”赢利模式转变，改变原来一次性销售的赢利模式，通过销售电视机，同时提供内容和服务，使电视终端具备了持续服务的赢利能力，并产生持续服务的赢利能力。在“三网融合”的大环境下，基于开放软件平台的智能电视将成为三网融合的重要载体，担当家庭多媒体信息平台的重任。

**活动 4　蓝牙技术与水表、电表、煤气表远程自动抄送的应用**

早在 1994 年，瑞典的爱立信公司便已经开始着手蓝牙技术的研究开发工作，意在通过一种短程无线连接替代已经广泛使用的有线连接。1998 年 2 月，爱立信、诺基亚、英特尔、东芝和 IBM 公司共同组建了兴趣小组。他们的共同目标是开发一种全球通用的小范围无线通信技术，即蓝牙技术（见图 5-12）。

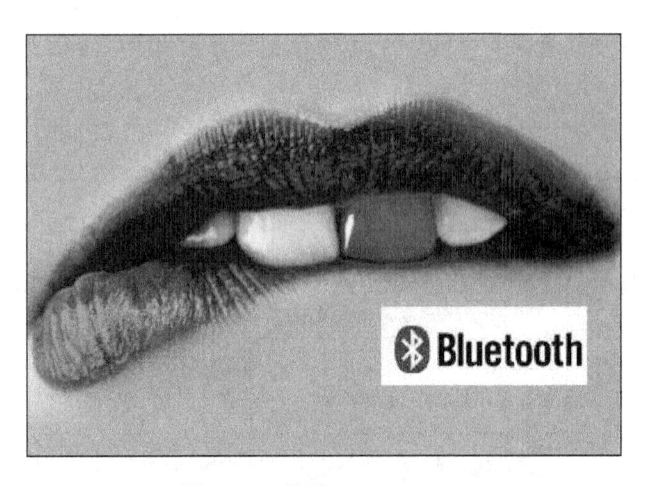


图 5-12　蓝牙（Bluetooth）

蓝牙的工作频率为 2.4GHz，有效范围大约在 10m 半径内，在此范围内，采用蓝牙技术的多台设备，如手机、计算机、打印机等能够无线互联，以约 1Mbit/s 的速率相互传递数据，并能方便地接入互联网。随着蓝牙芯片的价格和耗电量的不断降低，蓝牙已经成为手机和平板电脑的必备功能。

作为一种电缆替代技术，蓝牙具有低成本、高速率的特点，它可把内嵌有蓝牙芯片的计算机、手机和其他便携通信终端互联起来，为其提供语音和数字接入服务，实现信息的自动交换和处理，并且蓝牙的使用和维护成本低于其他任何一种无线技术。

目前蓝牙的最新版本为蓝牙 4.0，是蓝牙技术联盟（Bluetooth SIG）于 2010 年 7 月 7 日正式发布的新的技术标准。蓝牙 4.0 包括传统蓝牙技术、高速技术和低耗能技术，其与 3.0 版本最大的不同就是低功耗。4.0 版本的功耗较之前的版本降低了 90%，更省电。

蓝牙是一种点对点、短距离的通信方式，主要用在移动设备或较短距离间传输，在可移动设备中应用较广，像手机、耳机、笔记本式计算机、平板电脑等都支持蓝牙功能。除此之外，蓝牙设备体积小易于携带，所以在智能家居领域，蓝牙技术比较适合一些近距离私人使用的设备，如智能手环、智能手表、智能秤等。

相对于 WI-FI，蓝牙的劣势也很明显，如传输距离过短，安全性、抗干扰能力不够等，所以可能会降低设备的使用效率。另外，由于其传输距离较短，所以网络承载能力相对较低，因此并不适合组建庞大的家庭网络，只适合进行点对点的数据传输，适用范围上比较有局限性，况且随着智能手机的普及，只要处在 WI-FI 环境下通过 APP 即可传输文件，而且不受距离的限制，所以蓝牙使用的频率也越来越小。

随着人们手中的智能设备越来越多，WI-FI 与蓝牙这两种技术也逐渐从竞争走向融合，只是两者的适用范围有所不同。蓝牙适合设备间近距离小容量的数据传输，例如智能手环这类设备非常适合通过蓝牙来同步数据，因为手环要随身而行，而且不一定任何环境都有 WI-FI。不过，遇到一些大容量数据传输以及远距离遥控的情况，就要使用 WI-FI 了，例如，智能家居系统离不开无线连接，如图 5-13 所示。

图 5-13　智能家居系统离不开无线连接

由此，WI-FI 与蓝牙在使用场合上有着明显的不同，而且目前这两种技术也在不断地相互学习、融合。这些无线设备将形成不同组合，从而满足智能家庭生态的各种不同需求。

大家一定有过这样的经历，门外有人喊 “抄水表”“看煤气表啦”。近年来，这种从建国开始就采用的传统模式暴露出越来越多的诸如安全、效率等问题。而且入户抄表很难一次完成，甚至也不够精确。

随着国内智能化系统的日益发展和完善，在大多数的高档住宅小区中都开始安装远程抄表系统，作为现代化管理系统的重要组成部分，该系统发挥了相当重要的作用。集中式抄表管理系统将使这些问题成为历史。运用该系统后，再无须进行人工逐户抄表。所有住户表计的计量值将由中心统一抄取。抄一只表只需 1s，省时省力。系统包括了水、电、气自动抄表和家庭防煤气泄漏以及管理部门对用户用水、用电、用气进行实时通断控制等多种功能。

住宅集中式抄表管理系统（见图 5-14）可实现小区联网抄录电表、水表、纯水表和煤气表的读数，在小区的管理微机上能进行自动抄录、自动计费、状态查询，能够记录并打印历史数据，提供表数据接口，并在授权情况下进行人工修改、换表和水电气表结算。

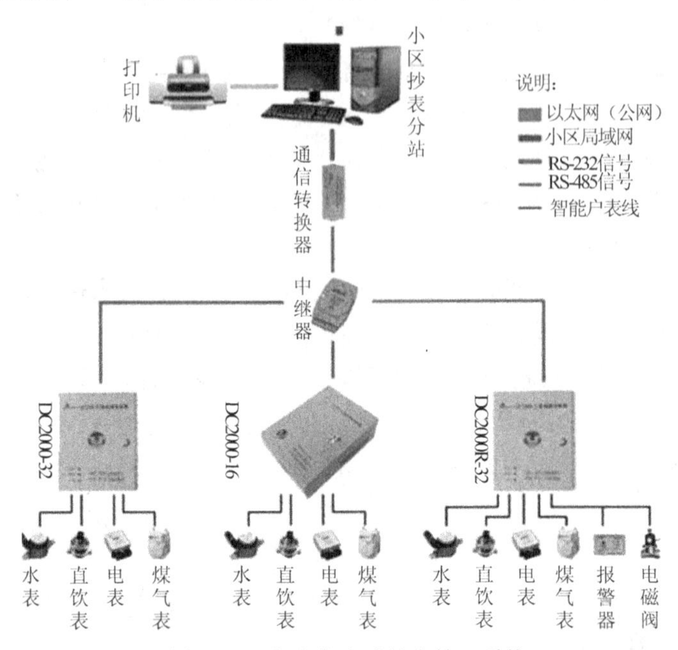


图 5-14　住宅集中式抄表管理系统

## 知识链接

"蓝牙"一词来源于 10 世纪丹麦国王 Harald Blatand——英译为 Harold Bluetooth。行业协会在筹备阶段需要一个极具表现力的名字来命名这项高新技术。行业组织人员，在经过一夜关于欧洲历史和未来无限技术发展的讨论后，有些人认为用 Blatand 国王的名字命名再合适不过。Blatand 国王将现在的挪威、瑞典和丹麦统一起来，就如同这项即将面世的技术——将被定义为允许不同工业领域之间的协调工作，例如计算、手机和汽车行业之间的工作，于是"蓝牙"一词就诞生了。

## 大家做

找到自己家电表、水表、煤气表的相关位置，通过观察来判断它们各自采用的是什么抄表模式，并完成表 5-10 的填写。

**表 5-10　家庭水、电、煤气表的抄表方式调查**

| | | | |
|---|---|---|---|
| 水表 | □上门抄表 | □远程抄表 | □不清楚 |
| 电表 | □上门抄表 | □远程抄表 | □不清楚 |
| 煤气表 | □上门抄表 | □远程抄表 | □不清楚 |

### 活动 5　Home RF（无线射频）技术与青岛海尔 U-home

Home RF 无线标准是由 Home RF 工作组开发的开放性行业标准，目的是在家庭范围内使计算机与其他电子设备之间实现无线通信。

Home RF 由微软、英特尔、惠普、摩托罗拉和康柏等公司提出，使用开放的 2.4GHz 频段，采用跳频扩频技术，跳频速率为 50 跳/s，共有 75 个宽带为 1MHz 的跳频信道。Home RF 基于共享无线接入协议（Shared Wireless Access Protocol，SWAP）。Home RF 的最大功率为 100mV，有效范围达 50m。调制方式分为 2FSK 和 4FSK 两种，在 2FSK 方式下，最大的数据传输速率为 1Mbit/s；在 4FSK 方式下，速率可达 2Mbit/s。

Home RF 是对现有无线通信标准的综合和改进：当进行数据通信时，采用 IEEE 802.11 规范中的 TCP/IP；当进行语音通信时，采用数字增强型无绳通信标准。但是，该标准与 802.11b 不兼容，并占据了与 802.11b 和 Bluetooth 相同的 2.4GHz 频率段，所以在应用范围上会有很大的局限性，更多的是在家庭网络中使用。

Home RF 的特点是安全可靠；成本低廉；简单易行；不受墙壁和楼层的影响；传输交互式语音数据采用时分多分址（Time Division Multiple Access，TDMA）技术，传输高速数据分组则采用载波侦听多路访问/冲突避免（Carrier Sense Multiple Access with Collision，CSMA/CA）技术；无线电干扰影响小；支持流媒体。

海尔智能家居是海尔集团在信息化时代推出的一个重要业务单元。它以 U-home 系统为平台，采用有线与无线网络相结合的方式，把所有设备通过信息传感设备与网络连接，从而实现了“家庭小网”“社区中网”“世界大网”的物物互联，并通过物联网实现了 3C 产品、智能家居系统、安防系统等的智能化识别、管理以及数字媒体信息的共享。海尔智能家居使用户在世界的任何角落、任何时间，均可通过打电话、发短信、上网等方式与家中的电器设备互动，如图 5-15 和图 5-16 所示。

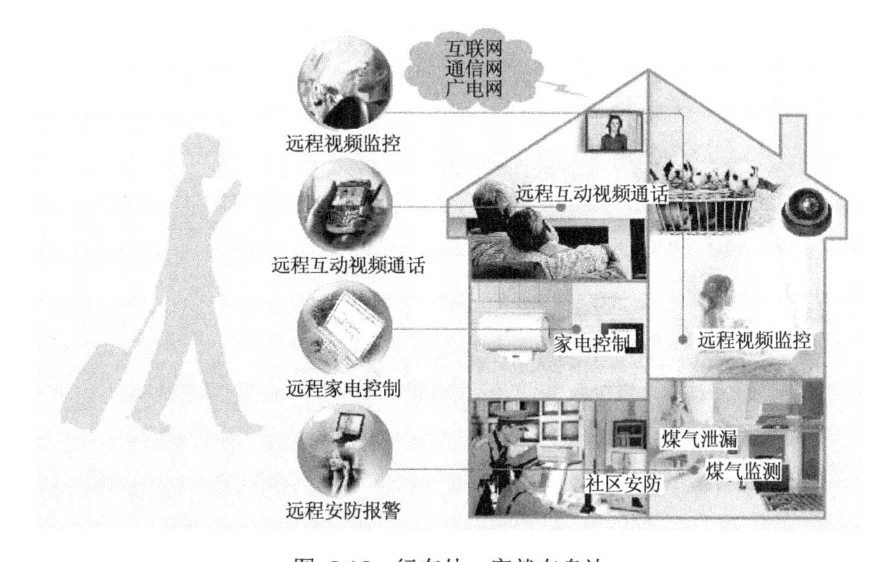


图 5-15　行在外，家就在身边

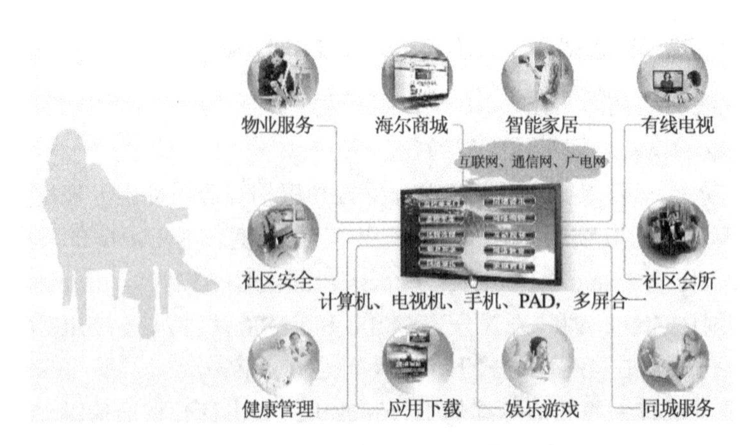


图 5-16　居在家，世界就在眼前

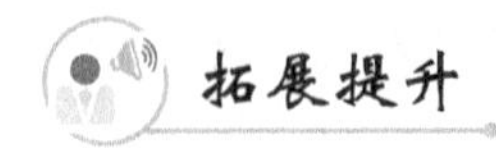


1．职场模拟

某物联网公司销售人员小李接待了一个客户，该客户希望安装智能家居系统，主要原因是自己常年在外出差，家中有年事已高的老母亲、工作繁忙的妻子和幼小的儿子，自己不方便照顾，希望通过智能家居系统减轻妻子的负担、防止母亲和儿子出现意外，让家人生活得更舒适。请结合本项目所学知识为这位客户设计一套合理的方案。

2．讨论互动

通过本项目的学习，了解了四种在智能家居领域应用较多的无线传输形式，它们都有着自己的特点，请讨论在发展前景方面哪一种无线传输会走得最远，而哪一种会最快被淘汰，并简述理由。

根据下列考核评价标准，结合前面所学内容，对本阶段学习做出客观评价，简单总结学习的收获及存在的问题，并完成表 5-11 的填写。

**表 5-11　案例 2 的考核评价**

| 考核内容 | 评价标准 | 评　价 |
|---|---|---|
| 必备知识 | ● 了解什么是无线网络技术<br>● 了解 ZigBee、WI-FI、蓝牙及 Home RF 的区别与特点<br>● 针对不同应用，能够准确选用最合理的无线网络技术 | |
| 师生互动 | ● “大家来说”积极参与、主动发言<br>● “大家来做”认真思考、积极讨论，独立完成表格的填写<br>● “拓展提升”结合实际置身职场、主动参与角色模拟、换位思考发挥想象 | |
| 职业素养 | ● 具备良好的职业道德<br>● 具有计算机操作能力<br>● 具有阅读或查找相关文献资料、自我拓展学习本专业新技术、获取新知识及独立学习的能力<br>● 具有独立完成任务、解决问题的能力<br>● 具有较强的表达能力、沟通能力及组织实施能力<br>● 具备人际交流能力、公共关系处理能力和团队协作精神<br>● 具有集体荣誉感和社会责任意识 | |

# 案例 3　智能家居核心有线技术——总线技术

## 案例描述

通信技术的发展促使传送数字化信息的网络技术开始得到广泛应用。与此同时，基于质量分析的维护管理、与安全相关的测试记录以及环境监视需求的增加，都要求仪表能在当地处理信息，并在必要时允许被管理和访问，这也使得现场仪表与上级控制系统的信息量大增。

从实际应用性能的角度出发，控制界也不断在控制精度、可操作性、可维护性、可以执行等方面提出新需求。于是，总线技术应运而生。

## 案例呈现

### 活动 1　智能家居常用总线技术

总线技术在智能家居行业当中，目前可以算是应用最为广泛的一种技术手段，如图 5-17 所示。在总线技术下生成的智能家居系统，最大的特点是具有可扩展性，工程安装也不是很复杂。由于科学技术的不断发展，新生成许多总线协议下的智能家居系统的价格被更多人接受，目前市场的销售情况良好。

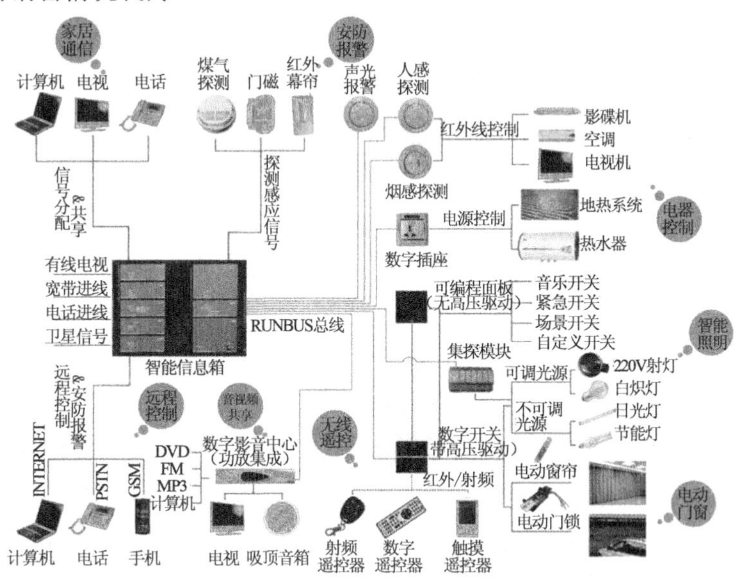


图5-17　智能家居中的现场总线

从智能家居发展的轨迹看，最早的产品一般采用 RS-485 技术，这是一种串行的通信标准，因为只是规定的物理层的电气连接规范，每家公司自行定义产品的通信协议，所以 RS-485 的产品很多，但相互都不能直接通信。RS-485 一般需要一个主接点，通信的方式采用轮询方式，模块之间采用“手拉手”的接线方式，因此存在着通信速率不高（一般 9.6Kbit/s），模块的数量有限，系统稳定度不高（一个模块坏掉会导致系统全部瘫痪）等问题。

随着自动控制和通信科技的发展，现场总线控制系统（Fieldbus Control System，FCS）技术诞生了。其核心是总线协议，一般由一个公司或组织发起，很多国际大公司响应，由专门的组织制定并维护这个标准。上述 RS-485 的所有缺点在 FCS 上都克服了。目前，世界上主要智能建筑(Intelligent Building，IB)公司的产品普遍采用总线协议，如 Honeywell、Jonhson、SIEMENS、TAC 等。目前世界上流行的总线协议有 20 多种，最有影响力的是 LonWorks、EIB、CAN、BACNet 等。现场总线类型及介绍见表 5-12。

**表 5-12　现场总线类型及介绍**

| 类　型 | 介　绍 |
| --- | --- |
| RS-485 总线 | RS-485 总线并不是一个完整的总线技术标准，仅仅定义为物理层和链路层的通信标准，许多厂商采用其技术全新定义了自己的总线技术标准，比较有代表性的美国 Honeywell 的 C-Bus 总线技术 |
| EIB 总线 | ABB 和 SIEMENS 两个品牌是 EIB 总线制的，它是一个安装总线，照明控制仅是其中的一部分，它不是一个专业的灯光控制系统 |
| CAN 总线 | CAN 总线是由以研发和生产汽车电子产品著称的德国博世（BOSCH）公司开发的，是国际上应用最广泛的现场总线之一。CAN 总线可以有效支持分布式控制或实时控制的串行通信网络 |
| LonWorks 总线 | （局部操作网络）类似于局域网或局域网的计算机数据网，主要用于解决数据传输量较小的现场控制器之间的集成，它实际上是一种工控网技术，其优点在于方便现场仪器，如传感器、执行器等的联网，在于支持多种通信介质的使用甚至是混合使用。总的来说 LonWorks 总线适用于实时控制域，特别是在设备级的互联 |

1）智能家居现场总线需要具备哪些特点？

2）你还知道生活中哪些方面应用了现场总线技术？

现场总线是指以工厂内的测量和控制机器间的数字通信为主的网络，也称现场网络。也就是将传感器、各种操作终端和控制器间的通信及控制器之间的通信进行特化的网络。这些机器间的主体配线是 ON/OFF、接点信号和模拟信号，通过通信的数字化，使时间分割、多重化、多点化成为可能，从而实现高性能化、高可靠化、保养简便化以及节省配线（配线的共享）。

**活动 2　基于 RS-485 总线的智能家居系统架构**

RS-485 总线（见图 5-18）是一种多发送器和多接收器的电路标准，该标准只对传输电平、速率等做了规定，没有规定传输协议。发送器和接收器之间的通信协议需要开发者自行设计。其特点是成本低、技术成熟、结构简单、可靠性高且抗干扰能力强。

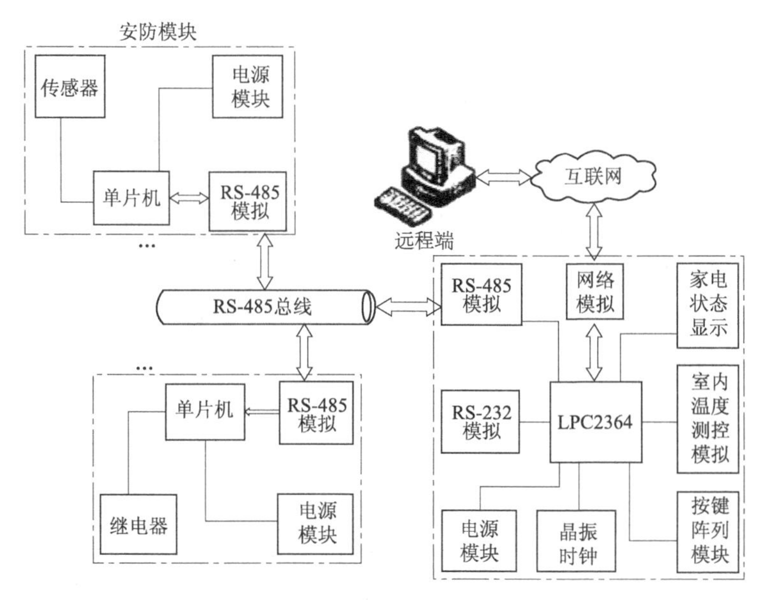


图 5-18　系统功能图

1．家电控制模块

现代家庭中主要使用的电器的共同特点是继电器控制。在家电的控制板上将功能继电器相应的控制线与模块 MCU 连接，通过 RS-485 总线接口就可以方便地使用该系统进行控制，如图 5-19 所示。

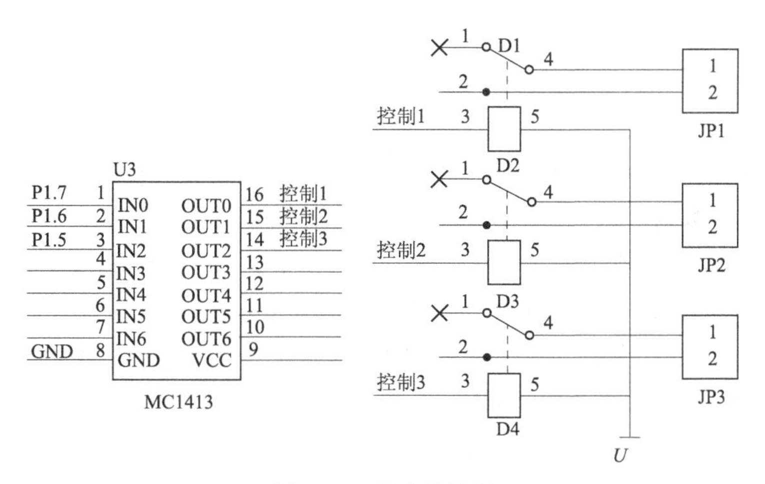


图 5-19　继电器控制

使用 7 bit 输入/输出的达林顿管芯片 MC1413 驱动继电器，来控制相关的开关量。如对空调来说，温度控制、风向控制等是按键的开关量，都可以由继电器来完成相应的控制。考虑到要嵌入家电中，控制节点尽量做得精小，而且没有复杂的控制对象，故选用 AT89C2051 单片机作为控制器。RS-485 通信接口使用 MAX1487 芯片，允许挂接 125 个家电，采用半双工通信方式，通信速率为 2.5Mbit/s。家电控制通信只是进行控制命令和家电状态信息的传输，数据量很小。该芯片通信速率能够满足要求。

2．安防监控模块

安防系统由烟雾传感部分、煤气传感部分、实时监控部分等组成，实现了防火、防煤气中毒、防盗监控等功能。这些组成部分由烟雾传感器和煤气传感器等组成，结合 A-D 转换芯片传输信息。

实时监控部分采用 Ovinmin 公司生产的 OV7141 图像采集芯片。OV7141 是高度集成的摄像芯片，支持多种格式，内设串行控制总线（Serial Camera Control Bus，SCCB）接口，提供简单控制方式，可以对 OV7141 芯片内部所有寄存器值进行修改。OV7141 包含有 8bit 数据、同步信号，这些信号需要送给 CPU 以读取图像数据和保证同步。OV7141 电路连接图如图 5-20 所示。

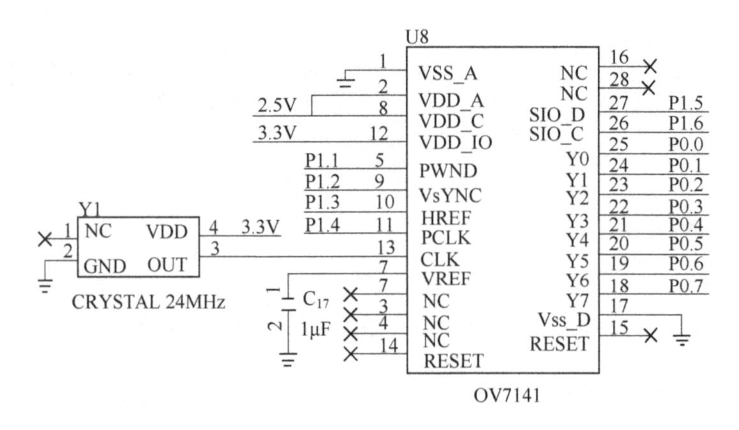


图 5-20　OV7414电路连接图

由于数据的传输速度受到串口速度的限制，因此必须提高串口波特率。根据系统特点，在使用串口传输方式 3 时，波特率可变，可以根据传输效果实时改变。

系统采用了 RS-485 总线通信方式。通信中采用“轮询制”，中继器作为主设备不断向下发送设备请求应答帧，而接入的从设备不能主动发送数据。任何时刻，总线只处于一种方式，即接收数据或发送数据。系统初始化一旦完成，总线即被置为接收状态，当从设备接收完主设备发来的消息后，立即通过软件将总线置为发送状态，待从设备发送完一帧数据后，又立即转为接收状态，等待主设备的请求帧。如果发来的请求帧中，设备 ID 地址和自身 ID 地址一致，接收设备就检查这个帧是否正确。

系统采用嵌入式控制芯片做控制单元，通用 RS-485 总线组成传输网络，实现了低成本、长距离传输，可满足一般家庭的远程控制家电需求，具有较高的经济性和实用性。

## 大家说

通过所学知识，试着对方案中的几个电路图进行分析和研究，并分组注明各部分含义。

知识链接

RS-485布线规范如下：

1）485信号线不可以和电源线一起走线。在实际施工中，由于走线都是通过管线，施工方有时为了省事，直接将485信号线和电源线绑在一起，由于强电具有强烈的电磁信号对弱电进行干扰，从而导致485信号不稳定，导致通信不稳定。

2）485信号线可以使用屏蔽线进行布线，也可以使用非屏蔽线进行布线。由于485信号是利用差模传输的，即由485+与485-的电压差来作为信号传输。如果外部有一个干扰源对其进行干扰，使用双绞线进行485信号传输时，由于其双绞，干扰对于485+和485-的干扰效果都是一样的，那电压差依然是不变的，对于485信号的干扰缩到了最小。同样的道理，如果有屏蔽线起到屏蔽作用，那么外部干扰源对于其的干扰影响也可以尽可能地缩小。

3）选择使用普通的超五类屏蔽双绞线即网线就可以。由于原材料价格上涨，导致现在市场上的线材良莠不齐，有不良商人利用某种合金来代替铜丝做网线，在外面镀铜以蒙骗客户。具体区别方法：看网线截面，如果是铜色，则就是铜丝；如果是白色，则是用合金以次充好。合金一般比较脆，容易断，而且导电性远不如铜丝，很容易在工程施工中造成问题。线材一般建议选择标准的485线，其为屏蔽双绞线，传输线不是像网线那样为单股的铜丝，而是多股铜丝绞在一起形成一根线，这样即使某根小铜丝断掉，也不会影响整根线的使用。

4）485布线借助485集线器和485中继器可以任意布设成星形接线与树形接线。485布线规范是必须要“手牵手”的布线，一旦没有借助485集线器和485中继器直接布设成星形连接和树形连接，很容易造成信号反射，导致总线不稳定。很多施工方在485布线过程中，使用了星形接线和树形接线，有的时候整个系统非常稳定，但是有的时候总是出现问题，又很难查找原因，一般都是由于不规范布线所引起的。

5）485总线必须要接地。在很多技术文档中，都提到485总线必须要接地，但是没有详细地提出如何接地。严格来讲，485总线必须要单点可靠接地。单点就是整个485总线上只能有一个点接地，不能多点接地，因为将其接地是要使地线（一般都是屏蔽线作地线）上的电压保持一致，防止共模干扰。如果多点接地则会适得其反。可靠接地时，整个485线路的地线必须要有良好的接触，从而保证电压一致，因为在实际施工中，为了接线方便，将线剪成多段再连接，但是没有将屏蔽线进行良好的连接，从而使得其地线分成了多段，使得电压不能保持一致，导致共模干扰。

**活动3　基于KNX/EIB总线控制智能家居的红外设备**

KNX/EIB智能控制系统采用国际通用的KNX标准，该标准现已转换为国际标准ISO/IEC14543-3，并于2007年正式转换为中国国家标准GB/Z 20965—2007。该系统属于全分散的现场总线的范畴，主要由传感器、执行器和系统元件三大部分组成，主要用于灯光控制、遮阳控制和风机盘管控制及暖气控制，控制方式多样、灵活，例如现场智能面板控制、人体感应控制、光线感应控制、现场面板控制、中央计算机控制、气象感应控制等，现已广泛应用于各种公建项目，其中节能方面的应用则是该系统在绿色生态节能建筑中的一个应用亮点。

KNX/EIB 智能控制系统特点有标准化、全分散/搭积木结构、手拉手/树形/星形等，自由的拓扑结构、多功能集成控制、控制方式多样、节能、安全等，是一个既面向使用者又面向管理者的系统。

图 5-21 Cuball

Cuball 是智能家居系统中的一个单一智能化产品，如图 5-21 所示。它集成了全球红外码库，无须复杂地学习对码，用户要做的仅仅是选择电器品牌及类型，Cuball 就能自动匹配相应的控制功能。Cuball 功能介绍见表 5-13。

表 5-13 Cuball 功能介绍

| 功能 | 介绍 |
| --- | --- |
| 手机家中的遥控器 | 通过 Cuball 可以遥控家中的电视机、空调、音箱、DVD、机顶盒等电器，无须再从另换的遥控器中找到需要的功能 |
| 发掘手机的潜力 | 有了 Cuball，智能手机将变身成为家中红外控制中心。将各种家电遥控器随时带在身边，并支持远程控制，良好的用户交互体验让用户更容易操作控制电器 |
| 预置全球红外码库 | 无须复杂地学习对码，用户要做的仅仅是选择家电品牌及类型，Cuball 就能自动匹配电器相应的红外控制按键功能，其内预置的全球红外码库支持绝大部分家用电器红外遥控功能，并会通过云端实时自动更新 |
| 创新手式控制 | 在手机上画一个圈，电视自动打开——这不是科幻片中的场景，这是 Cuball 的创新控制体验，是传统遥控器控制方式的进化 |
| 强大的环境感知能力 | 除了控制家电，Cuball 还具备了温度、湿度、光照度等环境感知能力，还可以通过内置的多普勒雷达扫描一定区域内的人体活动，并结合周边设备“做出智能控制” |
| 获得无限功能扩展 | 通过搭配不同的智能产品，Cuball 能获得额外的功能，以达到智能无处不在（见图 5-22）的效果 |

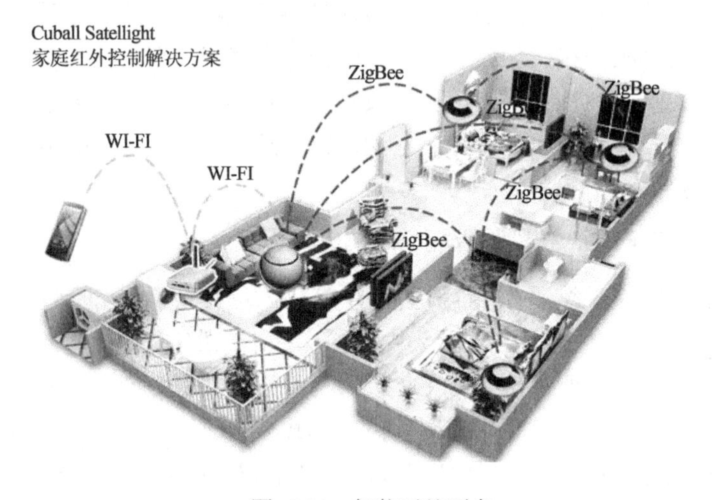


图 5-22 智能无处不在

上网搜索类似产品，通过比较选出性价比最高的产品，并完成表5-14的填写。

表5-14　家庭娱乐网关功能调查

| 产品名称 | | | |
|---|---|---|---|
| 所属公司 | | | |
| 核心技术 | | | |
| 有几个功能模块 | | | |
| 价格 | □高　□中　□低 | □高　□中　□低 | □高　□中　□低 |
| 市场反馈 | □好　□一般　□差 | □好　□一般　□差 | □好　□一般　□差 |

1．红外线与蓝牙的差别

红外线与蓝牙的差别见表5-15。

表5-15　红外线和蓝牙的差别

| | 红外线 | 蓝牙 |
|---|---|---|
| 距离 | 1～2m | 10m左右 |
| 位置要求 | 必须对准 | 无需对准，可绕弯 |
| 连接数量 | 单对单 | 最大数目可达七个，同时区分硬件 |
| 传输速率 | 快 | 慢 |
| 安全性 | 无区别 | 加密 |
| 成本 | 低 | 相对较高 |

2．多普勒效应

物体辐射的波长因波源和观测者的相对运动而产生变化。在运动的波源前面时，波被压缩，波长变得较短，频率变得较高；在运动的波源后面时，会产生相反的效应。波长变得较长，频率变得较低；波源的速度越高，所产生的效应越大。根据波移的程度，可以计算出波源循着观测方向运动的速度。

### 活动4　基于CAN总线的社区智能化改造

控制器局域网（Controller Area Network，CAN）总线是一种用于实时应用的串行通信协议总线，它可以使用双绞线来传输信号，是世界上应用最广泛的现场总线之一。CAN总线是一种多主方式的串行通信总线，基本设计规范要求有高的位速率，高抗电子干扰性，并且能够检测出产生的任何错误。CAN总线的特点见表5-16。

表 5-16　CAN 总线的特点

| 序　　号 | 特点介绍 |
| --- | --- |
| ① | 具有实时性强、传输距离较远、抗电磁干扰能力强、成本低等优点 |
| ② | 采用双线串行通信方式，检错能力强，可在高噪声干扰环境中工作 |
| ③ | 具有安全和仲裁功能 |
| ④ | 可根据报文的 ID 决定接收或屏蔽该报文 |
| ⑤ | 可靠的错误处理和检错机制 |
| ⑥ | 发送的信息遭到破坏后，可自动重发 |
| ⑦ | 节点在错误严重的情况下具有自动退出总线的功能 |

小区智能化是一个综合性系统工程，要从其功能、性能、成本、扩充能力及现代相关技术的应用等多方面来考虑。基于这样的需求，采用 CAN 技术所设计的家庭智能管理系统比较适合用于多表远传、防盗、防火、防可燃气体泄漏、紧急救援、家电控制等方面。

CAN 总线是小区管理系统的一部分，负责将家庭中的一些数据和信号收集起来，并送到小区管理中心处理。CAN 总线上的节点是每户的家庭控制器、小区的“三表”抄收系统和报警监测系统，每户的家庭控制系统可通过总线发送报警信号，定期向自动抄表系统发送“三表”数据，并接收小区管理系统的通告信息（如欠费通知、火警警报）等。CAN 实际应用案例如图 5-23 所示。

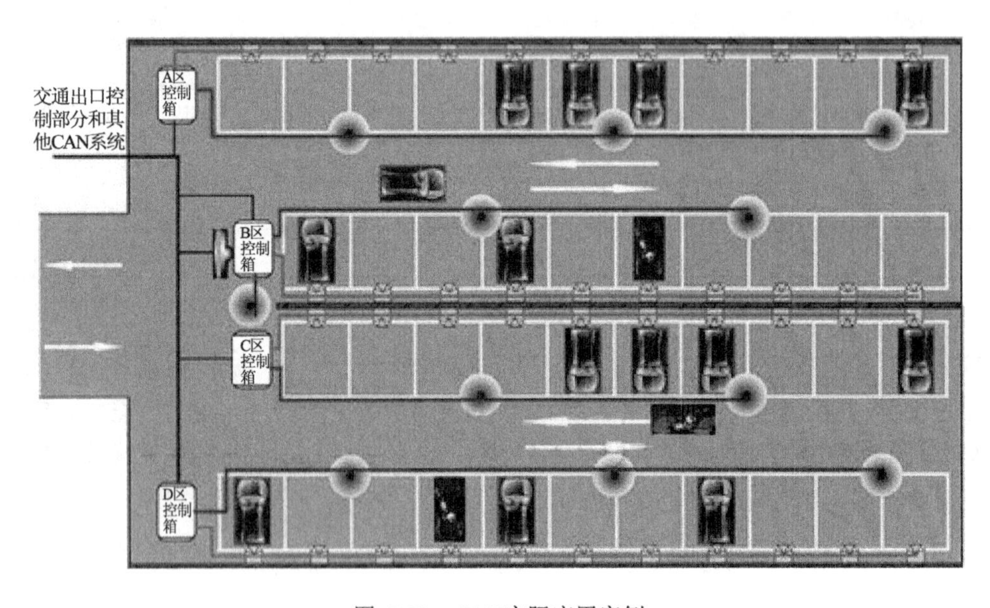


图 5-23　CAN实际应用案例

该系统充分利用 CAN 技术的特点和优势，构成住宅小区智能化监测系统，具有多表集抄、防盗报警、水电控制、紧急求助、煤气泄漏报警、火灾报警和供电监控子系统等功能，并提供远程通信服务。

CAN 总线的数据通信具有突出的可靠性、实时性和灵活性。由于其良好的性能及独特的设计，CAN 总线越来越受到人们的重视，并在汽车领域广为应用。世界上一些著名的汽车制造厂商大都采用了 CAN 总线来实现汽车内部控制系统与各检测和执行机构间的数据通信。同时，由于 CAN 总线本身的特点，其应用范围目前已不再局限于汽车行业，而向自动控制、航空航天、航海、过程工业、机械工业、纺织机械、农用机械、机器人、数控机床、医疗器械及传感器等领域发展。CAN 已经形成国际标准，并已被公认为几种最有前途的现场总线之一。

与之前学习过的总线技术相比，CAN 总线有哪些突出的特点？

**CAN 总线的应用**

CAN 总线在组网和通信功能上的优点以及高性价比决定了它在许多领域有着广阔的应用前景和发展潜力。这些应用有些共同之处，即 CAN 在现场起一个总线拓扑的计算机局域网的作用，如图 5-24 所示。不管在什么场合，它负担的是任一节点之间的实时通信，并具备结构简单、高速、抗干扰、可靠、价位低等优点。CAN 总线最初是为汽车的电子控制系统而设计的，目前在欧洲生产的汽车中，CAN 的应用已非常普遍，不仅如此，这项技术已推广到了火车、轮船等交通工具中。

图 5-24　现场总线控制室

### 活动 5　基于 LonWorks 总线在智能楼宇的应用

LonWorks 技术是 1991 年由美国埃施朗（ECHELON）公司推出的。LonWorks 技术所使用的标准通信协议是 LonTalk 协议，该协议遵循国际标准化组织（ISO）于 1984 年公布的开放系统互联（Open System Interconnection，OSI）参考模型的定义，它提供了 OSI 参考模型定义的全部七层协议，通过变量直接面向对象通信，网络协议开放，可以实现互操作。每一个域最多有 255 个子网，每个子网最多可以有 127 个节点。所以，一个域最多可以有 255×127=32 385 个子网。LonWorks 技术是专门为实时控制而设计的，在 Lon 网络中大批设备（传感器、执行器等）和 Lon 的控制节点相互配合，使用 LonTalks 协议，经过多种传输媒体进行节点之间的通信，灵活组成各种各样的分布式智能控制系统。LonWorks 技术能在控制层提供互操作的 Lon 现场总线技术，其安装的节点数远远超过了任何其他现场总线产品，几乎囊括了测控应用的所有范畴。更准确地说，LonWorks 技术有效地解决了集散控制系统的通信难题。

某智能大厦系统总监控点为 1240 个，其中数字量控制点：DI 有 625 个，DO 有 358 个；模拟量控制点：AI 有 254 个，AO 有 3 个。

系统采用美国埃施朗（ECHELON）和先导公司（Ad—vanced Tech Inc.）以 LonWorks 技术为核心的 EU—BAS 楼宇自控系统作为大楼的楼宇监控系统，而所有传感器和执行机构则选定美国江森（Johnson control）公司的进口产品，上层监控软件采用美国 Wonder—ware 公司的 Intouch 7.0 组态软件开发。大厦的楼宇自动控制系统（Building Automation System）的网络结构图如图 5-25 所示。

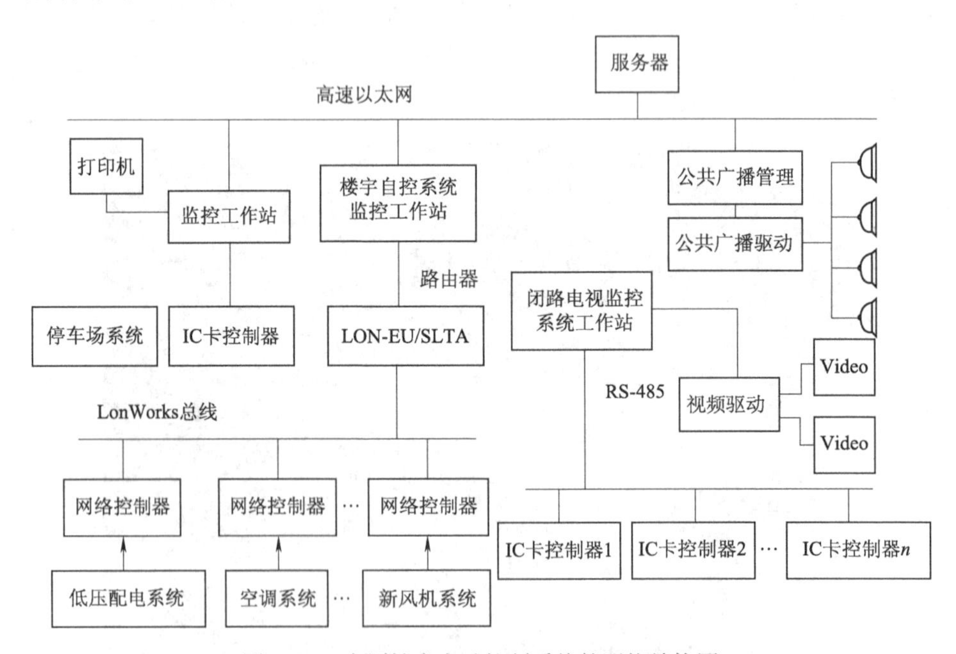


图 5-25　大厦楼宇自动控制系统的网络结构图

系统中 LonWorks 现场网络由三类节点组成，见表 5-17。

表 5-17　LonWorks 节点介绍

| | |
|---|---|
| 模拟量采集节点 | 主要由 Neuron 芯片、TP/FT-10 自由拓扑收发器、程序存储器、串行 A-D 芯片等组成。可完成 24 路模拟量信号的数-模转换，采样分辨率为 10 位 |
| 开关量采集节点 | 主要由 Neuron 芯片、TP/FT-10 自由拓扑收发器、程序存储器、移位寄存器等组成。可接 24 路开关量输入，信号全部采用光电隔离 |
| 通信协议转换节点 | 通过 RS-232C 串口 LonTalk 接口模块 LON-EU / SLTA，支持 LonTalk 协议，可以对 LonWorks 网络进行安装、配置、网络管理；LON-EU / SLTA 通过连接 Modem 的 RS-232C 接口，各类主机可以实现对 LonWorks 网络远程遥控及进行现场维护；LonWorks 网络的工作节点通过 Modem 也可以向远程主机报警、传递信息等。LON-EU / SLTA 还能实现 LonWorks 网络向其他 RS-232C 测控网络的路由功能 |

软件设计主要包括 LON 智能节点的编程、安装维护和上位监控软件实现。

以 LonWorks 技术为核心的 LonMark 标准将被世界更多标准组织认证与认可、引用，成为世界家用电器和控制设备网络化方面重要的跨行业标准。LonWorks 技术将人们的生活带入互联网时代，在楼宇、家庭、工厂和交通运输系统中构建出由家用电器相互连接构成的无形网络。

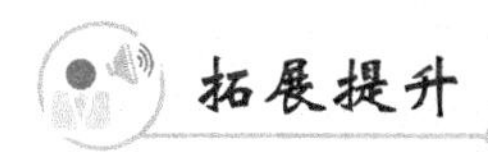

## 拓展提升

1．职场模拟

某物联网公司销售人员小李接待了一个客户，该客户所在的工厂建于新中国成立初期，前后经历了多次设备的添加和修理，现在线路老化严重，不同时期添加的设备无法很好地兼容。客户想花较少的钱完成这项工作。请结合本项目所学知识为这位客户设计一套合理的方案。

2．讨论互动

通过本项目的学习，我们了解了四种在智能家居领域应用较多的现场总线技术，它们都有着自己的特点。请讨论，在发展前景方面哪一种技术会走得最远，哪一种会最快被淘汰，并给出理由。

## 考核评价

根据下列考核评价标准，结合前面所学内容，对本阶段学习做出客观评价，简单总结学习的收获及存在的问题，并完成表 5-18 的填写。

表 5-18　案例 3 的考核评价

| | 评价标准 | 评　价 |
|---|---|---|
| 必备知识 | ● 了解什么是现场总线技术<br>● 了解 RS-485、KNX/EIB、CAN 及 LonWorks 的区别与特点<br>● 针对不同应用，能够准确选用最合理的现场总线技术 | |
| 师生互动 | ● “大家来说”积极参与、主动发言<br>● “大家来做”认真思考、积极讨论，独立完成表格的填写<br>● “拓展提升”结合实际置身职场、主动参与角色模拟、换位思考发挥想象 | |

（续）

| | 评价标准 | 评价 |
|---|---|---|
| 职业素养 | ● 具备良好的职业道德<br>● 具有计算机操作能力<br>● 具有阅读或查找相关文献资料、自我拓展学习本专业新技术、获取新知识及独立学习的能力<br>● 具有独立完成任务、解决问题的能力<br>● 具有较强的表达能力、沟通能力及组织实施能力<br>● 具备人际交流能力、公共关系处理能力和团队协作精神<br>● 具有集体荣誉感和社会责任意识 | |

## 案例4　智能家居典型应用案例——智能灯光施工规范

### 案例描述

如今，由于物质条件改善，市场关于别墅的开发日趋完善，从独栋豪宅到联排经济型别墅，从基础建筑材料的使用到节能、环保、高科技材料及手段的处理，从单一的欧式流派到中式风格的回归，到中西相融之下的现代经典别墅的诞生等。不过，要提高生活品质，配备一套智能家居是不可少的。

智能家居的照明控制系统，可根据某一区域的功能、每天不同的时间、室外光亮度或该区域的用途来控制照明，是整个智能家居的基础部分。

### 案例呈现

#### 活动1　项目描述

智能照明系统最为人称道的是它可进行预设，即具有将照明亮度转变为一系列设置的功能。这些设置也称为场景，可由调光器系统或中央建筑控制系统自动调用。在家庭内使用时，可以采用集成中央控制器的形式，并可能带有一个触屏界面。所需施工别墅外景如图5-26所示。

图 5-26　所需施工别墅外景

总体而言，智能照明系统作为整个智能家居的核心部分，特别适合于大面积住房。照明控制系统分为独立式、特定于房间式或大型的联网系统，在联网系统中，调光设备安装在电气柜中，由诸如传感器和控制面板组成的外部设备网络来操作。联网系统的优势是可从许多点来控制不同房间中的区域。在室内，可以在靠近主进口的墙上安装一个控制面板，以此作为多个房间的主控制点。

### 活动2 业主需求

对于追求安全快捷、舒适宜人的高品质生活的人们来说，谁不想拿着手机就能轻松搞定一天的日常生活呢？毫无疑问，对他们来说，智能家居不再是奢侈品，而是必需品。

原来，无论独栋豪宅还是联排别墅，都是面积宽敞、房间众多，如果选择有线智能家居，那么要穿墙布线，工期较长，工程量较大，而且移动性较差。由于线路固定，相关智能设备也就被限定在特定的范围内。最让人难以忍受的是，智能家居升级更新可谓难上加难，毕竟重新拆开墙体布线是非常麻烦的。

随着生活水平的提高，人们最关注的就是生命和财产安全。利用物联传感推出的以ZigBee为基础的智能家居系统构建立体防御系统可有效提高住宅的安全性、化解安全难题。

### 活动3 系统拓扑图

根据业主要求和别墅的实际情况制订整套系统体系的拓扑图。局部系统拓扑图如图5-27所示。

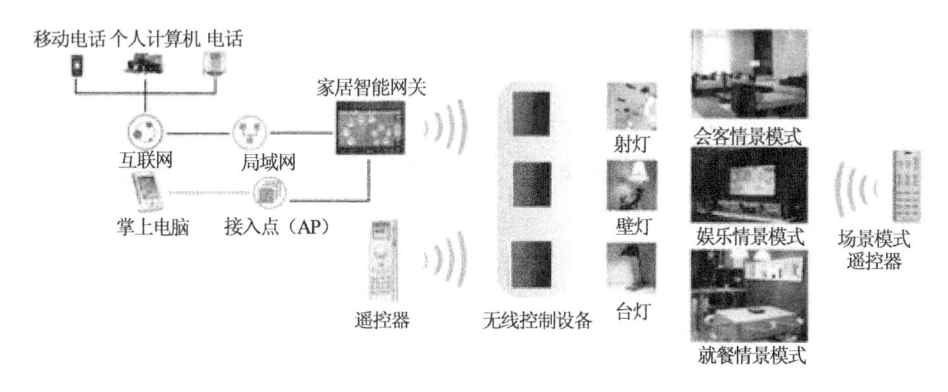


图5-27 局部系统拓扑图

### 活动4 系统方案

1．玄关

玄关现在一般泛指厅堂的外门。在现代智能家居控制方面，玄关具有承上启下的作用，智能网关是玄关的“大脑”，应具备灯光控制、安防控制、场景控制和可视对讲等系统。

2．客厅

客厅是主人与客人会面的地方，最能显示出主人的品位和个性。场景控制器配以智能遥控器，可以使主人更加惬意地享受现代生活所带来的优越。此部分应具备客厅的灯光开关、调光控制、窗帘开启、关闭控制，影视场景、会客场景等多种场景设置功能，以及灯光、窗帘、场景的遥控控制，安防报警等系统功能。

3．主卧、起居室

卧室是休息的港湾。简单、舒适、更加人性化是追求的目标。此部分应配备室内灯光电器窗帘的遥控控制、多种场景模式（休息，音乐，起夜，读书）设置；远程控制、安防报警等系统。

4．过道、楼梯、卫生间

过道、楼梯、卫生间等处配置了移动感应器，人到哪里，灯亮到哪里，人走灯灭。同时过道、楼梯的灯光还可以用多个房间里的智能开关进行控制，设置一定的延时关闭功能。

移动感应器还具有高亮感应等功能。移动感应器可调整灵敏度和延迟时间，只有当光线较暗时，感应器才正常工作，这样不仅节约了能源，也为业主提供了方便、舒适的生活环境。

该场景应配备红外移动感应控制、感应器手动开关锁定控制等系统。

5．影音室

在家里看电影，通过灯光电动窗帘的场景，更能充分享受家庭影院的现代化功能。此部分应配备场景控制、一键实现整个影院的光影最佳效果、遥控控制等系统。

6．车库

车库除了灯光的控制之外，更主要的是安全保障，安防系统在这里发挥着重要的作用。此部分应配备灯光遥控、远程控制、安防报警、安防联动等系统。

### 活动 5　施工准备与施工资质

1．审查设计方案

认真做好设计方案的审查工作。在确定中标后，提前与设计单位沟通，掌握设计方案的编制情况，使方案的设计在质量、功能、工艺等方面均能适应建材、建工的实际情况，为施工扫清障碍。

2．熟悉和审查施工图样

1）检查施工图样是否完整和齐全、施工图样是否符合国家有关工程设计施工的方针及政策。

2）检查施工图样与其说明书在内容上是否一致，施工图样及其各组、部分间有无矛盾和错误。

3）检查尺寸、坐标、标高和说明方面是否一致，检查技术要求是否一致。

4）对于工程复杂、施工难度大和技术要求高的分部（项）工程，应审查现有施工技术和管理水平能否满足工程质量和工期要求。

3．物资准备

1）建筑材料（构件加工）准备。根据施工预算的材料分析和施工进度计划的要求，编制建筑材料需用计划，为施工备料、确定仓库和堆场（加工场）面积及组织运输提供依据。

2）施工机具（设备）准备。根据施工方案、工艺流程和进度计划的要求，编制施工机具（设备）需用计划，为组织运输和确定机具停放场地提供依据。

4．组织施工队伍

根据预算工程量组织劳动力，根据施工内容确定相应的专业施工队和混合施工队。按照开工日期和劳动力需用计划，有序组织施工队进场，安排好相应的后勤工作。

5．建立管理制度

其内容包括进场教育、技能培训、考核、交底、卫生、工作纪律操作规程等。

6．现场准备

1）测量控制。根据给定工程，按照建筑平面图要求，进行施工场地控制网测量，设置场地施工测量控制网络，将各控制点标注在永久或半永久性建筑物上。

2）加工和订货。根据各项资源需用计划，取得市场支持，或自行组织加工（确定加工场地），保证加工的质量、数量和供货时间能与工程计划相符。

3）租赁或订购。根据施工机具需用计划对有关机具或设备进行采购或租赁，并签订供应合同。

4）分包或劳务安排。对拟分包的施工工序、分项工程或劳务进行市场调查，对分包单位或劳务队伍进行能力评审，选择合格的单位签订合同。

5）临时用水、用电、通信准备。

**活动6　施工**

施工阶段严格按工期目标要求进行施工，工程管理多采用协调会方式。根据工程需要，随时组织子系统工程协调会，每周开一次例会，每月召开一次小结会，检查各子系统的工程进度、质量及资金使用状况，解决较为重大的问题，协调、归纳、总结并形成书面报告和通知，并及时向业主方、监理方及施工总承包方提交报告。

1．施工前的材料、线缆检验

1）施工前，应对工程所用线缆器材的规格、数量、质量进行检查，若无出厂检验证明材料者或与设计不符，则不得在工程中使用。

2）经检验的器材应做好记录，对不合格的器材应单独存放，以备核查与退货处理。

3）工程使用的控制电缆规格、形式应符合设计的规定和合同要求。

4）电缆所附标志、标签内容应齐全、清晰。电缆外护套须完整无损，电缆应附有出厂质量检验合格证。电缆的电气性能应从本批量电缆的任意三盘中截出100m进行抽样测试。

2．配电柜、配电箱安装

开箱检查设备，检查型号、规格等与图纸设计是否相符，部、器件有无损坏，各种附件是否齐全，产品合格证、技术资料、说明书是否齐全，外观有无损伤及变形，油漆是否完整；柜内电器装置及元件器件是否齐全，有无损伤，做好检查记录。

设备运输：主要采用人工搬运，在搬运和安装时应有防震防潮、防止设备变形和漆面受损等措施。

柜（箱）稳装，按图样要求预制加工基础型钢，并刷好防锈漆，用膨胀螺栓固定在所安装位置的混凝土上，用水平尺找平、找正。在基础型钢内预留接地扁钢端子，配电柜安装后，用接地线与柜内接地排连接好。按图样的布置，按顺序将柜放在基础型钢上，找平、找正，柜体与基础型钢固定，柜体与柜体、柜体与侧挡板均用镀锌螺钉连接。

按原理图逐台检查柜上全部电气元件是否相符，并确定其额定电压和控制操作电源电压必须一致。按图逐一核查柜与柜之间、柜与现场操作按钮之间的控制连接线，是否与原理图相符，并逐一检查每个端子板上的接线，每个端子最多接线不能超过两根，多股线应刷锡，不能有断股。

试验调整：将所有接线端子螺钉再紧固一次，用 500V 摇表在端子处测试各回路绝缘电阻，其值必须大于 0.5MΩ。将正式电源进线电缆拆掉，接上临时电源，按图样要求，分别模拟试验控制，连锁、操作。继电保护和信号动作，正确无误，可靠灵敏，完成后拆除临时电源，将拆除的正式电源复位。

送电运行验收：在安装作业全部完毕，质量检查部门检查全部合格后，按程序送电。测量三相电压是否正常，空载运行 24h，若无异常现象，则可办理验收手续。

3．地线安装

每段桥架必须与接地线相连接。全长应不少于 2 处与接地干线相连接。

4．灯具安装

1）材料要求。各型灯具其型号、规格必须符合设计要求和国际标准的规定，器具内配线严禁外露，配件齐全，无机损伤、变形、油漆剥落等现象，所有器具应有产品合格证。

主要机具：开孔器、电锤、电钻、兆欧表、万用表等常用电工工具。

作业条件：各种管路、盒子已经敷设完毕，盒子收口平整，线路的导线已穿完，并已做完绝缘摇测。顶棚、墙面、室内装饰工程和地面清理工作均已完成。

2）组装灯具。选择适宜的场地，将灯具的包装箱、保护膜拆开铺好，戴上干净的纱线手套，参照灯具安装说明将各组件连成一体；灯内穿线长度应适宜，多股软线头应搪锡；注意统一配线颜色，以区分相线、零线和保护线。

3）灯具安装。嵌入式金卤灯灯具利用结构吊顶的主龙骨，在吊顶上加副龙骨来固定灯具；明装灯具利用金属膨胀螺栓固定在结构梁下。

5．调试及试运行

1）常规检查。按图样和设备配置资料，核对、检查设备数量，插件位置，部件结构及缺损情况。按前述安装要求和产品技术要求检查设备的安装情况。检查设备线路的连接及标记情况。检查设备及系统的接地安装情况。

2）电源设备调试。检查电源设备的型号、规格、保护装置。检查电源装置、电源端与机壳之间的绝缘电阻。保护装置检查与调试，电源投入及电源电压检查，电源设备的稳频、稳压，不间断电源的自动切换功能测试。

3）模块开关点调试。开关输入调试，信号电平的检查，输入按设备说明书和设计要求确认其逻辑值。

**活动 7　项目验收**

建筑智能化系统工程验收应采用分系统、分阶段、多层次和先分散后集中的验收方式，整个系统验收按施工和调试运行阶段分成单体设备验收，子系统功能验收，系统联动（集成）

验收，第三方测试验收和系统竣工交付验收五个层次的验收方式。

每个阶段验收工作的内容如下：

1．单体设备验收

系统单体设备验收是指安装前的检验测试及设备安装到位、通电试验后，通常以现场安装设备为主。单体设备验收是进行系统调试的必要条件，同时也可以对设备按质量、性能指标、产地证明、实际数量等及时核对清点，单体设备验收可由监理组织业主、安装单位、系统总包、设备供应商等共同参加。验收报告应包括供货合同、随机资料、进口设备产地证明、报关单（商检证明）、设备安装施工平面图和工艺图，安装设备名称、型号规格、数量、测试数据等。

2．子系统功能验收

子系统功能验收是指对调试合格的子系统及时实施功能性验收，以便系统及早投入试运行，可由监理组织业主、安装单位、系统总包、物业管理部门等共同参加验收，验收报告应包括系统功能说明（技术方案）、工程承包合同、系统调试（验收）大纲、系统调试（验收）记录、系统操作手册（说明书）等。子系统功能验收是子系统可以进入试运行的必要条件，系统总包还应及时组织对物业人员做相应的技术培训。

3．系统联动（集成）验收

系统联动（集成）验收是一种对系统的功能性验收，与子系统功能验收的区别在于：系统联动（集成）验收对象是各子系统正常运行条件下的系统间联动功能，或者说是各子系统的集成功能。验收可由监理组织业主、系统总包、物业管理部门等共同参加。

**注意：**以上四层验收若发现质量问题，应填写不符合项质量报告单，并立即整改，纠正不符合项，经复检合格后，参与验收者在验收报告上签章归档，以备资料整编交工。

4．第三方测试验收

智能控制系统通过系统功能和联动（集成）验收，并经过一定时间试运行后，应由国家有关部门组织竣工验收。但因目前尚无统一的部门来完成整个系统的验收，必须由行业监管部门组织验收，如技术监督部门组织综合布线系统验收、智能照明系统的验收、业主方、专家对办公自动化系统的验收等。

在子系统功能验收、系统联动（集成）验收、第三方测试验收之前，施工单位质量管理部门应进行预验收，检查技术资料和工程质量，以便尽早发现问题，采取纠正措施，并做预验收记录。

5．系统竣工交付业主验收

为业主展示项目效果，并针对各系统做出说明，如出现某些地方和业主预期不符，需要予以记录并抓紧时间进行调整，直到业主满意。

根据下列考核评价标准，结合前面所学内容，对本阶段学习做出客观评价，简单总结学习的收获及存在的问题，完成表 5-19 的填写。

表 5-19 案例 4 的考核评价

| 考核内容 | 评价标准 | 评价 |
|---|---|---|
| 必备知识 | ● 施工准备工作都有哪些<br>● 施工过程及注意事项<br>● 如何进行工程验收和质量检验 | |
| 职业素养 | ● 具备良好的职业道德<br>● 具有计算机操作能力<br>● 具有阅读或查找相关文献资料、自我拓展学习本专业新技术、获取新知识及独立学习的能力<br>● 具有独立完成任务、解决问题的能力<br>● 具有较强的表达能力、沟通能力及组织实施能力<br>● 具备人际交流能力、公共关系处理能力和团队协作精神<br>● 具有集体荣誉感和社会责任意识 | |

## 单元小结

本单元着重介绍了基于物联网环境下的智能家居的核心技术以及工程规范的案例。通过概念的讲解、活动的展开和实际产品的了解体验，帮助学生全面、具体地感知电力线载波技术、无线传输技术和总线技术在智能家居中的作用。最后以智能家居典型应用案例——智能灯光施工规范来详细地从业主需求、设计方案、施工方案、施工准备、施工过程和项目验收逐步实践，使学生能够把学到的知识点真正应用到实际中。

了解掌握三种物联网智能家居的核心技术的应用领域及其相互关系是本单元的重点内容，电力线载波技术、网线传输技术和总线技术下各种技术的优缺点和如何合理有效地应用这些技术是本单元的难点。

# 单元 6　智能家居技术支持及远程服务

近年来，在消费电子、信息技术产品的“上空“都“飘起了一朵云”。“云手机”“云电视”“云杀毒”“云游戏”……各种以“云概念”为名的产品和服务急剧增加。短短几年的时间，“云计算”已经开始影响人们的日常生活，并不断渗透到生活及工作的方方面面。个人资料被储存在云盘中，通过云盘里的应用程序来联系，并借助手机和平板电脑来管理数据。“云计算”已逐渐成为大多数行业组织的关键性技术支撑。

以云技术为支撑的计算基础设施带来更多海量数据，为解决这些问题奠定了基础，且必将成为推动智能家居应用更智能化的核心动力。通过云计算整合一切可以整合的计算资源、存储资源，来共同处理全球化智能家居业务的请求，并通过按需使用方式灵活扩展相应的计算、存储资源，联合物联网资源，作为智能家居领域的重要支撑平台。在智能家居时代下，云计算技术将会变成智能家居发展的重要技术支撑。

- 了解云平台的基本概念
- 熟悉云平台的种类及功能
- 了解各种云服务
- 了解虚拟化技术
- 了解云计算
- 掌握云安全的相关问题
- 提高人际交流、与人沟通的能力，培养主动参与意识
- 培养自主探究、主动学习、独立完成任务的能力
- 践行职业道德，培养岗位意识
- 树立团队精神，增强集体荣誉感和责任意识

## 案例 1　智能家居的系统支撑——云平台

近几年，各种以“云概念”为名的产品和服务急剧增加。但是，各种“云概念”产品在

让人眼花缭乱的同时，却也让消费者“不知所云”，那么，“云概念”中屡屡提及的“云”究竟是什么？

## 案例呈现

### 活动 1 何为“云”

“云”是网络、互联网行业的一种比喻说法。在设计网络拓扑或网络结构时较为常见。过去在图中往往用“云”来表示电信网，后来也用来表示互联网和底层基础设施的抽象。狭义的“云计算”指 IT 基础设施的交互和使用模式，指通过网络以按需、易扩展的方式获得所需资源；广义的 “云计算”指服务的交互和使用模式，指通过网络以按需、易扩展的方式获得所需服务。这种服务可以是 IT 和软件、互联网相关，也可是其他服务。它意味着计算能力也可作为一种商品通过互联网进行流通。如“云计算”“云阅读”“云搜索”“云引擎”“云服务”“云网站”“云盘”“云站中国”等（见图 6-1）。

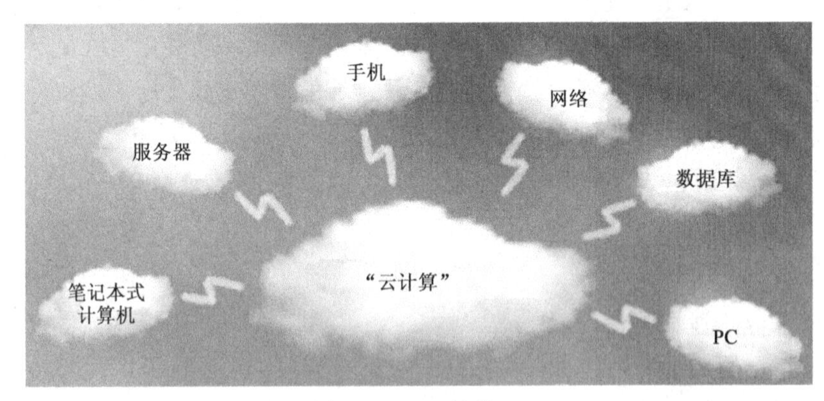


图 6-1 “云计算”

“云”就是计算机群，每一个群包括了几十万台甚至上百万台计算机。“云”的好处在于，其中的计算机可以随时更新，以保证其“长生不老”。这也就代表着“云”中的资源可以随时获取，按需使用，随时扩展，按使用付费。与以往的计算方式相比，它可以将计算资源集中起来，由软件实现自主管理，如此使得运算操作和数据存储的使用可以脱离用户机，从而摆脱一直以来“硬件决定性能”的局面。

云计算的资源共享最主要是建立在存储共享和计算共享的基础之上，而网络开发就是采用存储共享思想的典型。但网络的存储共享重在文件级，云计算的存储共享却可以达到数据级。

云计算的基本原理是通过使计算分布在大量的分布式计算机上，而非本地计算机或远程服务器中，企业数据中心的运行与互联网相似。这使得企业能够将资源切换到需要的应用上，根据需求访问计算机和存储系统。这是一种革命性的举措，它意味着计算能力也可以作为一种商品进行流通，就像煤气、水电一样，取用方便，费用低廉。最大的不同在于，它是通过互联网进行传输的。在未来，只需一台笔记本式计算机或者一部手机，就可以通过网络服务来实现人们需要的一切，甚至包括超级计算这样的任务。

## 大家说

1）什么是云计算？

2）什么是云平台？

## 知识链接

云计算（Cloud Computing）是基于互联网的相关服务的增加、使用和交付模式，通常涉及通过互联网来提供动态易扩展且经常是虚拟化的资源。云计算甚至可以让人们体验每秒10万亿次的运算能力，拥有这么强大的计算能力可以模拟核爆炸、预测气候变化和市场发展趋势。用户通过计算机、手机等方式接入数据中心，按自己的需求进行运算。

云计算是一种按使用量付费的模式，这种模式提供可用的、便捷的、按需的网络访问。用户进入可配置的计算资源共享池（资源包括网络、服务器、存储、应用软件、服务），既能得到这些被快速提供的资源，且只需投入很少的管理工作，或与服务供应商进行很少的交互。

“云平台”允许开发者们或是将写好的程序放在“云”里运行，或是使用“云”里提供的服务。这种新的支持应用的方式有着巨大的潜力。云平台可以划分为三类：以数据存储为主的存储型云平台、以数据处理为主的计算型云平台以及计算和数据存储处理兼顾的综合云平台（见图6-2）。

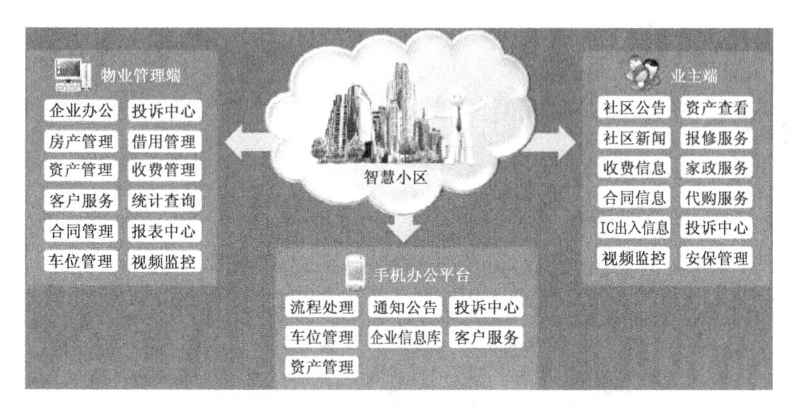


图6-2　“云平台”

## 大家做

试通过百度搜索或查阅相关资料，完成表6-1的填写。

**表6-1　云平台的特点及其应用**

| 云平台的特点 | 云平台的应用 |
| --- | --- |
| | |
| | |

**活动 2　众说纷“云”**

1．虚拟桌面云

对许多企业而言，桌面系统的安装、配置和维护都是其 IT 运营非常重要的一个方面，桌面系统的分散管理将给整个 IT 部门带来沉重的压力，而且相关的数据和信息安全不能受到有效监控。同时，企业更希望能降低终端桌面系统的整体成本，并且使用起来更加稳定和灵活。虚拟桌面云是一个非常不错的解决方案，它是利用了桌面虚拟化技术。桌面虚拟化技术是将用户的桌面环境与其使用的终端进行解耦，在服务器端以虚拟镜像的形式统一存放和运行每个用户的桌面环境，而用户则可通过小型的终端设备来访问其桌面环境，这样可以使系统管理员统一管理用户在服务器端的桌面环境，比如安装、升级和配置相应的软件等。这个解决方案比较适合那些需要使用大量桌面系统的企业，如图 6-3 所示。

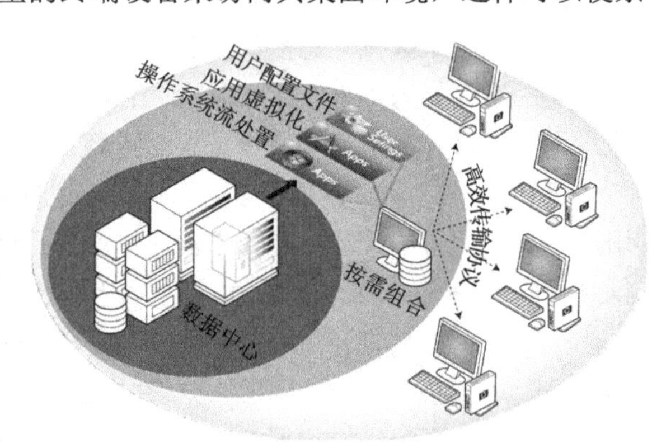


图 6-3　“虚拟桌面云”

2．云存储系统

由于数据是企业非常重要的资产和财富,因此需要对数据进行有效的存储和管理。此外，普通的个人用户也需要用大量的存储空间保存大量的个人数据和资料，但由于本地存储在管理方面的缺失，使得数据的丢失率非常高。云存储系统能解决上述问题，它是通过整合网络中的多种存储设备来对外提供云存储服务，并能管理数据的存储、备份、复制和存档，还有，良好的用户界面和强大的 API 支持也是不可或缺的。云存储系统非常适合那些需要管理和存储海量数据的企业，比如互联网企业、电信公司等如图 6-4 所示。

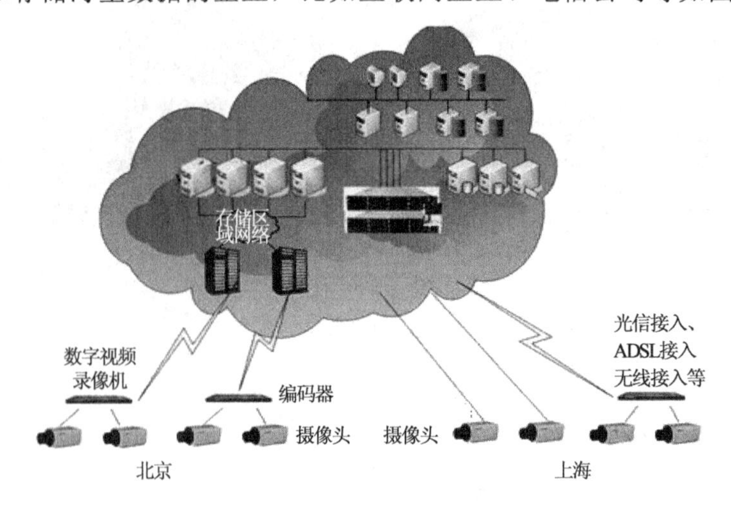


图 6-4　“云存储系统”

3．协作云

电子邮件、即时通信（Instant Messaging ，IM）、社交网络服务（Social Networking Services,

SNS）和通信工具（比如 Skype 和 WebEx）等都是很多企业和个人必备的协作工具，但是维护这些软件及其硬件却是一件让人非常头疼的工作。“协作云”是云供应商在 IDC 云的基础上或者直接构建一个专属的“云”，并在这个“云”上搭建整套的协作软件，然后将这些软件共享给用户，非常适合那些需要一定的协作工具，但不希望维护相关的软硬件和支付高昂的软件许可证费用的企业与个人，如图 6-5 所示。

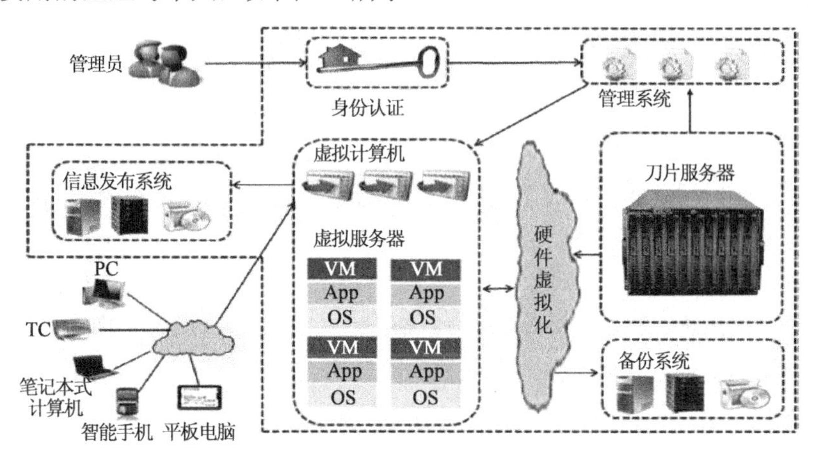


图 6-5　协作云平台

4．游戏云

由于传统游戏软件容量都非常巨大，无论是单机，还是网游，都需要在游戏之前，花很多时间在下载和安装上，使玩家无法尽兴地玩游戏，再加上游戏的购置成本偏高，使得玩家在尝试新游戏方面兴趣骤降。为此，业界部分公司推出了“游戏云”的解决方案，主要有两大类：其一是使用更多基于 Web 的游戏模式，比如使用 JavaScript、Flash 和 Silverlight 等技术，并将这些游戏部署到云中。这种解决方案比较适合休闲游戏；其二是为大容量和高画质的专业游戏设计的，整个游戏都将在“游戏云”中，但会将最新生成的画面传至客户端。总之，休闲玩家和专业玩家都会在游戏云中找到自己的所爱，如图 6-6 所示。

图 6-6　“云游戏”

5．云杀毒

新型病毒的不断涌现使得杀毒软件的病毒特征库容量与日俱增，如果在安装杀毒软件时，附带安装庞大的病毒特征库，将会影响用户的体验，而且杀毒软件本身的运行也会极大地消耗系统的资源。通过云杀毒技术，杀毒软件可以将有嫌疑的数据上传到云中，并通过云中庞大的特征库和强大的处理能力来分析这个数据是否含有病毒，这非常适合那些需要使用杀毒软件来捍卫其计算机安全的用户。现有的杀毒软件都支持一定的云杀毒特性，比如360杀毒和金山毒霸等，如图6-7所示。

图 6-7 “云杀毒”

6. 企业云

对任何大中型企业而言，80%的IT资源都用于维护现有应用的，而不是让IT更好地为业务服务。使用专业的企业云解决方案来提升企业内部数据中心的自动化管理程度，将整个IT服务的思维从过去的软硬件思维转变为以提供服务为主，使得IT人员能分出精力来为业务创新。企业云对于那些需要提升内部数据中心的运营维护水平和希望能使整个IT服务围绕业务展开的大中型企业非常适合，如图6-8所示。

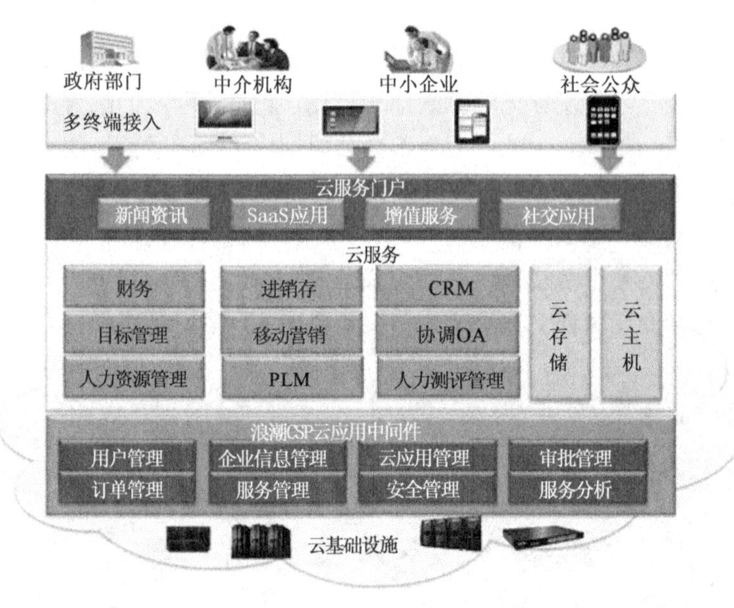


图 6-8 “企业云”平台

## 大家说

1）云平台有哪些主要服务？

2）你还知道生活中哪些云服务？

知识链接

教育云平台是首个以云计算技术运用的专业教育平台，是中国教育信息化的第一品牌，实现了广电网、电信网和互联网的三网合一。

云计算在教育领域中的迁移称之为“教育云”，是未来教育信息化的基础架构，包括了教育信息化所必需的一切硬件计算资源，这些资源经虚拟化之后，可向教育机构、教育从业人员和学员提供一个良好的平台，为教育领域提供云服务。

教育云包括“云计算辅助教学（Cloud Computing Assisted Instructions，CCAI）“和“云计算辅助教育（Clouds Computing Based Education，CCBE）”多种形式。

大 家 做

试通过百度网站搜索或查阅相关资料，完成表 6-2 的填写。

表 6-2　云平台各个分类的代表性产品

| 分　类 | 代 表 性 产 品 |
| --- | --- |
| 企业云 | |
| 云存储系统 | |
| 虚拟桌面云 | |
| 协作云 | |
| 游戏云 | |
| 云杀毒 | |

### 活动 3　话说云服务

“云平台”的架构共分为云服务和云管理两大部分，如图 6-9 所示。

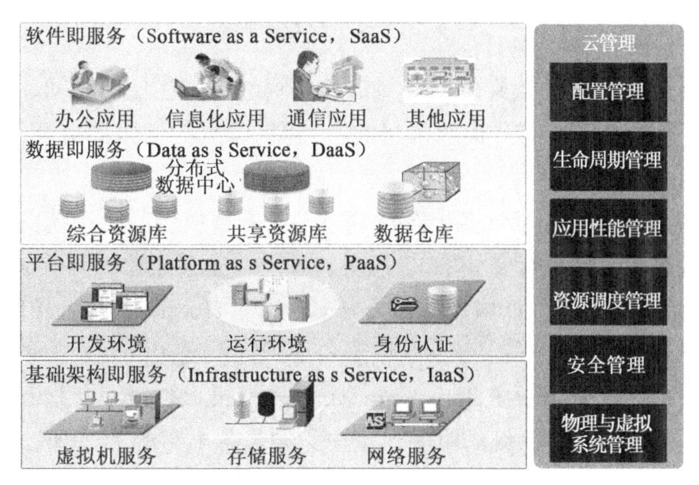


图 6-9　“云平台”的架构

在云服务方面，主要以为用户提供基于云的各种服务为主，共包含三个层次：其一是软件即服务（Software as a Service，SaaS），这层的作用是将应用主要以基于 Web 的方式提供给客户；其二是平台即服务（Platform as a Service，PaaS），这层的作用是将一个应用的开发和部署平台作为服务提供给用户；其三是基础设施即服务（Infrastructure as a Service，IaaS），这层的作用是将各种底层的计算（比如虚拟机）和存储等资源作为服务提供给用户。

从用户角度而言，这三层服务之间的关系是独立的，因为它们提供的服务是完全不同的，而且面对的用户也不尽相同。但从技术角度而言，云服务这三层之间的关系并不是独立的，而是有一定依赖关系的，比如一个 SaaS 层的产品和服务不仅需要使用到 SaaS 层本身的技术，而且还依赖 PaaS 层所提供的开发和部署平台或者直接部署于 IaaS 层所提供的计算资源上；还有，PaaS 层的产品和服务也很有可能构建于 IaaS 层服务之上。

在管理方面，主要以云的管理层为主，其功能是确保整个云计算中心能够安全和稳定地运行，并且能够被有效地管理，如图 6-10 所示。

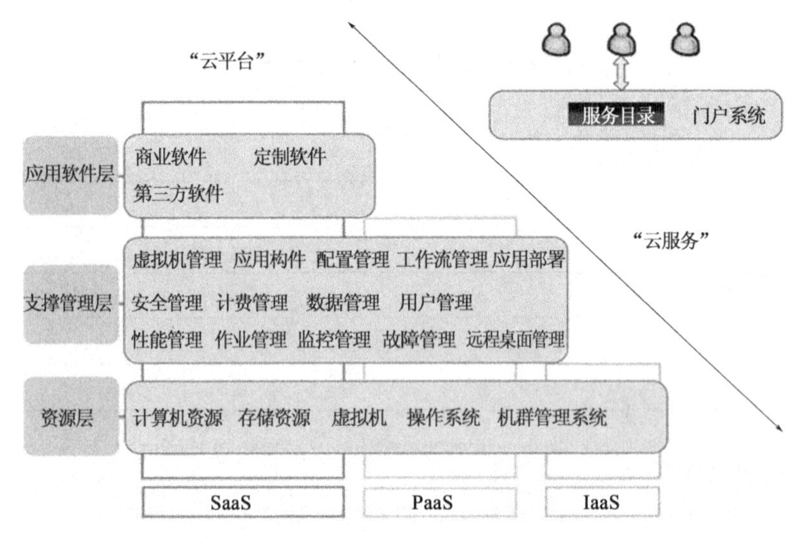


图 6-10　云平台与云服务

云服务可以将企业所需的软硬件、资料都放到网络上，在任何时间、地点，使用不同的 IT 设备互相连接，实现数据存取、运算等目的。当前，常见的云服务有公共云（Public Cloud）与私有云（Private Cloud）两种。

公共云是最基础的服务，可供多个客户共享一个服务提供商的系统资源，无须架设任何设备及配备管理人员，便可享有专业的 IT 服务。对于一般创业者、中小企业来说从公共云享受专业的 IT 服务无疑是一个降低成本的好方法。常用的 Hotmail、网上相册都属于 SaaS 的一种，主要以单一网络软件为主导；PaaS 则以服务形式提供应用开发、部署平台，加快用户自行编写客户关系管理（Customer Relationship Management,CRM）、企业资源规划（Enterprise Rescource Planning，ERP）等系统的时间，用户必须具备丰富的 IT 知识。

上述“公共云”服务的成本较低，但使用灵活度有不足。不满足这种服务模式的中小企业，一般都考虑使用“基础设施即服务（IaaS）”的 IT 资源管理模式。IaaS 架构主要通过虚拟化技术与“云服务”结合，直接提升整个IT系统的运作能力。当前的IaaS服务提供商，如第一线安莱公司，会以月费形式提供具有顶尖技术的软硬件及服务，例如服务器、存储系统、网络硬件、虚拟化软件等。IaaS让企业可以自由选择使用哪些软、硬件及服务，中小企业都可根据行业的需要、发展规模，建设最适合自己的IT基建系统。

这种服务模式能为中小企业带来多重优势：其一，企业不必配备耗资巨大的IT基建设备，却可享受同样专业的服务；其二，管理层可根据业务发展的规模、需求，调配所需的服务组合；其三，当有新技术出现时，企业可随时向服务提供商提出升级要求，不必为增设硬件而烦恼；其四，由于IaaS服务提供商拥有专业的顾问团队，因此中小企业可免却系统管理、IT支持方面的支出。

此外，近年来，行业竞争激烈，即便是大型企业也关注成本的节约，因而也需要云服务。虽然公共云服务提供商需遵守行业法规，但是大企业（如金融、保险行业）为了兼顾行业、客户隐私，不可能将重要数据存放到公共网络上，故倾向于私有云服务。

私有云的运作形式与公共云类似。然而，架设私有云却是一项重大投资，企业需自行设计数据中心、网络、存储设备，并且拥有专业的顾问团队。企业管理层必须充分考虑使用私有云的必要性以及是否拥有足够资源来确保私有云的正常运作。

虽然云计算涉及了很多产品与技术，表面上看起来的确有点纷繁复杂，但是其本身还是有迹可循和有理可依的——基本都遵循云架构。

1）什么是云服务？

2）云服务与云平台之间有什么关系？

1．SaaS

它是最常见的，也就是最先出现的云计算服务，通过SaaS这种模式，用户只要接入网络，并通过浏览器，就能直接使用在云端上运行的应用，并由SaaS云供应商负责维护和管理云中的软硬件设施，同时以免费或者按需使用的方式向用户收费，所以用户不需要顾及类似安装、升级和防病毒等琐事，可免去初期高昂的硬件投入和软件许可证费用的支出。

2．PaaS

通过PaaS这种模式，用户可以在一个提供软件开发工具包（Software Development Kit，SDK）、文档、测试环境和部署环境等在内的开发平台上非常方便地编写和部署应用，而且不论是在部署还是在运行时，用户都无须为服务器、操作系统、网络和存储等资源的运维而操心，这些烦琐的工作都由 PaaS 云供应商负责。而且 PaaS 在整合率上非常惊人，比如一台运行 Google App Engine 的服务器能够支撑成千上万的应用，也就是说，PaaS 是非常经济的。PaaS 主要面对的用户是开发人员。

3．IaaS

通过 IaaS 这种模式，用户可以从供应商那里获得所需要的计算或者存储等资源来装载相关的应用，并只需为其所租用的那部分资源进行付费，同时这些基础设施烦琐的管理工作则交给 IaaS 供应商来负责。

## 大家做

通过百度搜索或查阅相关资料，完成表 6-3 的填写。

表 6-3　云服务的相关产品

| 云服务 | 相关产品 |
| --- | --- |
| SaaS | |
| PaaS | |
| Iaas | |

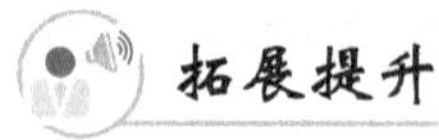

## 拓展提升

1．职场模拟

某物联公司技术人员小王接待了一个客户，该客户欲了解“云平台”的相关知识，在小王简单介绍后客户满意离开。如果你是小王，那么你觉得应该怎么介绍会让客户更满意？请结合前面所学内容做简短陈述。

2．畅想无限

近年来，云计算在 IT 领域备受追捧，甚至被誉为计算机领域的“第四场革命”。云计算也成为信息技术发展的新方向。全国各地都在推进“跨代网、云服务”发展战略，构建国家级骨干网和有线无线高速接入网，提供全国统一的“云城市、云家庭、云电视、云通信”服务。那么在你眼中，云服务的未来是怎样的？请尽情畅想。

## 考核评价

根据下列考核评价标准，结合前面所学内容，对本阶段学习做出客观评价，简单总结学习的收获及存在的问题，并完成表 6-4 的填写。

表 6-4　案例 1 的考核评价

| 考核内容 | 评价标准 | 评　　价 |
| --- | --- | --- |
| 必备知识 | ● 掌握云平台和云计算的概念<br>●了解云平台的种类及各类云平台的典型产品<br>● 了解云服务 | |
| 师生互动 | ● “大家来说”积极参与、主动发言<br>● “大家来做”认真思考、积极讨论，独立完成表格的填写<br>● “拓展提升”结合实际置身职场、主动参与角色模拟、换位思考发挥想象 | |
| 职业素养 | ● 具备良好的职业道德<br>● 具有计算机操作能力<br>● 具有阅读或查找相关文献资料、自我拓展学习本专业新技术、获取新知识及独立学习的能力<br>● 具有独立完成任务、解决问题的能力<br>● 具有较强的表达能力、沟通能力及组织实施能力<br>● 具备人际交流能力、公共关系处理能力和团队协作精神<br>● 具有集体荣誉感和社会责任意识 | |

## 案例 2　智能家居的系统管理——云计算

### 案例描述

云计算极大扩展了 IT 服务能够提供的种类和范围，作为云计算基础架构和服务提供的重要组成部分，网络需要满足更高的要求。

基于云计算的智能家居系统是将物联网和云计算技术有机结合的一个平台，此平台完全呈现了物联网的整体架构，最上层以云计算技术实现整体的管理和控制，而感知层将会由各类网络传感器组成，包括摄像头、红外线传感器、门禁传感器、智能水表、智能电表、智能燃气表、消防探头等，全部以网络化结构形式组成智慧化家庭控制系统。

### 案例呈现

#### 活动 1　虚拟化技术

云计算技术是 IT 产业界的一场技术革命，已经成为了 IT 行业未来发展的方向，这种变化使得 IT 基础架构的运营专业化程度不断集中和提高，从而对基础架构层面，特别是网络提出了更高的要求。虚拟化的计算资源和存储资源最终均需通过网络为用户提供访问。如何让云中各种类型的用户尽可能安全地使用网络，如何让用户无缝接入和使用云计算服务，以及通过网络满足数据中心的数据传输和迁移，这些都是标准组织和设备厂商正在积极研究的内容。其中通过虚拟化技术提高网络的利用率，并让网络具有灵活的可扩展性和可管理性，是云计算网络研究的热点。在网络领域中，虚拟化并不是一项新兴技术，虚拟网络允许不同需求的用户组访问同一个物理网络，但从逻辑上对它们进行一定程度的隔离，以确保安全。

凭借网络虚拟化技术，能在单一物理基础设施上部署多个封闭用户组，并在整个网络中保持高标准的安全性、可扩展性、可管理性和可用性。通过网络虚拟化可实现弹性、安全、自适应、易管理的基础网络，充分满足服务器虚拟化等虚拟技术对基础网络带来的挑战，达到提高数据中心的运行效率、业务部署灵活、降低能耗、释放机架空间的目的。

虚拟化技术的发展让包括互联网公司、软件厂商和硬件厂商等原来租用 IDC 业务的企业纷纷建起了自己的数据中心。Google 在云计算 IT 基础架构上投入了巨资，目前在美国四个州已经完成的和在建的最新数据中心平均每家耗资约为 6 亿美元。微软之前一直租赁数据中心，从 2007 年起开始设计和构建自己的数据中心，目前在全球范围内已经有 15 个数据中心，14.8 万台服务器，每个数据中心耗资均达 5 亿美元以上。Salesforce 的数据中心位于美国，但目前已经计划在新加坡建立数据中心和网络操作中心。IBM 在美国北卡罗来纳州、爱尔兰都柏林、中国北京、日本东京等地设有八个数据中心。2008 年 4 月，IBM 又投资约 4 亿美元改造美国北卡罗来纳州和日本东京的数据中心，并将与其他数据中心连接在一起向云计算服务方向转变，如图 6-11 所示。

图 6-11 “云计算数据中心”

云计算数据中心的出现催生了新的产业生态圈。未来的云计算数据中心需要提供更优质、更便宜的服务，满足客户从底层存储到上层应用全方位的需要，才能在市场中处于领先地位。电信运营商拥有雄厚的网络实力、庞大的客户资源、全网的收费能力和良好的社会信用，应抓住机会建立以自身为核心的生态圈，作为新产业生态圈的主导者与其他参与者一起通过产业链深度合作提升云计算数据中心的竞争力。云计算数据中心生态圈（见图 6-12）包括资源圈、服务圈和行业圈三个小生态圈以及社会环境圈。资源圈提供软件和硬件等资源，服务圈则提供各种内容和应用，行业圈可以开展各种合作，社会环境圈为整个生态圈提供健全的机制、法律和需求。各个小生态圈在社会环境圈中和谐共存、合作互利。

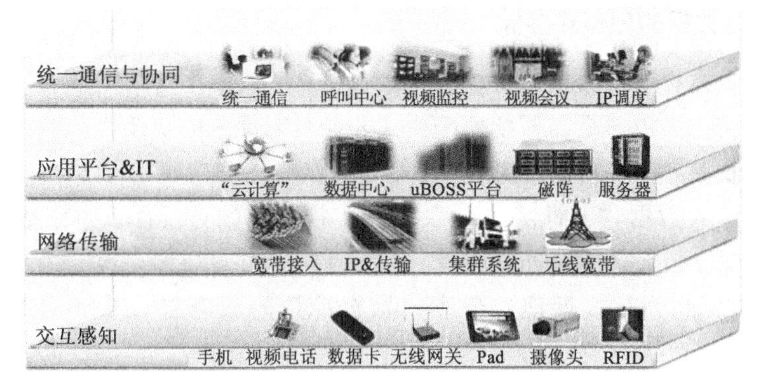


图 6-12　云计算数据中心生态圈

## 大家说

1）什么是云计算技术？

2）云计算与虚拟化技术之间的关系？

## 知识链接

虚拟化技术是指计算元件在虚拟的基础上而不是真实的基础上运行，它可以扩大硬件的容量，简化软件的重新配置过程，减少软件虚拟机相关开销并支持更广泛的操作系统。通过虚拟化技术可实现软件应用与底层硬件相隔离，它包括将单个资源划分成多个虚拟资源的裂分模式，也包括将多个资源整合成一个虚拟资源的聚合模式。虚拟化技术根据对象可分成存储虚拟化、计算虚拟化、网络虚拟化等，计算虚拟化又分为系统级虚拟化、应用级虚拟化和桌面虚拟化。在云计算实现中，计算系统虚拟化是一切建立在“云”上的服务与应用的基础。虚拟化技术主要应用在 CPU、操作系统、服务器等多个方面。

虚拟化技术是提高服务效率的最佳解决方案。虚拟化实现了 IT 资源的逻辑抽象和统一表示，在大规模数据中心管理和解决方案交付方面发挥着巨大的作用，是支撑云计算伟大构想的最重要的技术基石。

## 大家做

试通过百度网站搜索或查阅相关资料，完成表 6-5 的填写。

**表 6-5　虚拟化技术的相关论述**

| 虚拟化技术的发展过程 | |
|---|---|
| 虚拟化技术的特点 | |
| 虚拟化技术的发展现状 | |
| 虚拟化技术还需要解决的问题 | |

### 活动 2　海量数据的分布式存储

什么是海量数据？海量数据还可以称为大数据。对于大数据（Big data）研究机构 Gartner 给出了这样的定义：大数据是需要新处理模式才能具有更强的决策力、洞察力和流程优化能力的海量、高增长率和多样化的信息资产。

从技术上看，大数据与云计算的关系就像一枚硬币的正反面。大数据必然无法用单台的计算机进行处理，必须采用分布式架构。其特色在于可对海量数据进行分布式数据挖掘，但必须依托云计算的分布式处理、分布式数据库以及云存储、虚拟化技术，如图 6-13 所示。

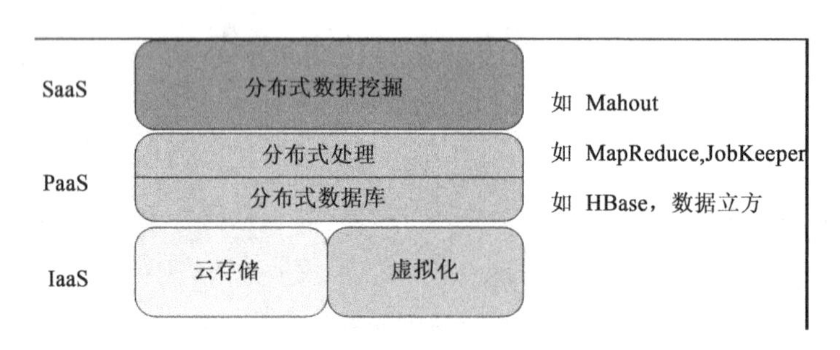


图 6-13　大数据与云计算的关系

随着云时代的来临，大数据也吸引了越来越多的关注。《著云台》的分析师团队认为，大数据通常用来形容一个公司创造的大量非结构化数据和半结构化数据，这些数据在下载到关系型数据库用于分析时会花费过多时间和金钱。大数据分析常和云计算联系到一起，因为实时的大型数据集分析需要像 MapReduce 一样的框架来向数十、数百甚至数千台计算机分配工作。

1．大数据的特点

相比传统的数据仓库应用，大数据分析具有数据量大、查询分析复杂等特点。《计算机学报》刊登的“架构大数据：挑战、现状与展望”一文列举了大数据分析平台需要具备的几个重要特性，对当前的主流实现平台——并行数据库、MapReduce 及基于两者的混合架构进行了分析归纳，指出了各自的优势及不足，同时也对各个方向的研究现状及作者在大数据分析方面的努力进行了介绍，对未来研究做了展望。

大数据的特点有四个层面：第一，数据体量巨大。从 TB 级别跃升到 PB 级别。第二，数据类型繁多。前文提到的网络日志、视频、图片、地理位置信息等。第三，处理速度快。1s 定律，可从各种类型的数据中快速获得高价值的信息，这一点也是和传统的数据挖掘技术有着本质的不同。第四，只要合理利用数据并对其进行正确、准确的分析，将会带来很高的价值回报。业界将其归纳为 4 个“V”——Volume（数据体量大）、Variety（数据类型繁多）、Velocity（处理速度快）、Value（数据价值大）。

从某种程度上说，大数据是数据分析的前沿技术。简言之，从各种各样类型的数据中，快速获得有价值信息的能力，就是大数据技术。明白这一点至关重要，也正是这一点促使该技术具备走向众多企业的潜力。

2．大数据的用途

大数据可分成大数据技术、大数据工程、大数据科学和大数据应用等领域。目前人们谈论最多的是大数据技术和大数据应用。工程和科学问题尚未被重视。大数据工程指大数据的规划建设运营管理的系统工程；大数据科学关注大数据网络发展和运营过程中发现和验证大数据的规律及其与自然和社会活动之间的关系。

物联网、云计算、移动互联网、车联网、手机、平板电脑、PC以及遍布地球各个角落的各种各样的传感器，无一不是数据来源或者承载的方式。

3．大数据的存储

大数据最核心的价值就是在于对海量数据进行存储和分析。与现有的其他技术相比，大数据的“廉价”“迅速”“优化”这三方面的综合成本是最优的。

大数据需要特殊的技术，以有效地处理大量的容忍时间内的数据。适用于大数据的技术包括大规模并行处理（MPP）数据库、数据挖掘电网、分布式文件系统、分布式数据库、云计算平台、互联网和可扩展的存储系统。

分布式存储系统是将数据分散存储在多台独立的设备上。传统的网络存储系统采用集中的存储服务器存放所有数据，存储服务器成为系统性能的瓶颈（也是可靠性和安全性的焦点），不能满足大规模存储应用的需要。分布式网络存储系统采用可扩展的系统结构，利用多台存储服务器分担存储负荷，利用位置服务器定位存储信息，不仅提高了系统的可靠性、可用性和存取效率，还易于扩展。

## 大家说

1）什么是海量数据?大数据具有什么特点？

2）什么是分布式处理？

## 知识链接

1．大数据的意义

大数据是指无法在可承受的时间范围内用常规软件工具进行捕捉、管理和处理的数据集合，是需要新处理模式才能具有更强的决策力、洞察发现力和流程优化能力的海量、高增长率、多样化的信息资产。

2013年5月10日，阿里巴巴集团董事局主席马云在淘宝十周年晚会上说，“大家还没搞清PC时代的时候，移动互联网来了，还没搞清移动互联网的时候，大数据时代来了”。

大数据正在改变着产品和生产过程、企业和产业，甚至改变着竞争本身的性质。把信息技术看作辅助或服务性的工具已经成为过时的观念，管理者应该认识到信息技术的广泛影响和深刻含义，以及怎样利用信息技术来创造有力而持久的竞争优势。毋庸置疑的是，信息技术正在改变着人们习以为常的经营之道，一场关系到企业生死存亡的技术革命已经到来。

借着大数据时代的热潮，微软公司生产了一款数据驱动的软件，主要用于为工程建设节约资源提高效率，在这个过程里，可以为世界节约40%的能源。抛开这个软件的前景，从微软团队致力于研究开始，可以看到他们的目标不仅是为了节约能源，还更加关注智能化运营。通过跟踪取暖器、空调、风扇以及灯光等积累下来的超大量数据，捕捉如何杜绝能源浪费。“给我提供一些数据，我就能做一些改变。如果给我提供所有数据，我就能拯救世界。”微软史密斯这样说。而智能建筑正是他的团队所专注的事情。

随着全球范围内个人计算机、智能手机等设备的普及和新兴市场内不断增长的互联网访问量，以及监控摄像机或智能电表等设备产生的数据暴增，使数字宇宙的规模在 2012 年到 2013 年两年间翻了一番，达到惊人的 2.8ZB。IDC 预计，到 2020 年，数字宇宙规模将超出预期，达到 40ZB。

40ZB 究竟是个什么样的概念呢？地球上所有海滩上的沙粒加在一起估计有七万零五亿亿颗。40ZB 相当于地球上所有海滩上的沙粒数量的 57 倍。也就是说，到 2020 年，数字宇宙将每两年翻一番；到 2020 年，人均数据量将达到 5247GB。

该报告同时显示，尽管个人和机器每天产生大量数据，使数字宇宙前所未有地不断膨胀，但仅有 0.4%的全球数据得到了分析。由此可见，大数据的应用几乎是一块未被开垦的处女地。

2．大数据的价值

谷歌搜索、Facebook 的帖子和微博消息使得人们的行为和情绪的细节化测量成为可能。从中挖掘用户的行为习惯和喜好，从凌乱纷杂的数据背后找到更符合用户兴趣和习惯的产品和服务，并对产品和服务进行针对性地调整和优化，这就是大数据的价值。大数据也日益显现出对各个行业的推动力。

大数据时代的来临首先由数据丰富度决定的。社交网络兴起，大量的 UGC（互联网术语，全称为 User Generated Content，即“用户生成内容”的意思）内容、音频、文本信息、视频、图片等非结构化数据出现了。另外，物联网的数据量更大，加上移动互联网能更准确、更快地收集用户信息，比如位置、生活信息等数据。从数据量来说，已进入大数据时代，但硬件明显已跟不上数据发展的脚步。

以往大数据通常用来形容一个公司创造的大量非结构化和半结构化数据，而现在提及“大数据”，通常是指解决问题的一种方法，并对其进行分析挖掘，进而从中获得有价值信息，最终演化出一种新的商业模式。

虽然大数据在国内还处于初级阶段，但其商业价值已经显现出来。首先，掌握数据的公司站在金矿上，基于数据交易即可产生很好的效益；其次，基于数据挖掘会有很多商业模式诞生，定位角度不同，或侧重于数据分析。比如帮企业做内部数据挖掘，或侧重优化，帮企业更精准找到用户，降低营销成本，提高企业销售率，增加利润。

未来，数据可能成为最大的交易商品。但数据量大并不能就算是大数据，大数据的特征是数据量大、数据种类多、非标准化数据的价值最大化。因此，大数据的价值是通过数据共享、交叉复用后获取最大的数据价值。未来大数据将会如基础设施一样，由数据提供方、管理者、监管者，数据的交叉复用将大数据变成一大产业。据统计，大数据所形成的市场规模在 51 亿美元左右，而到 2017 年，此数据预计会上涨到 530 亿美元。

试通过百度网站搜索或查阅相关资料，完成表 6-6 的填写。

表 6-6　海量数据

| 什么是海量数据 | |
|---|---|
| 海量数据如何处理 | |
| 海量数据如何存储 | |
| 海量数据如何解决 | |

**活动 3　大规模数据管理**

数据管理是利用计算机硬件和软件技术对数据进行有效的收集、存储、处理和应用的过程。其目的在于充分、有效地发挥数据的作用。实现数据有效管理的关键是数据组织。随着计算机技术的发展，数据管理经历了人工管理、文件系统、数据库系统三个发展阶段。在数据库系统中所建立的数据结构，更充分地描述了数据间的内在联系，便于数据修改、更新与扩充，同时保证了数据的独立性、可靠性、安全性与完整性，减少了数据冗余，故提高了数据共享程度及数据管理效率。

面向数据应用的数据管理，即对数据资源的管理。“数据资源是利用计算机硬件和软件技术对数据进行有效的收集、存储、处理和应用的过程。与百度百科的定义比较，百度百科的定义针对的是数据应用过程中数据的管理，即传统的数据管理，而维基百科的定义针对的是企业数据全生命周期所涉及应用过程数据的管理，即对数据变化的管理，或者说是针对描述数据的数据（元数据）的管理，在此称之为“面向应用的数据管理”。

根据管理学理论，几个人的团队可以靠自觉、自律，几十个人就要有人管理，几百个人就要有一个团队管理，几千或几万人就必须要依靠计算机辅助团队管理。通常覆盖全国的企业和机构，其整个组织的管理分为总部机构、省级机构、市级机构、基层机构等各层级机构；在每个层级机构中还设置了直接从事相应业务的管理和职能部门和非直接从事业务的管理和职能部门（如人事、办公、后勤、审计等）；每个部门又是由若干员工为管理对象构成的。同时，还制订了一系列的制度去规范和约束机构、部门、人员等管理对象的活动、行为等。

同样，数据管理随着管理对象（数据）的增加，管理的方式（阶段）也会随之提升。对于常见的大型管理信息系统，其整个项目分为总集成、分项目及子项目，每个子项目又有若干内部项目组等管理层级；在每个管理层级中都涉及直接服务于业务的功能（如业务交易、账务处理、行政管理、结果展现等）和非直接服务于业务的非业务功能（如定义、配置、监控、分析、记录、调度等）；每个业务和非业务性质的功能又分别由若干数据集合为对象（如流程、表单、数据项、算法、元数据、日志等）所构成的。同时，也需要制订一系列制度、规则和标准去约束项目、功能、数据等管理对象的活动和变化。

由此可见，传统的数据管理侧重的数据对象是流程、表单、数据项、算法等直接面向具体业务需求的数据；面向应用的数据管理所涉及的数据对象，还增加了通过标准化的手段，描述流程、表单、数据项、算法等应用对象的数据（即它们对应的元数据），以及记录各类数据变化结果的档案、记录运行状态的日志等非直接面向业务的数据，以实现对各类应用业务需求的加载、变化、记录、复用等过程的管理。数据空间示意图如图 6-14 所示。

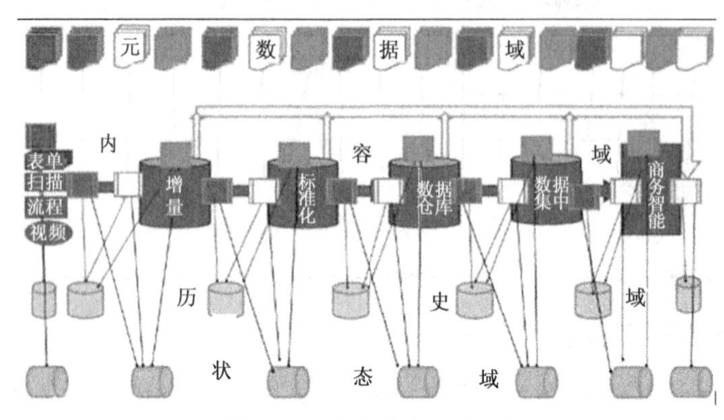


图 6-14　数据空间示意图

1）什么是数据管理？

2）简述面向应用的数据管理概念。

1．面向数据应用的数据管理对象

面向数据应用的数据管理对象，主要是那些描述构成应用系统构件属性的元数据，这些应用系统构件包括流程、文件、档案、数据元（项）、代码、算法（规则、脚本）、模型、指标、物理表、ETL 过程、运行状态记录等。

通常意义的元数据（Metadata）指的是描述数据的数据，主要是描述数据属性的信息。这些信息包括数据的标识类属性，如命名、标识符等；技术类属性，如数据类型、数据格式等；管理类属性，如版本、注册机构等；关系类属性，如分类、关系、流程等。而面向数据应用的数据管理所涉及的元数据，主要是描述那些应用系统构件属性的信息。除了传统元数据属性以外，每个不同的构件还有其特有的属性，比如流程要有参与者和环节的属性、物理表要有部署的属性、ETL 要有源和目标的属性、指标要有算法和因子的属性等。

每一个构件必然对应一个或多个（一个构件的不同分类）元模型，元模型是元数据的标准，每一个元数据都应该遵循其对应元模型的定义。比如每个数据项（元）都有自己的名字、标识符、数据类型、数据格式、发布状态、注册机构等属性，这些属性的集合就是这个数据项的元数据。而约束每个数据项元数据的属性描述以及描述的规则等称为“元模型”。电子政务数据元标准（GB/T 19488.1—2004）就是电子政务数据项（元）的元模型。

传统的元数据管理通常均在相关业务实现后，通过专门元数据管理系统的抽取功能加载元数据，由于需要在事后人工地启动加载或维护（事后补录业务属性）元数据的过程，这种方式往往很难及时获取元数据的变化，确保元数据与实际情况的一致性。在实现面向应用的数据管理时，应该采用主动的元数据管理模式，即遵循元模型的标准，通过人机交互过程加载元数据（本地元数据），在可能的情况下同时产生数据对象（应用系统构件）的配置或可执行脚本（如果条件不具备，也要利用人机交互所产生的元数据，作为其他相关工具产生可执行脚本的依据）。每当需要变更配置或修改脚本时，也是通过这个人机交互过程实现，同步产生新的元数据，以保证元数据与实际的一致性。

2．面向数据应用的数据管理的意义和方法

传统应用系统（Application Systems）往往是针对特定应用的，需要固化需求的，难以支持变化的管理信息系统。而“金税三期”项目是建立针对全国性的组织，覆盖整个组织所有管理业务和所有用户的管理信息系统。对于这样的应用系统，其业务需求的“变化”是常态的，“不变”是暂时的；面对整个组织，各部门和层级的业务“不同”是客观存在的，“统一”是逐步实现的，继而持续拓展（开始新的不同）的。为此，必须要有一个不仅能提供业务需求的实现，更要能够提供可支持业务需求的变化，可对它们变化进行跟踪和管理，可以支持持续优化的用户体验的，企业化生产的新型应用系统（AS 2.0）产品集合作为支撑。AS 2.0中必须对整个组织业务需求的变化过程和结果加以控制、记录和管理，面向数据应用的数据管理就是 AS 2.0 关键基础构件的一个产品，并且是其可行性的基础。

传统应用系统的数据管理所关注的是数据的增值过程，其功能的实现重在关注和强调业务需求内容的加载、内容的 ETL、内容的组织、内容的加工以及内容的反映。这些功能都是通过编码实现的，即固化的软件代码。AS 2.0 的数据管理所关注的对象增加了元数据的集合、历史数据的集合和状态数据的集合，并且利用主动的元数据管理工具进行配置和加载实现的软件代码。同时，将其对应的本地元数据汇集形成元数据集合，实现对各种业务需求的变化实施加载，加以捕获，进行记录，实现跟踪达到对变化的管理；将与内容和变化相关的历史记录加以标准化的封装形成档案，实现历史资料的组织、复用和卸载等功能达到对历史记录的管理；将 AS 2.0 各种构件运行状态信息实时捕获，加以记录，综合分析，及时反映，实现整个系统运行状态的综合管理。

综上所述，随着数据对象拓展了变化的记录、历史的记录、状态的记录，标志着数据管理进入了新的阶段——面向数据应用的数据管理，也标志着应用系统开始进入 AS2.0 时代。

## 拓展提升

1．职场模拟

某物联公司技术人员小王接待了一个客户，该客户想了解云计算及海量数据如何存储等相关知识，在小王简单介绍后客户满意离开。如果你是小王，你觉得应该怎么介绍会让客户更满意？请结合前面所学内容做简短陈述。

2．畅想无限

面对大量的数据，如果你是公司里负责数据处理的技术员，请说一说你将如何处理海量数据。

## 考核评价

根据下列考核评价标准，结合前面所学内容，对本阶段学习做出客观评价，简单总结学习的收获及存在的问题，并完成表 6-7 的填写。

**表 6-7　案例 2 的考核评价**

| 考核内容 | 评价标准 | 评　价 |
| --- | --- | --- |
| 必备知识 | ● 掌握云计算的概念<br>● 了解海量数据的处理<br>● 了解数据挖掘 | |
| 师生互动 | ● “大家来说”积极参与、主动发言<br>● “大家来做”认真思考、积极讨论，独立完成表格的填写<br>● “拓展提升”结合实际置身职场、主动参与角色模拟、换位思考发挥想象 | |
| 职业素养 | ● 具备良好的职业道德<br>● 具有计算机操作能力<br>● 具有阅读或查找相关文献资料、自我拓展学习本专业新技术、获取新知识及独立学习的能力<br>● 具有独立完成任务、解决问题的能力<br>● 具有较强的表达能力、沟通能力及组织实施能力<br>● 具备人际交流能力、公共关系处理能力和团队协作精神<br>● 具有集体荣誉感和社会责任意识 | |

# 案例 3　智能家居的系统保障——云安全

## 案例描述

什么是用户所要面对的安全保障？——面向中小企业云存储信息化需求，使用拟化技术管理各类存储资源，为企业管理提供安全、高效、便捷的文件存储和共享服务。对此，云盘应运而生，它能够保障用户的数据在网上有一个备份。那么，智能家居又需要什么样的系统保障呢？

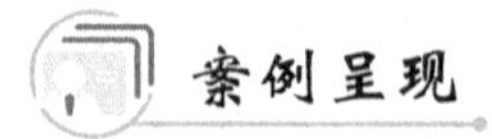

## 案例呈现

### 活动 1　身边的数据服务专家

1．认识云盘

闲置资源的二次利用

淘汰的机器太多？扔掉又可惜？很多机器的存储空间闲置？云盘通过虚拟化技术很好

地将这些闲置的服务器组合起来，能够最大限度地利用存储空间。

拥有企业特色的云盘独立域

企业可注册申请以企业名称为扩展名的独有的云盘企业私有域。企业管理员可自行管理企业域下的所有员工，实现日常的文件存储和企业内部共享服务。

虚拟磁盘

云盘特有的虚拟磁盘管理，只需简单安装即可在本机虚拟出一个硬盘，进而可轻松实现编辑、复制、粘贴、删除等操作。虚拟磁盘内的文件自动与所有终端同步。

使用云盘，无须再将工作文档、资料，同事聚会的照片、视频等传来传去，只需将这些资料上传到共享文档目录下，所有同事即可进行浏览、下载等操作。

2．“云盘”的概念与含义

《著云台》的分析师团队结合云发展的理论总结认为，云安全（Cloud Security）是指基于云计算商业模式应用的安全软件、硬件、用户、机构、安全云平台的总称。

云安全是继云计算、云存储之后出现的云技术的重要应用，是传统 IT 领域安全概念在云计算时代的延伸。

云安全是云计算技术的重要分支，已经在反病毒领域中获得了广泛应用。云安全通过网状的大量客户端对网络中软件行为的异常监测，获取互联网中木马、恶意程序的最新信息，并推送到服务端进行自动分析和处理，再把病毒和木马的解决方案分发到每一个客户端，使得整个互联网变成了一个超级大的杀毒软件，这就是云安全计划的宏伟目标。云安全示意图如图 6-15 所示。

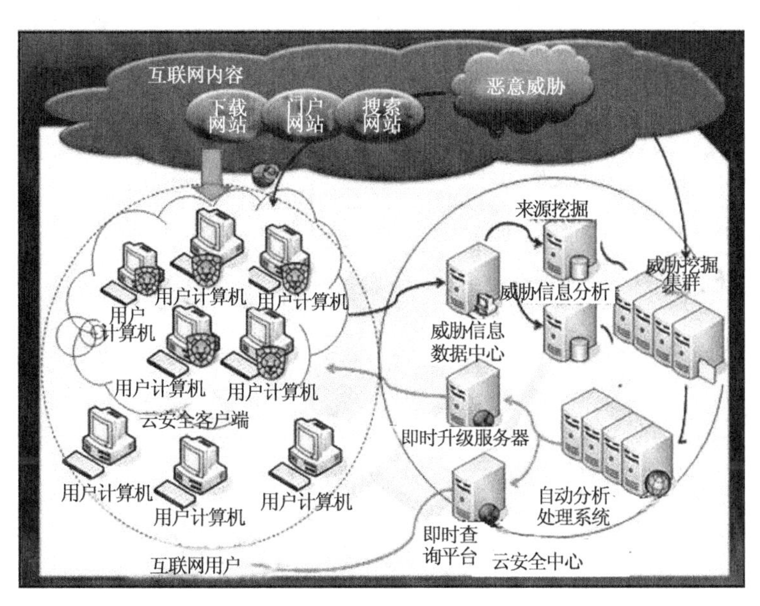


图 6-15　云安全示意图

在云计算的架构下，云计算开放网络和业务共享场景更加复杂多变，安全性方面的挑战更加严峻，一些新型的安全问题变得比较突出，如多个虚拟机租户间并行业务的安全运行、公有云中海量数据的安全存储等。由于云计算的安全问题涉及广泛，以下仅就几个主要方面进行介绍：

（1）用户身份安全问题

云计算通过网络提供弹性可变的 IT 服务，用户需要登录到云端来使用应用与服务，系统需要确保使用者身份的合法性，才能为其提供服务。如果非法用户取得了用户身份，则会危及合法用户的数据和业务。

（2）共享业务安全问题

云计算的底层架构（IaaS 和 PaaS 层）是通过虚拟化技术实现资源共享调用，其优点是资源利用率高，但是共享会引入新的安全问题，因此，一方面需要保证用户资源间的隔离，另一方面需要面向虚拟机、虚拟交换机、虚拟存储等虚拟对象的安全保护策略，这与传统的硬件上的安全策略完全不同。

（3）用户数据安全问题

数据的安全性是用户最为关注的问题，广义的数据不仅包括客户的业务数据，还包括用户的应用程序和用户的整个业务系统。数据安全问题包括数据丢失、泄漏、篡改等。在传统的 IT 架构中，数据是离用户很“近”的——数据离用户越“近”则越安全。而云安全架构下（见图 6-16），数据常常存储在离用户很“远”的数据中心中，需要对数据采用有效的保护措施，如多份副本、数据存储加密，以确保数据的安全。

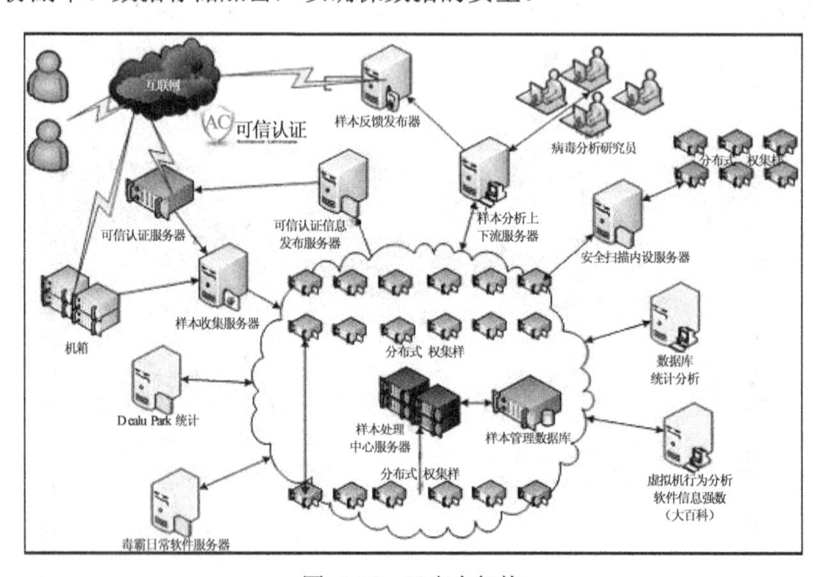


图 6-16　云安全架构

（4）发展趋势

未来杀毒软件将无法有效地处理日益增多的恶意程序。来自互联网的主要威胁正在由计算机病毒转向恶意程序及木马，在这样的情况下，采用的特征库判别法显然已经过时。云安全技术应用后，识别和查杀病毒不再仅依靠本地硬盘中的病毒库，而是依靠庞大的网络服务，实时进行采集、分析以及处理。整个互联网就是一个巨大的“杀毒软件”，参与者越多，每个参与者就越安全，整个互联网就会更安全。

云安全的概念提出后，曾引起了广泛的争议，许多人认为它是伪命题。但事实胜于雄辩，云安全的发展像一阵风，瑞星、趋势、卡巴斯基、McAfee、Symantec、江民科技、PANDA、金山、360 安全卫士等都推出了云安全解决方案。我国安全企业金山、360、瑞星等都拥有相关的技术并已投入使用。金山的云技术使得自己的产品资源占用得到极大减少，在很多旧计算机上也能流畅运行。趋势科技已经在全球建立了五大云安全数据中心，几万部在线服务器。据悉，云安全可以支持平均每天 55 亿条点击查询，每天收集分析 2.5 亿个样本，资料库第一次命中率就可以达到 99%。借助云安全，趋势科技现在每天阻断的病毒感染最高达 1000 万次。云安全示意图如图 6-17 所示。

图 6-17　云安全示意图

云安全技术是 P2P 技术、网络技术、云计算技术等分布式计算技术混合发展、自然演化的结果。

## 大家说

1）云盘的作用有哪些？

2）云安全是指什么？

## 知识链接

### 云安全的问题

1. 云端问题

云安全联盟与惠普公司共同列出了云计算的七大问题，主要是基于对 29 家企业、技术供应商和咨询公司的调查结果而得出的结论：

1）数据丢失/泄漏。云计算中对数据的安全控制力度并不是十分理想，API 访问权限控制以及密钥生成、存储和管理方面的不足都可能造成数据泄露，并且还可能缺乏必要的数据销毁政策。

2）共享技术漏洞。在云计算中，简单的错误配置都可能造成严重影响，因为云计算环境中的很多虚拟服务器共享着相同的配置，所以必须为网络和服务器配置执行服务等级协议（Service-Level Agreement，SLA），以确保及时安装修复程序以及实施最佳做法。

3）内奸。云计算服务供应商对工作人员的背景调查力度可能与企业数据访问权限的控制力度有所不同，很多供应商在这方面做得还不错，但并不够，企业需要对供应商进行评估并提出如何筛选员工的方案。

4）账户、服务和通信劫持。很多数据、应用程序和资源都集中在云计算中，而云计算的身份验证机制如果很薄弱，那么入侵者就可以轻松获取用户账号并登录客户的虚拟机，因此建议主动监控这种威胁，并采用双因素身份验证机制。

5）不安全的应用程序接口。在开发应用程序方面，企业必须将云计算看作新的平台，而不是外包。在应用程序的生命周期中，必须部署严格的审核过程——开发者可以运用某些准则来处理身份验证、访问权限控制和加密。

6）没有正确运用云计算。在运用技术方面，黑客通常能够迅速部署新的攻击技术在云计算中自由穿行。

7）未知的风险。透明度问题一直困扰着云服务供应商，账户用户仅使用前端界面，他们不知道供应商使用的是哪种平台或者修复水平。

2．客户端问题

客户云安全有网络方面的担忧。有一些反病毒软件在脱离互联网之后，性能大大下降。而实际应用中也不乏这样的情况。由于病毒破坏、网络环境等因素，在网络上一旦出现问题，云技术就反而成了累赘。

针对客户端问题，解决的方式是采用混合云技术，即将公有云与私有云相结合，既发挥了公有云用户量大的优势，又保留了本地的数据能力，结合了传统技术与新技术的优点，可解决不少应用问题。

3．企业云安全解决方案

（1）内部私有云，奠定云计算基础

提升云安全的第一个方法——了解自己。企业需要对现有的内部私有云环境，以及企业为此云环境所构建的安全系统和程序有深刻的理解，并从中汲取经验。在过去数十年中，大中型企业都在设置云环境，虽然他们将其称之为“共享服务”而不是“云”。这些“共享服务”包括验证服务、配置服务、数据库服务、企业数据中心等，这些服务一般都以相对标准化的硬件和操作系统平台为基础。

（2）风险评估，商业安全的重要保障

提升云安全的第二种方法——对各种需要 IT 支持的业务流程进行风险性和重要性的评估。企业可能很容易计算出采用云环境所节约的成本，但是“风险/收益比”同样不可忽视，必须首先了解这个比例关系中的风险因素。云服务供应商无法为企业完成风险分析，因为这完全取决于业务流程所在的商业环境。对于成本较高的服务等级协议（SLA）应用，云计算无疑是首选方案。作为风险评估的一部分，企业还应考虑到潜在的监管影响，因为监管机构禁止某些数据和服务出现在企业、州或国家之外的地区。

（3）不同云模型，精准支持不同业务

提升云安全的第三种方法——企业应了解不同的云模式（公共云、私有云与混合云）以及不同的云类型（SaaS，PaaS，IaaS），因为它们之间的区别将对安全控制和安全责任产生直接影响。根据自身组织环境以及业务风险状况（见第（2）条的分析），所有企业都应具备针对云的相应观点或策略。

（4）SOA 体系结构，云环境的早期体验

提升云安全的第四个方法——将面向服务的架构（Service Oriented Architecture，SOA）设计和安全原则应用于云环境。多数企业在几年前就已将 SOA 原则运用于应用开发流程。其实，云环境就是 SOA 的大规模扩展。面向服务的架构的下一个逻辑发展阶段就是云环境。企业可将 SOA 高度分散的安全执行原则与集中式安全政策管理和决策制订相结合，并直接运用于云环境。在将重心由 SOA 转向云环境时，企业无须重新制订这些安全策略，只需将原有策略转移到云环境即可。

（5）双重角色转换，填补云计算生态链

提升云安全的第五个方法——从云服务供应商的角度考虑问题。多数企业刚开始都会把自己看作云服务用户，但是不要忘记，企业组织也是生态链的组成部分，也需要向客户和合作伙伴提供服务。如果能够实现风险与收益的平衡，从而实现云服务的利益最大化，那么企业也可以遵循这种思路，适应自己在这个生态链中的云服务供应商的角色。这样做也能够帮助企业更好地了解云服务供应商的工作流程。

（6）网络安全标准，设置自身“防火墙”

提升云安全的第六个方法——熟悉企业自身，并启用网络安全标准。长期以来，网络安全产业一直致力于实现跨域系统的安全和高效管理，已经制定了多项行之有效的安全标准，并已将其用于或即将用于保障云服务的安全。为了在云环境世界里高效工作，企业必须采用这些标准，它们包括安全断言标记语言（Security Assertion Markup Language，SAML），服务配置标记语言（Service Provisioning Markup Language，SPML），可扩展访问控制标记语言（Extensible Access Control Markup Language，XACML）和网络服务安全（WS-Security）。

**活动2 信息安全及网络安全**

网络信息安全管理系统（Network Information Control System，NICS）是一款专为企事业单位管理者设计的计算机及网络环境安全的解决方案。它汇集了众多网络管理员多年的网络管理经验，结合了广大企事业单位管理者的需求，集成了大量的互联网知识，引用了先进的计算机网络信息控制技术，以帮助企事业单位保护计算机信息安全、规范计算机使用行为、打造网络和谐环境为目的，通过事前控制和强大的日志功能以及对计算机桌面的实时巡视，让管理者省钱、省时、省心地进行计算机和网络的控制及管理。系统软硬件要求见表6-8。

表 6-8 系统软硬件要求

| 系统架构 | C / S （被控端 / 控制端） |
| --- | --- |
| 硬件要求 | 控制端：CPU 1.7GB 以上 / 内存 256MB 以上 / 硬盘 100MB 以上 |
| 被控端：CPU633MB 以上 / 内存 128MB 以上 / 硬盘 100MB 以上 | |
| 运行环境 | 单网段或多网段局域网 |
| 系统环境 | Windows 2000 / Windows XP / Windows 2003 操作系统 |

1．产品功能

1）硬件控制功能。允许/禁止使用 USB 移动存储设备（如 U 盘、移动硬盘、MP3、MP4、数码相机、DV、手机等）、光盘驱动器（如 CD、DVD、刻录机、雕刻机等）、打印机（如 LPT、USB、红外、IEEE 1394、共享、虚拟打印机等）、软盘驱动器备份计算机信息文件；允许/禁止使用计算机声卡。

2）软件控制功能。允许/禁止运行计算机里已经安装的应用程序，有效控制聊天（QQ、MSN、UC 等）、玩游戏、看电影、听音乐、下载网上文件、炒股以及运行一切与工作无关的应用程序。

3）网络控制功能。允许/禁止上网，或只允许/禁止访问指定网站，设置信任站点；允许/禁止通过 Outlook、Foxmail 等收发电子邮件，允许/禁止通过网站收发邮件，只允许/禁止指定邮件地址进行收发电子邮件；允许/禁止基于 HTTP 或 FTP 的上传下载；允许/禁止通过 QQ 等聊天工具传输文件、允许/禁止收看网上视频等。

4）日志记录功能。准确记录聊天工具（如 QQ、UC、MSN 等）的聊天内容、网站访问日志、基于 HTTP 的文件上传下载日志、FTP 连接访问日志、基于 FTP 的文件上传下载日志、邮件收发日志（包括邮件正文及附件）、应用程序运行日志、应用程序网络连接日志、消息会话日志、被控端连接日志等。

5）实时监控功能。实时跟踪被控端计算机桌面动态（最多可同时跟踪 16 个被控端计算机桌面）、控制端与被控端之间相互消息会话（类似于 QQ 聊天工具）、锁定被控端计算机、随时发布警告通知、异地跟踪被控端计算机桌面、对被控端计算机进行远程关机、注销、重启操作、被控端进程管理、被控端软硬件资源、被控端网络流量及会话分析等。

6）软防火墙功能。对可疑端口或 IP 进行封堵、禁止可疑程序连接网络、限制访问非法网站，有效防范网络攻击以及净化网络环境。

2．产品特点

1）单纯以软件控制，不需要改变网络结构，不需要增加任何硬件设备，不需要特定的服务器。

2）安装简便，基本上是零维护，支持智能更新。

3）界面简洁，可操作性强，具有强大的控制功能和日志记录功能。

4）被控端程序随计算机自动运行，无法自行卸载，更无法自行结束任务。

5）不占用系统及网络资源，不影响其他系统的正常使用。

6）事前公开告知，不窃取、不窥视员工信息，不会涉及任何隐私问题。

3．产品标签

1）产品名称。恩爱思网络信息安全管理系统软件。

2）版本号。V1.0

3）系统架构。C/S（被控端/控制端）。

4）产品用途。保护计算机信息安全，规范计算机使用行为。

5）硬件要求。

- 控制端：CPU 1.7GB 以上/内存 256MB 以上/硬盘 100MB 以上
- 被控端：CPU 633MB 以上/内存 128MB 以上/硬盘 100MB 以上

6）运行环境 单网段或多网段局域网。

7）系统环境 Windows 2000/Windows XP/Windows 2003 操作系统。

1）什么是信息安全？

2）如何保证网络上的信息安全？

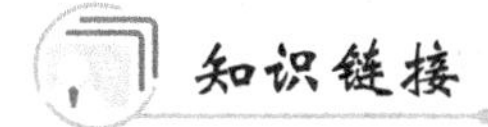

如何建立网络安全的管理体系？

在实施网络安全建设中，要管理先行。安全体系管理层设计主要依据《信息系统安全等级保护基本要求》（以下简称“基本要求”）中的管理要求而设计。分别从以下方面进行设计：

（1）安全管理制度

根据安全管理制度的基本要求制定各类管理规定、管理办法和暂行规定。从安全策略主文档中规定的安全各个方面所应遵守的原则方法和指导性策略引出的具体管理规定、管理办法和实施办法，是具体有可操作性，且必须得到有效推行和实施的制度。制定严格的制度与发布流程、方式和范围等。定期对安全管理制度进行评审和修订，修订不足并及时进行改进。

（2）安全管理机构

根据基本要求设置安全管理机构的组织形式和运作方式，明确岗位职责；设置安全管理岗位，设立系统管理员、网络管理员、安全管理员等岗位，根据要求进行人员配备，配备专职安全员；建立授权与审批制度；建立内外部沟通合作渠道；定期进行全面安全检查，特别是系统日常运行、系统漏洞和数据备份等。

（3）人员安全管理

根据基本要求制订人员录用、离岗、考核、培训几个方面的规定，并严格执行；规定外部人员访问流程，并严格执行。

（4）系统建设管理

根据基本要求制订系统建设管理制度，包括系统升级、安全方案设计、产品采购和使用、外包软件开发、工程实施、测试验收、系统交付、安全服务商选择等方面。从工程实施的前、中、后三个方面，从初始定级设计到验收评测完整的工程周期角度进行系统建设管理。

（5）系统运行维护管理

根据基本要求进行信息系统日常运行维护管理，利用管理制度以及安全管理中心进行统一、高效的系统运行维护，包括环境管理、资产管理、介质管理、设备管理、网络安全管理、系统安全管理、恶意代码防范管理、密码管理、变更管理、备份与恢复管理，安全事件处置、应急预案管理等，使系统始终处于相应等级的安全状态中。

信息安全等级保护是国家层面的安全标准和强制性要求，具有普遍性的指导意见，但对于学校还有些无法落实的内容，尤其是网络环境，需要进一步具体化，并能够突出校园网络的特殊安全防护需求，为保障学校网络运行使用的安全建设整改提供明确指导。

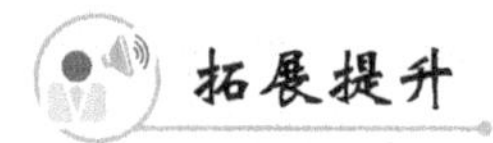

## 拓展提升

1．职场模拟

某物联公司技术人员小王接待了一个客户，该客户想了解云安全的相关知识，在小王简单介绍后客户满意离开。如果你是小王，那么你觉得应该怎么介绍会让客户更满意？请结合前面所学内容做简短陈述。

2．畅想无限

云安全是当代生活中不可忽略的安全问题，试围绕“如何保证网络上的信息安全”这一问题进行展望。

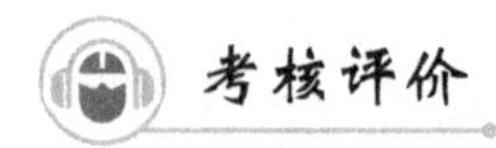

## 考核评价

根据下列考核评价标准，结合前面所学内容，对本阶段学习做出客观评价，简单总结学习的收获及存在的问题，并完成表 6-9 的填写。

**表 6-9　案例 3 的考核评价**

| 考核内容 | 评价标准 | 评　价 |
|---|---|---|
| 必备知识 | ● 掌握云安全的概念<br>● 了解云安全及各类杀毒软件的典型产品<br>● 了解如何提高自己的网络安全意识 | |
| 师生互动 | ● “大家来说”积极参与、主动发言<br>● “大家来做”认真思考、积极讨论，独立完成表格的填写<br>● “拓展提升”结合实际置身职场、主动参与角色模拟、换位思考发挥想象 | |

（续）

| 考核内容 | 评价标准 | 评　价 |
| --- | --- | --- |
| 职业素养 | ● 具备良好的职业道德<br>● 具有计算机操作能力<br>● 具有阅读或查找相关文献资料、自我拓展学习本专业新技术、获取新知识及独立学习的能力<br>● 具有独立完成任务、解决问题的能力<br>● 具有较强的表达能力、沟通能力及组织实施能力<br>● 具备人际交流能力、公共关系处理能力和团队协作精神<br>● 具有集体荣誉感和社会责任意识 | |

## 单元小结

本单元以智能家居技术支持及远程服务为学习重点，学习了智能家居的系统支撑——云平台，如何对智能能家居进行系统管理——云计算，以及对智能家居的系统保障——云安全等内容，使学生对智能家居能够从全方位进行运用，并能通过网络终端对智能家居进行控制和操作。

# 单元7　智能家居主流生产商及其技术介绍

人们的生活因物联网的兴起而实现了全新的变革。当人们不断地被信息化、电子化的数据充斥和包围时，家庭网络化、信息化具有了技术保障。智能家居作为物联网的一部分，为消费者提供家庭网络系统的全面解决方案，成了一个前沿产业领域。诸如海尔 U-home 等智能家居产品，也将中国的家居智能化技术推向了国际。

智能家居生活，类似通过手机、iPad 和计算机遥控通风系统、空气透析系统、智能窗、煤气泄漏感应器、烟雾探测感应器、插座、灯光控制开关、空调、风雨感应器、SOS 紧急求助按键、电视机等很多部分组成，从而为人们提供一个享受时尚、健康、环保生活的居家条件。

智能家居已向家庭物联网的方向发展，实现家庭内部所有物体的相互通信将是智能家居未来的发展方向。智能家居系统将与智慧国家智能系统、智能城市系统、智能楼宇与智能小区实现无缝连接。

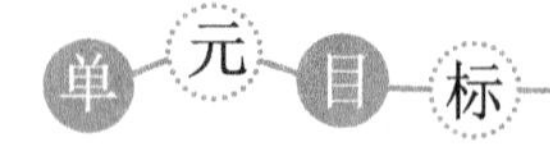


- 掌握 U-home 的基本设计思想
- 了解案例中智能家居主要实现哪方面的智能化
- 学会分析各智能家居企业案例
- 具备网上搜索智能家居企业典型案例的能力
- 提高沟通与营销的能力，培养主动参与意识
- 培养自主探究、独立完成任务的能力
- 培养岗位意识，树立正确价值观
- 树立团队精神，增强集体荣誉感和责任意识

## 案例 1　“你的生活智慧　我的智慧生活”——海尔 U-home

### 案例描述

青岛海尔智能家电科技有限公司用一个标准的协议来实现家电的互联互通。U-home 事实上是人们获得智能化家居生活这一愿望的发现者和实现者。

现在，海尔在此基础上进一步将家庭里不带电的设备连起来，给用户提供全新的体验。

例如，借助 RFID 技术，智能冰箱可以实时识别所存储的食物，并通过 U-home 系统进行信息的传递和沟通。如果食品没有了，则冰箱可以把信息发送到用户的手机上，并在获得用户确认后给超市下单购买。

## 案例呈现

### 活动 1　走进“海尔”

青岛海尔智能家电科技有限公司有着悠久的历史，随着科技的不断进步，其经营的项目也随之发展。该公司不仅成为家电行业的排头兵，近几年还成为智能家居的先锋企业。通过网络试搜索海尔公司概况并完成表 7-1 的填写。

表 7-1　青岛海尔智能家电科技有限公司相关知识

| 隶属的集团 | |
|---|---|
| 研发项目 | |
| “物物互联”具体的体现 | |
| 海尔 U-home 生活描述 | |
| 属于海尔的两个“唯一” | |

## 大家说

1）通过搜索网络资源，了解海尔智能家居技术，并加以总结。

2）搜索与智能家居相关的其他技术，并了解其应用领域。

## 知识链接

### 海尔“U-home”的由来

进入 21 世纪，世界经济快速向知识化、全球化方向转变，网络和通信技术的发展，推动整个世界走向数字化，变成一个“因网络而变得无处不在的世界”。以智能家电为载体的 U-home 家庭网络技术应运而生并迅速发展，将海尔集团从制造业向服务业转型。相较于 e-home，U-home 实现了人与家电之间、家电与家电之间、家电与外部网络之间、家电与售后体系之间的信息共享。

## 温馨提示

U-home 是 e-home 的革命性进步，U 时代的特点是网络无时无刻、随处随地在身边，其网络服务是主动的，是网络找人，它可以实现人与家电、家电与家电、家电与社会环境的无障碍对话。

试通过百度网站了解海尔 U-home 智能家居的设计思想和发展方向。

**活动 2　业务发展状况**

1．从发展看“海尔”规模

青岛海尔智能家电科技有限公司隶属于海尔集团，企业注册资金 1.8 亿元，是全球领先的智能家电家居产品研发制造基地。

该公司于 1997 年推出全球首套网络家电产品；于 2010 年成功研制出全球首套基于 e 家佳标准和 U-home2.0 技术的物联网家电，并在上海世博会上备受关注。海尔发展规模图如图 7-1 所示。

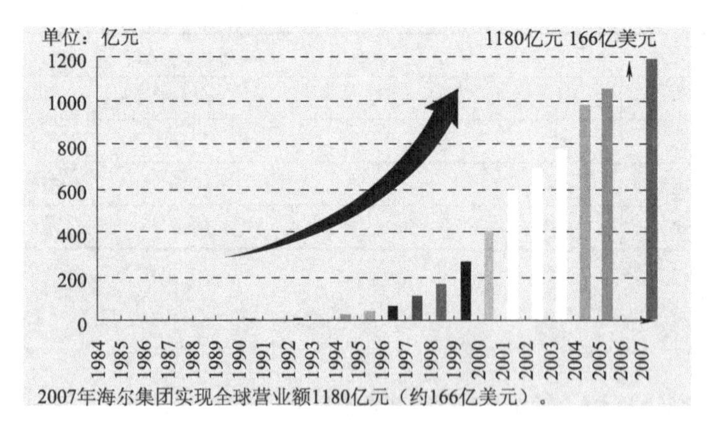


图 7-1　海尔发展规模图

海尔公司采用有线与无线网络相结合的方式，把所有设备通过信息传感设备与网络连接，从而实现了“家庭小网”“社区中网”“世界大网”的“物物互联”，并通过物联网实现了 3C 产品、智能家居系统、安防系统等的智能化识别、管理以及数字媒体信息的共享。在国家和各部委的大力支持下，我国国内唯一一所数字家电类国家重点实验室、唯一一所数字家庭网络国家工程实验室陆续在海尔建立。海尔 U-home 系统体现出了强大的智能化网络，系统示意图如图 7-2 所示。

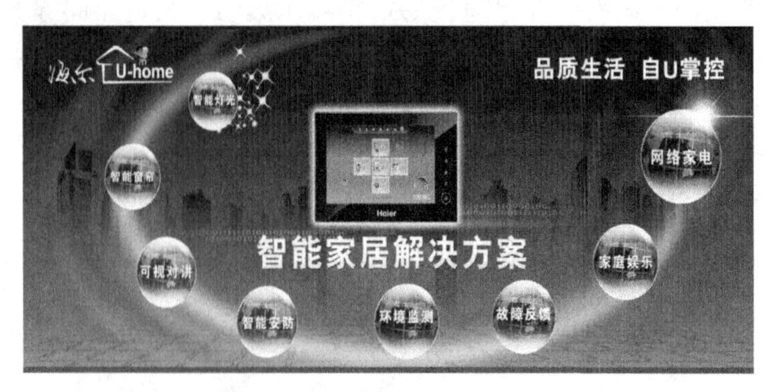


图 7-2　海尔U-home系统示意图

2．技术决定品牌

海尔 U-home 凭借自身在标准制定、产品研发、市场拓展、用户口碑等方面的雄厚实力和广泛影响力，成为唯一蝉联智能家居行业最高奖项的品牌，并连续七年申请专利最多。海尔技术及产品介绍图如图 7-3 所示。

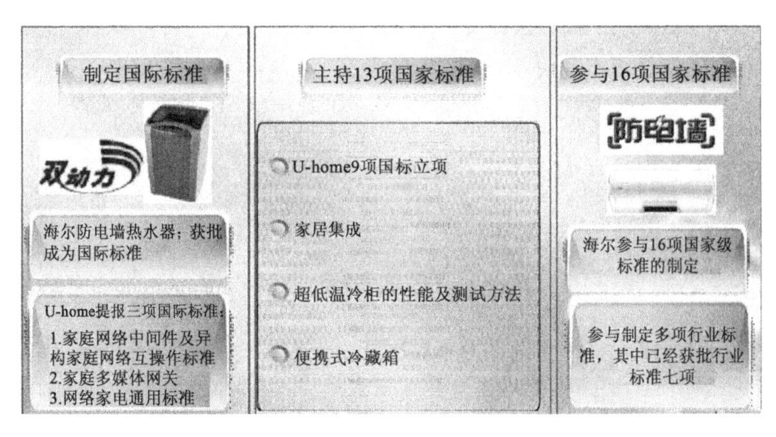


图 7-3 海尔技术及产品介绍图

由于新型产品技术的不断发展，海尔产品在全球的影响力得以提升，如图 7-4 所示。

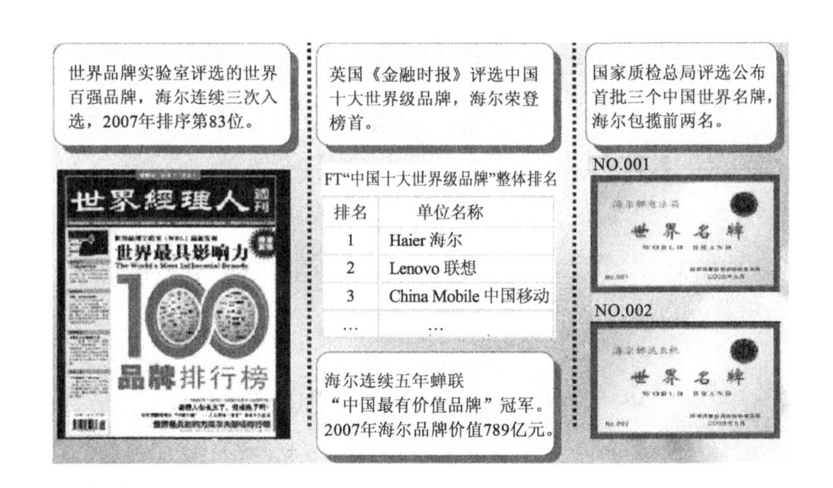


图 7-4 海尔产品在全球的影响

1）通过网络搜索了解并总结自 1999 年至今“海尔”的业务发展状况。

2）了解青岛海尔智能家居的新生活理念。

3）说一说你见过的海尔智能家居产品或相关产品。

4）U-home 研发团队主要从事哪方面的研发？

## 知识链接

U-home 智能家居的设计思想是什么？就其本质而言，智能家居系统是一个系统的、智慧的平台。U-home 智能家居系统通过一个统一的标准和协议紧密地结合，将如门禁、报警、家电智能控制等家居智能化产品连接成一个完整的系统，并且具有多容性或良好的兼容性。智能家居系统拓扑图如图 7-5 所示。

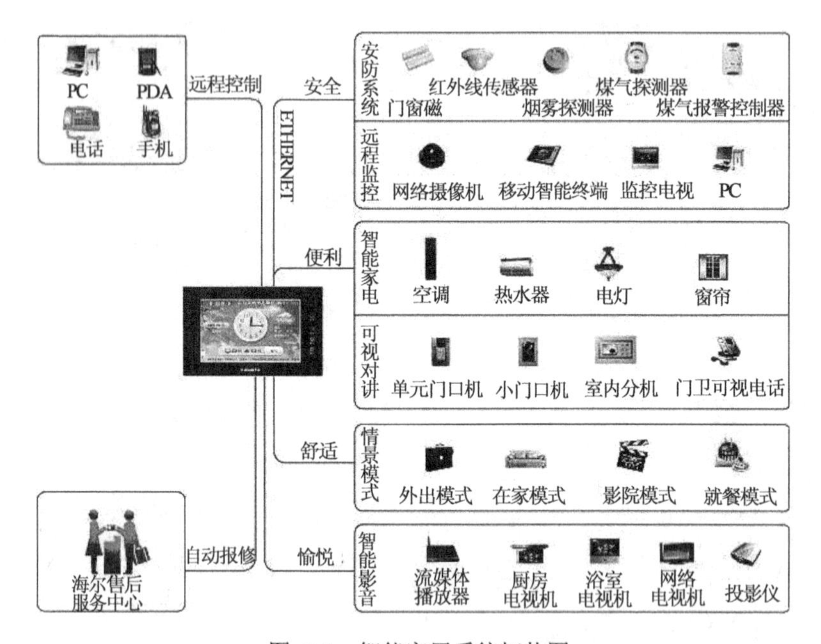


图 7-5　智能家居系统拓扑图

海尔 U-home 可以使用户在家中充分体验网络带来的便利。智能家居家电控制图如图 7-6 所示。

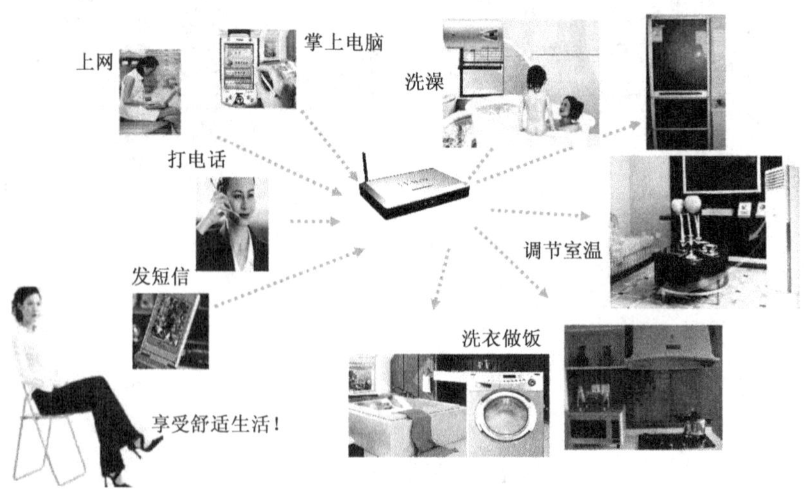


图 7-6　智能家居家电控制图

大家做

1）通过网络搜索了解“3C”产品。

2）概括说明智能家居系统的定义。

**活动 3　市场竞争优势**

青岛海尔经过不懈的努力，已经在我国国内同行业市场名列前茅，其市场竞争优势大致表现在以下几个方面：

1）致力于推进中国家庭网络标准化和产业化的发展。

2）推进海尔集团从“传统家电销售”到提供“全新生活方式的解决方案”的战略转型。

3）在工程方面，参与了青岛国际酒店、沈阳领秀 e 家等众多项目。作为北京奥运会白色家电的赞助商，对北京奥运会给予了全力的支持。海尔集团以开放的心态与厂商共同合作，致力于家电产业的发展。

1）以你对海尔的了解，试总结企业的发展经验。

2）通过以上知识的学习，试讨论如果创业是否会选择智能家居行业？为什么？

**“e 家佳联盟”**

2004 年，由海尔集团主导，联合电子、家电、通信、计算机、网络运营等多领域企业共同成立了“中国家庭网络标准产业联盟”——ITopHome（简称“e 家佳联盟”），共同推进家庭网络标准产业化的进程。

通过网络搜索 ITopHome 了解“e 家佳联盟”，并将搜索到的信息填入表 7-2 中。

**表 7-2　“e 家佳联盟”相关信息**

| | |
|---|---|
| “e 家佳联盟”的形成时间 | |
| “e 家佳联盟”的全称 | |
| “e 家佳联盟”的含义 | |
| “e 家佳联盟”的官网 | |
| “e 家佳联盟”秘书长单位 | |
| “e 家佳联盟”涵盖的行业 | |

### 活动 4　海尔 U-home 应用典型案例

**未来之屋——“哈公馆”**

哈药集团和海尔集团携手打造顶级智能住宅——“哈公馆”未来之屋（见图 7-7），并隆重开放整层样板房，这标志着国内首座基于海尔 U-home 技术的顶级智能住宅正式落户哈尔滨市，成为中国的首座“未来之屋”，代表了目前国内智能家居的最高水平，是智能技术和建筑品质的完美结合。“哈公馆”作为海尔 U-home 在国内落户的第一个高级住宅项目，在智能家居发展史上具有划时代的意义，开启了一个全新的数字家庭生活时代。

图 7-7　“哈公馆”外观图

“哈公馆”在小区中植入了海尔 U-home 云社区家居智能化管理系统，包括智能家居系统、智能社区系统及社区服务系统三个层次，可以实现家电远程控制、家庭安防、监控功能、信息服务、周边防范、停车管理（见图 7-8）、车辆监视、网上买菜等，向业主展现了一个物联网时代的生活样板。

图 7-8　“哈公馆”停车场外观图

**大家说**

1）如果你是业主，请说说你对居住环境的要求。

2）通过网络搜索了解“哈公馆”涵盖的其他智能化措施。

## 知识链接

**海尔智能家居中的远程视频控制**

远程视频监控系统就是通过标准电话线、网络、移动宽带及 ISDN 数据线或直接连接（见图 7-9），可达到世界任何角落，并能够控制云台/镜头、存储视频监控图像。远程视频监控系统通过普通电话线路将远方活动场景传送到观看者的计算机显示器上，并具备当报警触发时向接收端反向拨号报警功能。系统由“监控”主机和接收软件两部分构成，用户自备的设备包括摄像机、一台普通 PC 以及宽带线路。

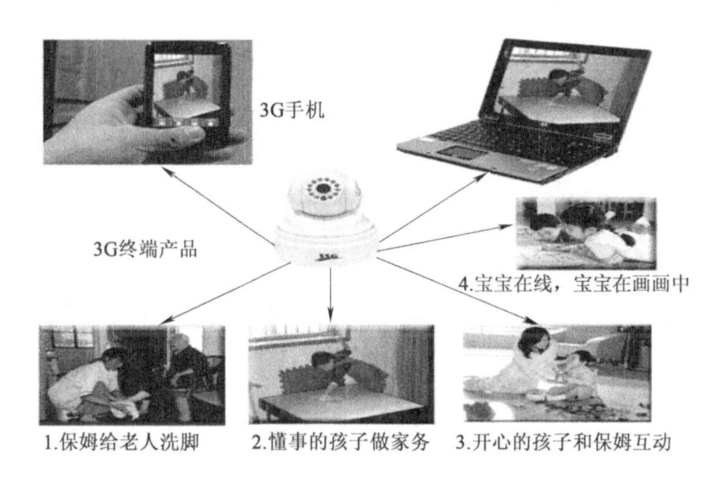


图 7-9 远程视频监控示意图

## 温馨提示

海尔 U-home“云社区”的“云”一方面是指运用“云技术”搭建高速网络平台，另一方面是指多个智能社区可以共享资源和服务平台。海尔 U-home“云社区”服务中心整合了大量服务资源，包括社区实体店和互联网的各种服务资源。这些服务资源被放到总应用商店里，可供业主随时下载。

## 大家做

1）了解“山海湾”项目概况，并填写表 7-3。

**表 7-3 山海湾智能家居生活体现**

| | |
|---|---|
| 山海湾的打造者 | |
| 曾获奖项 | |
| “云社区”智能家居管理系统 | |
| “云社会”中的“云” | |

提示：可以参考网址 http://finance.ifeng.com/roll/20110721/4297408.shtml。

2）搜索“海尔”的其他案例（例如，社区智能化体现），并了解智能家居的主要体现。

3）搜索资料，试设计一个智能家居的方案，要求包括用户需求、远程视频监控。

## 拓展提升

毕业后，如果您在一家装修公司工作，主要负责室内设计。某天，住在“山海湾”某小区的客户带着户型图（见图 7-10）前来咨询智能家居的相关事宜。他想在房间墙壁上安装视频监控，以保证家中保险柜的安全。老板让您接待，并要求一定要做到客户满意。

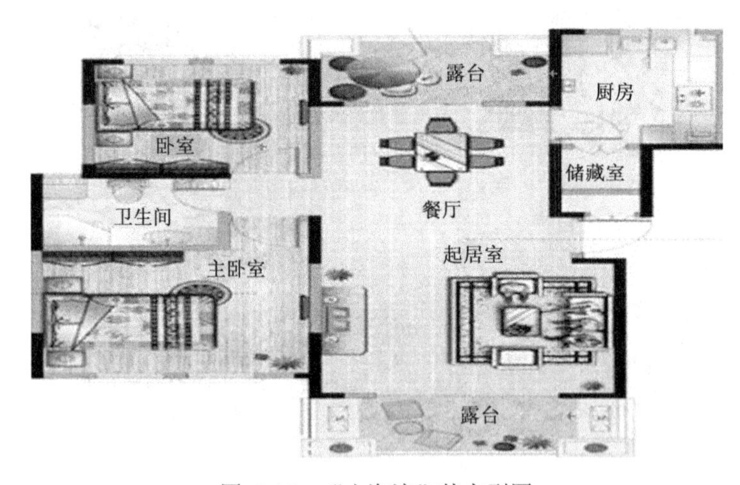


图 7-10 “山海湾”某户型图

情景模拟 1：迎接客户，了解客户安装意图。

情景模拟 2：设计方案，交由客户检查方案设计，决定是否修改。

情景模拟 3：客户确定最后方案。

必须完成的任务如下：

1）详细了解客户的需求，掌握客户想法。

2）按客户的要求设计出一个装修方案。

3）在客户检查方案时给予讲解。

4）对于客户提出的要求和疑问给予解答。

模拟后的思考：

1）通过职场模拟，请谈一谈你的体会。

2）请说一说你是如何做出这个方案的。

## 考核评价

根据下列考核评价标准，结合前面所学内容，对本阶段学习做出客观评价，简单总结学习的收获及存在的问题，并完成表 7-4 的填写。

表7-4　案例1的考核评价

| 考核内容 | 评价标准 | 评　价 |
| --- | --- | --- |
| 必备知识 | ● 掌握青岛海尔U-home的思想<br>● 了解青岛海尔U-home的智能化的具体体现<br>● 了解青岛海尔U-home主要案例特点 | |
| 师生互动 | ● “大家来说”积极参与、主动发言<br>● “大家来做”认真思考、积极讨论，独立完成表格的填写<br>● “拓展提升”结合实际置身职场、主动参与角色模拟、换位思考发挥想象 | |
| 职业素养 | ● 具备良好的职业道德<br>● 具有计算机操作能力<br>● 具有阅读或查找相关文献资料、自我拓展学习本专业新技术，获取新知识及独立学习的能力<br>● 具有独立完成任务、解决问题的能力<br>● 具有较强的表达能力、沟通能力及组织实施能力<br>● 具备人际交流能力、公共关系处理能力和团队协作精神<br>● 具有集体荣誉感和社会责任意识 | |

## 案例2　“Touch智能　与生活同在”——索博智能家居

### 案例描述

上海索博智能电子有限公司是国际型智能家居专业生产企业，拥有亚洲最大的智能家居研发中心和生产基地，也是最早将荷兰PLC-BUS及美国X10等成熟智能家居产品引入中国的国内智能家居企业。作为智能家居行业的导航者，目前该公司有一半以上产品供应国内市场，另一半产品远销美国、英国、瑞典、荷兰、澳大利亚等七十多个国家和地区，生产包括EON3、S-10、PLC-BUS在内等五十个品牌的智能家居产品，已成为国际型的智能家居产品生产源。

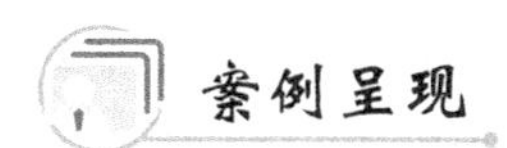

### 案例呈现

#### 活动1　走进“索博”

早在2000年，索博面向国内市场发布了一系列的智能家居产品（多达38种产品）。为当时国内的智能家居事业做出了卓越的贡献。试登录“索博”官网，浏览公司简介，一并填写表7-5。

表7-5　索博公司概况

| | |
| --- | --- |
| 索博的承诺 | |
| 索博的发展目标 | |
| 索博的发展策略 | |

（续）

| 索博的英文全称 | |
|---|---|
| “索博”的寓意 | |
| 索博开拓国内市场的时间 | |
| 索博的主要产品 | |

## 大家说

1）搜索“索博”官网，说一说其在我国的发展概况。

2）试分析说明“索博”与“海尔”的不同之处。

## 知识链接

**“索博”简介**

索博（上海索博智能电子有限公司），是一家智能家居专业生产企业，拥有亚洲最大的智能家居研发中心，也是最早将荷兰 PLC-BUS 及美国 X10 等成熟智能家居产品引入我国的国内智能家居龙头企业。其产品远销美国、英国、瑞典、荷兰、澳大利亚等七十多个国家和地区，是荷兰 Marmitek、阿根廷 X-tend、以色列 i-feel、德国 PET 等品牌的指定工厂，已成为国际型的智能家居产品生产源，旗下设有云家电、物联网、智能家居等研发中心。

公司以经营本企业自产产品的出口业务和本企业所需的机械设备、零配件、原辅材料的进口业务，电子产品、照明控制设备及计算机软硬件的研发、制造、加工与销售，通信设备及相关产品的销售，五金加工，咨询服务。现在主营业务是以物联网智能家居为代表的一系列产品的开发、生产、销售、售后等相关业务的展开以及弱电总包等项目。

为了适应市场需要以及智能家居的发展，索博在 2012 年下半年进行了产品全面的升级换代，引进 ZigBee 通信协议技术的智能家居控制系统，重新定义智能家居控制的新标准，为商业住宅提供了更为经济的智能化控制解决方案。

## 温馨提示

索博最大的特点就是“体验式”营销模式。索博发展十多年，开设体验厅数百家，索博的“体验式”营销模式——“体验店+客户端”颇受客户青睐，让客户以独有的体验消费——所有产品消费者都能亲手接触，让客户身临其境、直接体验智能生活所带来的前所未有的视觉、听觉、触觉、感觉等全方位享受。

大家做

通过搜索“索博”官网，了解索博与其他公司的合作情况。

**活动 2 业务发展状况**

从 2000 年至今，索博已经能够为市场提供多于 300 种完全自主知识产权的产品。索博智能家居系统主要采用电力线通信总线技术（荷兰 PLC-BUS 技术）来实现家居智能化控制。

自成立以来，该公司的产品得到了行业及用户的肯定。2003 年，索博在深圳“住交会”上被评为“全国智能楼宇优秀企业”20 强之一，并连续多年被评为“智能家居十大品牌”第一名。“索博”的发展从 2000 年开始，从 2000～2009 年，公司推出多种类型的典型产品，如图 7-12 所示，从中可以看出，智能开关厚薄取决于其科技含量的多少，而这正是索博的工程师们选择 PLC-BUS 技术和一体化成型技术的原因。最终，PtSwitch 达到了设计的 5.5mm 的超薄面板和 20mm 的超薄后盖。

图 7-11 索博智能家居产品

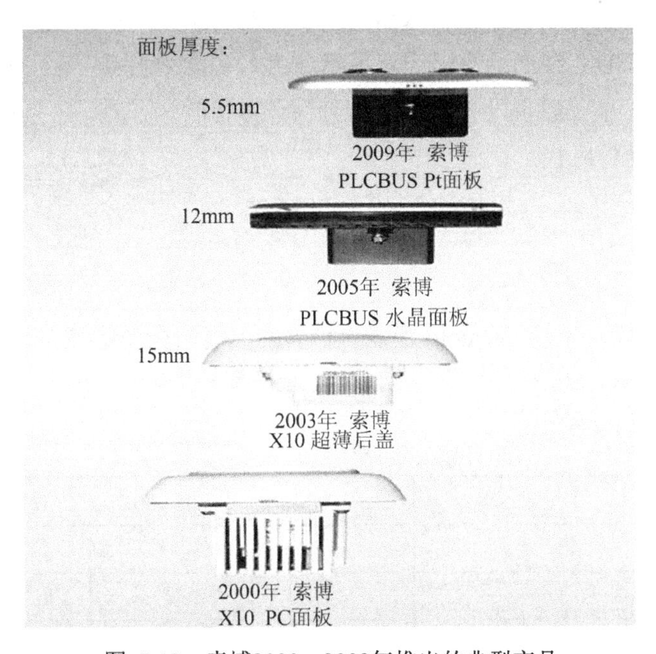


图 7-12 索博2000～2009年推出的典型产品

再如，水晶面板以及Pt金属面板真彩系列产品的推出弥补了国内智能家居企业在LCD液晶控制方面的不足，以其独特的外观、纯平的结构一直成为国内智能家居行业各大公司在新产品设计时效仿的对象（见图7-13）。如今，水晶系列和Pt铂金系列的LCD产品的延伸将提高国内智能家居行业的外观设计标准。

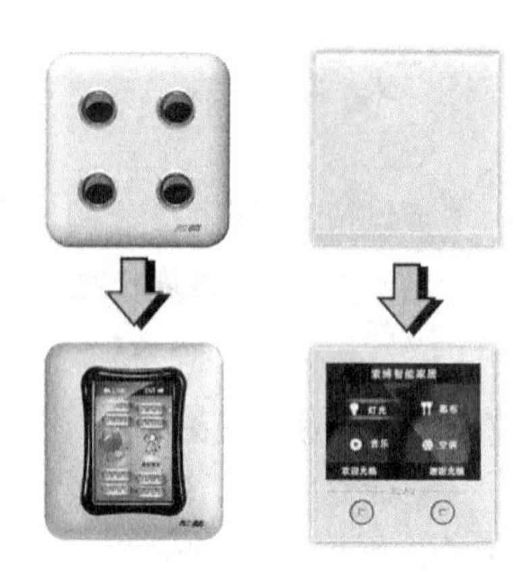

图 7-13　LCD真彩液晶系列

大家说

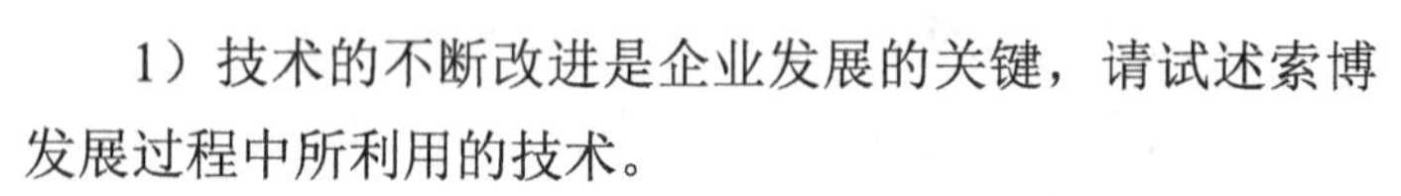

1）技术的不断改进是企业发展的关键，请试述索博发展过程中所利用的技术。

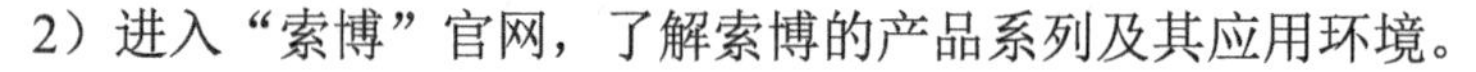

2）进入“索博”官网，了解索博的产品系列及其应用环境。

知识链接

**iRemote 智能遥控器（见图 7-14）**

2010年8月，经过严格测试、历时一年的研发，索博向国内外市场隆重推出iRemote智能遥控器。iRemote智能遥控器具有两块TFT真彩液晶触摸屏，两块触摸屏可以互动工作。用户可以方便地使用下屏对上屏进行翻页或者页面的直接挑转，也可以用上屏对下屏进行翻页或者页面跳转。iRemote 智能遥控器将全球销量第一的任天堂 NDS 掌上游戏机的双屏概念引入智能家居领域，以两块TFT真彩液晶触摸面板相互配合使用，将智能家居遥控器的发展推到了新的时代。

图 7-14　iRemote智能遥控器

大家做

1）通过网络搜索，了解iRemote智能遥控器的性能与应用领域。

2）通过网络搜索，了解索博的产品信息，并填写表7-6。

**表 7-6　索博公司产品信息**

| | 弧形系列 | 铂金系列 | 水晶系列 | 遥控系列 | 模块系列 | 应用系列 |
|---|---|---|---|---|---|---|
| 时间 | | | | | | |
| 特点 | | | | | | |
| 主要技术 | | | | | | |

### 活动 3　市场竞争优势

索博之所以能够在智能家居行业独占鳌头，是因为其具有强有力的、特点鲜明的核心竞争力。而索博的核心竞争力就是其多年来技术力量的沉淀和不断追求创新的永不放弃的精神。

索博具有创新性的技术，拥有完全的自主知识产权的产品多达 200 余种。

索博拥有自己强大的研发团队、坚实的生产力以及完善的产品售后跟踪体系，这都为索博的产品能够远销全球各地奠定了坚实的基础。

索博能够提供 24h 的软件改进，48h 的硬件改进方案，对于返厂产品的售后施行七个工作日快修服务，即收到客户维修机后，通过电话与客户联系确认开始计时，并于七个工作日内修好并发货。发货后通知客户确认时间，以货运公司收货回单为计时依据。按照客户给出的问题，以逐项测试通过为合格。

1）通过网络搜索了解 2012～2014 年索博的发展。

2）试述索博是怎样处理售后问题的。

### 索博的智能家居体验间

智能家居体验间是索博的一大特点。索博在体验间中建立了 Thinkhome 索博智能家居体验中心，倡导“Shopping Mall”体验购物乐趣的营销策划理念，让参观者亲身体验未来科技生活方式，全面享受视觉、触觉、感觉、听觉四位合一的立体智能、舒适家居生活。体验中心巧妙地把各种灯光的明暗变化、音影视听的场景互换、电动门窗帘的变化舞动以及电器的不同场景的开关切换等智能控制功能完美地融为一体，让家居由静而动，让家居系统“有意识”地为主人更好地服务，这也是以“Thinkhome（会思考的房子）”为名的本意（见图 7-15）。

图 7-15　Thinkhome索博智能家居体验中心

试通过网络搜索索博的体验馆案例，并总结它们各自的特点。

**活动 4 “索博”智能家居应用典型案例**

案例 1：“天津星耀五洲”智能家居系统方案

天津星耀五洲（见图 7-16）项目位于天津市津南区天嘉湖板块，其中的高端住宅户型中的独岛别墅均采用了索博智能控制系统，对别墅内的灯光、空调、安防、电器、窗帘等都进行了智能整合控制，突出了项目的高端品位。

图 7-16 天津星耀五洲

室内根据用户的需要安装了相应的监控设备（见图 7-17）。由于房间较大，因此每个房间都安装了空调控制器，实现了一屏多显（图 7-18）。

电梯层控系统（见图 7-19）可实现对小区住户和外来人员进出楼层进行更有效、更安全的管理。所有使用电梯的持卡人必须先经过系统管理员授权。使用电梯时，不同的人有不同的权限分配。每个进入电梯的人经授权后可以进入指定的区域或楼层，并且可以根据时间权限表与楼层权限表进行授权管理，并可对重要楼层进行时间段控制。未经授权的人无法进入管理区域的楼层。

图 7-17 室内监控与控制器布置

图 7-18　房间一屏多显控制

图 7-19　电梯层控系统

借助小区网络系统，通过设置门禁控制设备（见图 7-20），使只有经过授权的智能卡用户才能出入通道门禁。门禁管理系统可实现管理中心对门禁卡进行授权、远程开关门等网络管理模式，建立一个安全、高效、先进的远程门禁系统管理体系，实现本地管理与远程管理相结合。

图 7-20　楼内门禁管理

## 大家说

1）通过网络搜索“索博”智能家居在小区智能管理的其他应用案例。

2）说一说智能家居管理还应有哪些设置。

## 知识链接

索博智能家居系统主要采用电力线通信总线技术来实现家居智能化控制。PLC-BUS 技术是一种高稳定性及较高价格性能比的双向电力线通信总线技术，它主要利用已有的电力线来实现对灯光、家用电器及办公设备的智能控制。

## 温馨提示

索博智能家居系统主要包括智能照明和智能电器控制两大系统。

案例 2：“索博”进驻上海集成电路科技馆

“索博”作为行业内高端智能家居的领导者，成为上海集成电路科技馆智能家居区的首要选择。索博承接了上海科技馆内的灯光设计（见图 7-21）以及电器智能控制设备设计（见图 7-22）。

图 7-21 上海科技馆内的灯光设计

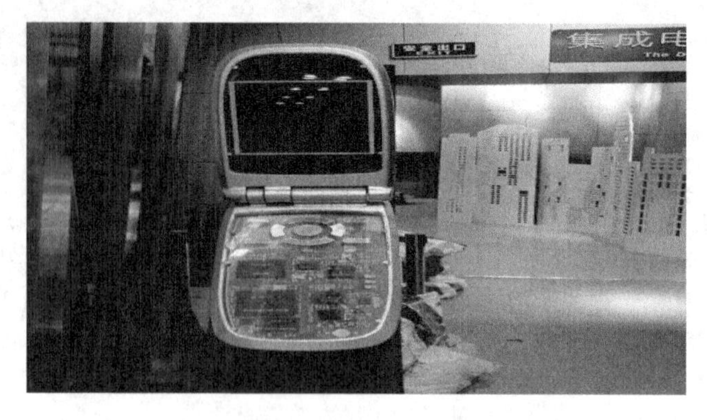

图 7-22 上海科技馆内的电器智能控制设备设计

### 大家做

1）通过网络搜索索博其他体验馆，了解其中的体验项目并做记录。

2）通过网络搜索索博的体验馆案例，找出设计的不同之处。

### 拓展提升

通过网络搜索资料，结合索博的产品和案例介绍，请设计一个“本溪索博体验馆”。

要求如下：

1）制订馆中体验的项目和体验计划。

2）设计体验方案。

3）利用所学的专业课程知识，画出设计图。

### 考核评价

根据下列考核评价标准，结合前面所学内容，对本阶段学习做出客观评价，简单总结学习的收获及存在的问题，并完成表 7-7 的填写。

**表 7-7　案例 2 的考核评价**

| 考核内容 | 评价标准 | 评　价 |
| --- | --- | --- |
| 必备知识 | ● 掌握索博的智能家居设计技术概念<br>● 了解索博体验间建设的特点和关键技术<br>● 了解索博的发展历程、应用领域 | |
| 师生互动 | ● “大家来说”积极参与、主动发言<br>● “大家来做”认真思考、积极讨论，独立完成表格的填写<br>● “拓展提升”结合实际置身职场、主动参与角色模拟、换位思考发挥想象 | |
| 职业素养 | ● 具备良好的职业道德<br>● 具有计算机操作能力<br>● 具有阅读或查找相关文献资料、自我拓展学习本专业新技术，获取新知识及独立学习的能力<br>● 具有独立完成任务、解决问题的能力<br>● 具有较强的表达能力、沟通能力及组织实施能力<br>● 具备人际交流能力、公共关系处理能力和团队协作精神<br>●具有集体荣誉感和社会责任意识。 | |

## 案例 3　Better.Together——Control 4 智能家居

### 案例描述

Control 4 总部位于美国犹他州盐湖城，是一家专业从事家庭智能化控制产品与解决方案的研发、生产、销售和服务的全球知名企业，在全球 40 个国家和地区设有经销商和代表处。Control 4 提供一整套的有线和无线系列控制产品与解决方案，所采用的先进的连接和控制方式使专业的工程施工人员可以在短短几个小时内将整套系统安装、调试完成，并能满足用户轻松定制（DIY）整套智能系统的要求。模块化、堆叠化的产品组合方式，可分功能安装，随着预算的增加，可进一步扩展功能。Control 4 公司产品图如图 7-23 所示。

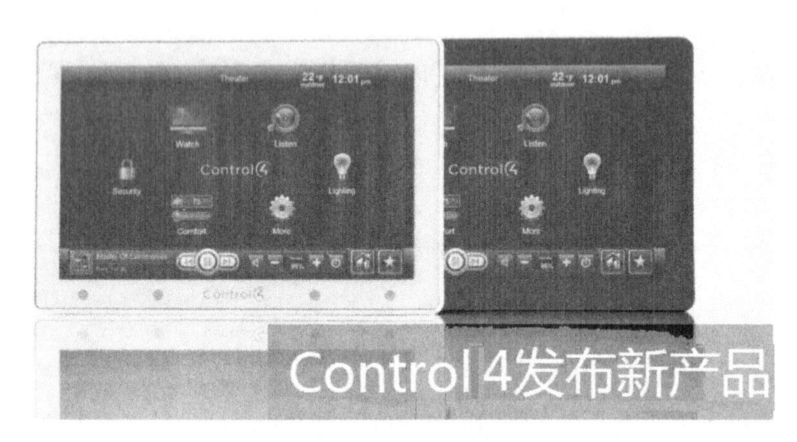


图 7-23　Control 4公司产品图

Control 4 开创性地对家庭娱乐和自动化进行智能整合，旨在通过这套强大的系统让人们充分享受便捷、舒适、安全的生活体验，提高生活品质。

### 活动 1　走进 Control 4

Control 4 成立于 2003 年，是一家领先的个性化、自动化和控制解决方案供应商。公司致力于以既优雅又实惠的方式，实现一间房或整个住宅中的照明、音乐、视频、安防和能源的控制及自动化。

Control 4 相信完美协作能创造更美好的生活。Control 4 解决方案能与 7000 多种第三方消费电子设备实现互操作，而这个数字还在快速增长。Control 4 与消费电子、家电、能源、照明和家庭安防领域最大牌的厂商合作，引领行业实现互操作性，确保一个不断扩大的设备生态系统将在家庭或商业场所实现完美协作。

## 大家说

1）通过观看视频，简述海尔、索博、Control 4 的各自特点和不同之处。

2）试述 Control 4 智能家居的特点。

## 知识链接

1．Control 4 的智能产品系列。

Control 4 的智能产品系列包括主控制器、灯光、控制界面、移动控制、软件、多媒体产品、温控器、安防及 Card Access 产品，其结构拓扑图如图 7-24 所示。

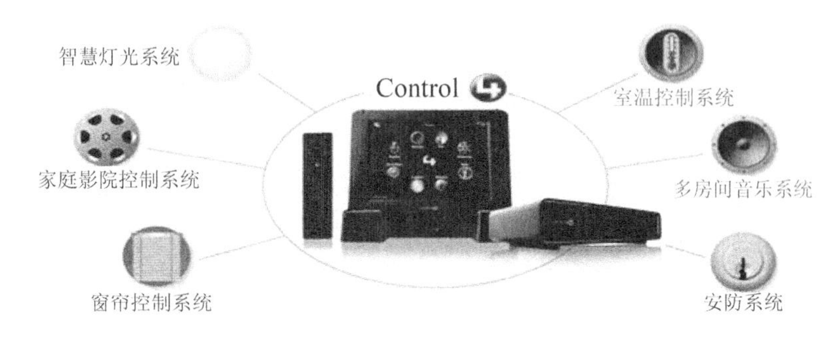


图 7-24　Control 4的结构拓扑图

2．Control 4 实现家庭自动化的方式

Control 4 可以将用户已在使用的家电设备和系统无缝接合，使之协同工作，甚至包括智能手机和平板电脑，为用户带来个性化的体验，让用户的生活和工作更加舒适、节约、便利。客厅虚拟化控制图如图 7-25 所示。

图 7-25　客厅虚拟化控制图

## 大家做

登录 http://cn.control4.com/basics/virtual-showroom/family-room，体验家庭自动化虚拟设计。

**活动 2　业务发展状况**

Control 4 的首席执行官（CEO）Will West 相信，Control 4 的科技将能让公司进入新建筑的居家自动化市场扩大到400亿美元的产业。2003年3月，West West、Eric Smith和Mark Morgan在美国犹他州盐湖城共同创立以生产无线居家自动化系统的Control 4团队。2007年，Control 4已在美国拥有1200家经销商，25个国家拥有授权代理商，ZigBee设备装置超过200万个，是ZigBee自动化专业委员会主席，已成为国际知名品牌。

登录http://www.truthpro.com.cn/?u=u_pros，查看Control 4国内外成功案例。

**Control 4的全宅控制**

Control 4的全宅控制是指通过Control 4，用户可以先实现一个房间的自动化，也可以一次性实现整个住宅的自动化。主要表现如下：

1）"起床"场景可在每天早上自动调节温度调节器、逐渐提高灯光亮度。

2）只需轻轻一按"再见"按钮，即可随着用户出门让房门锁上、将安防系统启动、关闭所有灯并调节温度。

3）用户不在家时，孩子到家或者洗衣间漏水时Control 4都能让用户及时知悉。

4）一个遥控器或触摸屏就能让用户完全掌控家中的娱乐系统。电影开始时，就会自动关闭百叶窗并调暗灯光。

1）登录官网，了解智能办公室和终极家庭影院的设计思想。

2）通过官网的问卷设计，对你心中的智能家居进行规划。

**活动3　市场竞争优势**

Control 4一改传统智能控制产品单调的功能，将功能的演进依托于一套不断升级完善并发展的软件系统（类似于苹果的iOS），从而在家居智能化领域获得了成功。

其优势如下：

1）国际品牌，信誉卓著，品质保证，售后服务保障可靠。

2）"控制＋整合"完美组合，功能强大。

3）遍及世界40国，普及化政策，价格合理。

4）科技领先、品质稳定、安全无害。

5）无线施工。不论住房情况，新房旧屋都可轻松实现家庭自动化。

6）无线扩充。不论何时，可由基本设备开始建构，再逐渐扩充堆叠。

7）多功能控制系统、多样化系统整合：一键式控制。

8）多重选择控制界面：无线遥控器、（2键、3键、6键）控制键、（无线/有线、3.5in、

7in、10in）（1in 约合 3.33cm）触控面板、iPhone / iPod、Panasonic 电话、与计算机网络等设备，均可随意选用作为控制器。

9）电视屏幕可作控制显示器桌面使用，不必购买高价的触控面板。

10）一个 ZigBee 遥控器取代所有复杂的红外线遥控器。

11）易学易用。家中老人与孩子皆可用控制键开关控制，同享家庭自动化乐趣。

12）iPhone 作为远端监视与控制器，一旦家有异状，随时启动紧急拨报系统（五组电话），让用户随时掌控。

13）无可挑剔的经营阵容和优质策略联盟团队。

### 大家说

1）比较海尔、索博的各自优势并做简单陈述。

2）简单概括 Control 4 在智能家居方面的优势。

### 知识链接

**Control 4 与 iPhone/iPod 合作完成的功能**

经由 iPhone/iPod 或计算机网络（见图 7-26），可以轻松连接家庭自动化系统，监视、设定或启动系统，让用户享受无所不在的自动化服务。例如，如果到办公室才想起好像忘了关掉炉火，可以用 iPhone/iPod 或通过网络系统进行远端控制系统关闭炉火。

图 7-26　iPhone/iPod控制系统图

### 大家做

登录 http://cn.control4.com/，查看更多智能家居方案。

**活动 4　Control 4 应用典型案例**

案例：Control 4 智能家居在美国得克萨斯州的家庭应用

Control 4 系统可以从 iPad、iPhone、Android 的应用中心下载。用遥控器控制所有音频和视频源的房间、接线盒、苹果电视、蓝光播放器和 FM 收音机以及厨房电视。得克萨斯州家庭智能化结构图如图 7-27 所示。

转动凹摆动臂底座，即可让电视朝向自己喜欢的位置，如图 7-28 所示。

定做与电视机宽度相匹配的条形音箱。Control 4 遥控器控制展示图如图 7-29 所示。

整齐排列电子配电柜后的线缆，这样有利于提高稳定性和抗干扰性。配电箱如图 7-30 所示。

图 7-27　得克萨斯州家庭智能化结构图

图 7-28　电视旋转演示图

图 7-29　Contro l 4遥控器控制展示图

图 7-30　配电箱

## 大家说

1）试述 Control 4 智能家居与“索博”智能家居的各自优势。

2）简单归纳 Control 4 的智能家居构建特点。

## 知识链接

### Control 4 的遥控器存储系统的特点

Control 4 遥控器存储系统是能透过网络远端存储的系统，可以使用户在世界任何地方拥有只需透过网络便能控制或是监视系统设备的能力。例如，如果要去旅行几周，那么可以监视屋内的温度并进行必要的调整。

此功能的第二个优点是系统有问题或希望做一些设定更改，在经过同意后，Control 4 也有远端存储系统的能力，不需要回家，就能做故障修理或更改程序设定。

## 大家做

通过百度网站搜索更多的智能家居遥控器控制案例，并整理资料。

## 拓展提升

根据以往学过的遥控器控制家中设备实现家居智能控制的案例，设计一个可以通过遥控器控制的智能家居系统。控制的设备可以依自己喜好而订，同时，要设计配电箱，利用目前学过的设计软件制作，需要画设计图。

## 考核评价

根据下列考核评价标准，结合前面所学内容，对本阶段学习做出客观评价，简单总结学习的收获及存在的问题，并完成表 7-8 的填写。

表 7-8　案例 3 的考核评价

| 考核内容 | 评价标准 | 评　　价 |
|---|---|---|
| 必备知识 | ● 掌握 Control 4 的智能家居设计技术概念<br>● 了解 Control 4 建设的特点和关键技术<br>● 了解 Control 4 的发展历程、应用领域 | |
| 师生互动 | ● “大家来说”积极参与、主动发言<br>● “大家来做”认真思考、积极讨论，独立完成表格的填写<br>● “拓展提升”结合实际置身职场、主动参与角色模拟、换位思考发挥想象 | |
| 职业素养 | ● 具备良好的职业道德<br>● 具有计算机操作能力<br>● 具有阅读或查找相关文献资料、自我拓展学习本专业新技术、获取新知识及独立学习的能力<br>● 具有独立完成任务、解决问题的能力<br>● 具有较强的表达能力、沟通能力及组织实施能力<br>● 具备人际交流能力、公共关系处理能力和团队协作精神<br>● 具有集体荣誉感和社会责任意识 | |

# 案例 4　“智慧生活　从物联启航”——南京“Wulian”传感

## 案例描述

南京物联传感技术有限公司（见图 7-31），是全球领先的物联网设备和解决方案提供商。公司基于客户需求持续创新，在物联网传感器、控制器、移动互联网和“云计算”等几大领域都确定了行业领先地位。凭借在物体感知、控制等领域的综合优势，公司已经成为物联网时代的领跑者，产品和解决方案已应用于全球多个物联网重点项目，成为世界各地多个智慧城市建设的重要

图 7-31　南京物联

技术支撑力量。以“让人们感知真实的世界”为愿景，运用各类传感器，帮助不同地区、不同行业的人们更加直接、自由、平等地获取信息，消除各种信息偏差。为应对日益严重的气候变化及各种地质灾害，通过领先的低碳解决方案，帮助客户用绿色环保的方式创造最佳的社会、经济和环境效益，维护人类的长远发展和安全。

**活动1　走进“Wulian”**

**专为物联网而生**

南京物联传感技术有限公司是由远拓科技控股的全资子公司。2007年，集团负责人在国外考察时敏锐地捕捉到未来物联网将会引领时代发展的契机，回国后果断抽调研发人员组成科研团队，进行六个月的选项论证，结果认为ZigBee未来前景广阔，当机立断确定了未来物联传感的技术发展方向，如图7-32所示。随后成功加入了ZigBee联盟组织，成为了国内为数不多的几个ZigBee成员之一。

图 7-32　ZigBee联盟主席Bob揭牌

随着技术研究的不断深入，2009年，南京物联传感技术有限公司正式成立，公司专注于ZigBee无线智能家居的研究与开发，到目前为止公司已经取得了17项产品专利，完成了40多个关键商标的注册。

1）通过观看视频，简述南京“Wulian”的设备智能化主要体现在哪些方面。

2）试述南京物联智能家居的特点。

知识链接

**南京物联智能家居的应用方式**

（1）有线方式

这种方式所有的控制信号必须通过有线方式连接，控制器端的信号线更烦琐，遇到问题时排查困难。有线方式的缺点非常明显，如布线繁杂、工作量大、成本高、维护困难、不易组网等。

（2）无线方式

无线方式包括蓝牙、WI-FI、射频识别技术、ZigBee 等技术。相比其他几种无线通信技术，无线方式具有更高的安全性、更可靠的稳定性以及更强大的组网能力，堪称智能家居应用技术的首选技术。

ZigBee 无线智能家居系统拓扑图如图 7-33 所示。

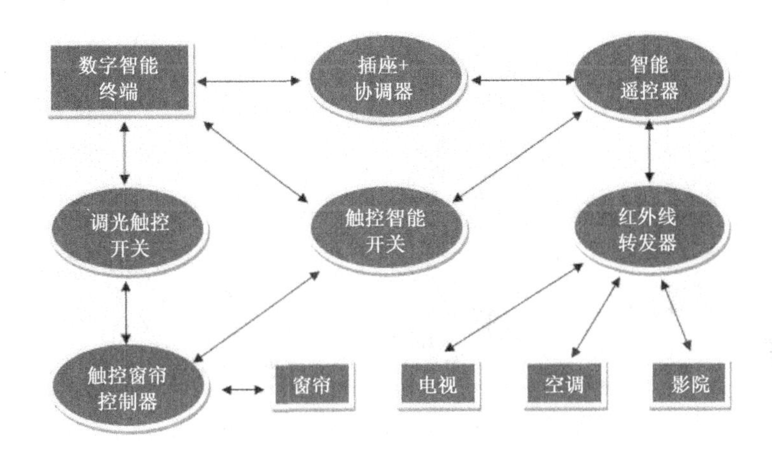


图 7-33　ZigBee无线智能家居系统拓扑图

大家做

通过网络搜索资源，了解南京物联智能家居的产品特点。

**活动 2　业务发展状况**

随着与世界 500 强企业的多年合作与交流，公司已经开发出一套完整的智能家居全系统的产品集成，在国内已成为 IT 公司 ZigBee 芯片的最大采购商。

公司先后与飞利浦、施耐德、Google、三星、华为等公司，以及中国科学院、中国国家博物馆、浦东国际机场、北京大学、宁宿徐高速公路、中国移动、无锡市政府、上海市政府、中国银联、俄罗斯天然气工业股份公司等合作。2012 年 12 月 17 日，公司成立“ZigBee 联盟中国区域总部”。

1）在与南京物联合作的公司中，试说出你了解的公司产品。

2）通过以上知识的学习，试述南京物联的智能家居系统是怎样实现的。

### 知识链接

**南京物联发明专利——“云”智能锁**

门是家里的必需品，而一把好的门锁能够带给人们更多的安全感。物联无线智能密码锁是物联传感的明星产品，如图 7-34 所示。这款智能锁带有一块亮黑色的密码触摸屏，开门前轻触密码键盘，蓝色灯光随即亮起，输入密码就可以打开门。平时，蓝色灯通常不会亮起，这既遵循了低耗、省电的原则，又隐藏了密码，让不法分子不易发现。此外，这款智能锁还支持指纹开锁功能——采用的是活体指纹采集技术，安全系数更高。

图 7-34　南京物联发明专利——云智能锁

登录官方网站，了解南京物联智能家居的相关产品。

**活动 3　市场竞争优势**

1）即插即用，支持用户 DIY，无须专业人员参与，简单实用，适合大家参与。

2）全无线通信（无线安装，无线控制）、低功耗、双向通信、大面积普及、强大的组网能力。

3）顾客可以随时添加，支持用户自己组装，无须专业人员指导。

4）ZigBee 局域网具有自动组网功能，主动搜索，主动组网，能做到永不掉线。

5）安全性、标准化。

6）成熟的软件控制方式，每个指令仅需 3KB 的流量，整个系统的运作对网络带宽没有要求。

7）自主研发，自主生产，拥有完善的自主知识产权。

8）强大的研发团队，确保每月不低于四款新品投放到市场中，用户端软件平均两周更新一次。

## 大家说

试比较南京物联与海尔 U-home、“索博”智能家居、Control 4 智能家居的各自优势。

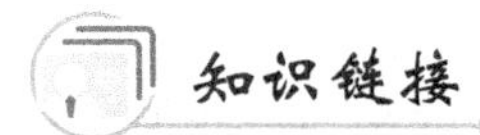


**南京物联对三室两厅的智能家居的设计方案**

（1）智能灯光控制

全宅灯光智能控制，还可进行定时、场景模式等设置，让居家生活更方便、节能。

（2）红外入侵探测

在门窗边安装红外线探测仪器，起到安防作用，如图 7-35 所示。

（3）智能自动窗帘、智能电器控制

安装智能窗帘，实现智能电器控制，能使用户的日常生活更加方便，如图 7-36 所示。

图 7-35　红外线探测仪器

图 7-36　智能自动窗帘

（4）远程监控、智能安防

实现远程监控、智能安防，24h 不间断保护用户住宅安全。图 7-37 所示即为远程控制仪器。

图 7-37　远程控制仪器

大家做

登录 http://www.wulianchuangan.net/info/?81.html，了解其他智能家居产品。

**活动 4 “南京物联”智能家居应用典型案例**

案例：中威车友俱乐部（见图 7-38）

项目面积：400m$^2$。

产品功能：灯光控制、空调控制、窗帘控制、自动灯光、广告墙控制及 KTV 包间控制。

系统功能简述：

中威车友俱乐部是车友聚会交流的一个高端会所，通过对照明和空调等智能化的控制（见图 7-39），营造时尚大气的环境气氛，满足会员的不同娱乐需求，同时，通过营造不同的灯光环境，衬托出会所的高雅尊贵，让会员放松身心、尽情娱乐。

图 7-38　中威车友俱乐部

图 7-39　灯光与空调控制示意图

大家说

通过观看案例，试述中威车友俱乐部采用了哪些智能设计。

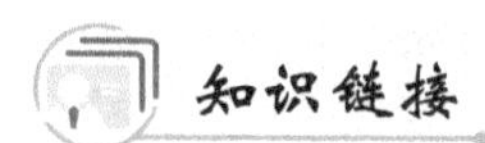

知识链接

**南京物联为商业经营性的房屋制作智能家居方案的亮点**

南京物联在为商业经营性的房屋制作智能设计方案时，除了考虑智能灯光控制、门窗磁感应器、智能电动窗帘、红外线入侵探测器、智能家居摄像头等设置外，通过空气质量探测器和智能厨房的设计，为商家和消费者提供现代化科学管理的同时，也提供了安全保障。

大家做

通过在百度网站搜索了解更多的智能家居案例，并整理资料。

## 拓展提升

通过以上知识的学习，总结“南京物联”智能家居各种产品的智能化特点以及不同之处。

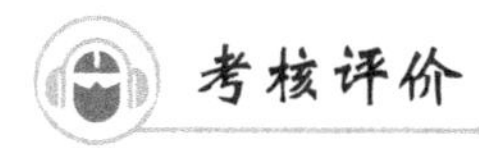

## 考核评价

根据下列考核评价标准，结合前面所学内容，对本阶段学习做出客观评价，简单总结学习的收获及存在的问题，完成表7-9的填写。

表7-9　案例4的考核评价

| 考核内容 | 评价标准 | 评　价 |
| --- | --- | --- |
| 必备知识 | ● 掌握南京物联的智能家居设计理念<br>● 了解南京物联建设的特点和关键技术<br>● 了解南京物联的发展历程、应用领域 | |
| 师生互动 | ● “大家来说”积极参与、主动发言<br>● “大家来做”认真思考、积极讨论，独立完成表格的填写<br>● “拓展提升”结合实际置身职场、主动参与角色模拟、换位思考发挥想象 | |
| 职业素养 | ● 具备良好的职业道德<br>● 具有计算机操作能力<br>● 具有阅读或查找相关文献资料、自我拓展学习本专业新技术、获取新知识及独立学习的能力<br>● 具有独立完成任务、解决问题的能力<br>● 具有较强的表达能力、沟通能力及组织实施能力<br>● 具备人际交流能力、公共关系处理能力和团队协作精神<br>● 具有集体荣誉感和社会责任意识 | |

# 单元小结

本单元着重介绍了物联网在智能家居领域中应用的案例，通过对青岛海尔、索博、Control4、南京物联等智能家居主流厂商及其产品的介绍，使学生近距离了解物联网与智能家居的紧密联系以及目前物联网在智能家居中的发展状况。

智能家居中物联网技术的实际应用、发展策略以及竞争优势，是本单元学习的重点内容。了解案例中物联网相关技术在智能家居中的应用是熟悉物联网与智能家居的关键，是本单元学习的难点内容。

# 参 考 文 献

[1] 田景熙，等.物联网概论[M]. 南京：东南大学出版社.2010.

[2] 顾牧君，等.智能家居设计与施工[M].上海：同济大学出版社，2004.

[3] 周洪，胡文山，张立明，等.智能家居控制系统[M].北京：中国电力出版社,2006.

[4] 孙利民，李建中，陈渝，等.无线传感器网络[M].北京：清华大学出版社,2005.

[5] 董健.物联网与短距离无线通信技术[M].北京：电子工业出版社，2012.

[6] 吕治安.ZigBee 网络原理与应用开发[M].北京：北京航空航天大学出版社，2008.

[7] Anand Rajaraman，Jeffrey David Ullman.大数据互联网大规模数据挖掘与分布式处理[M].王斌,译.北京：人民邮电出版社，2012.